实变函数论讲义

黎永锦　编著

科学出版社

北　京

内 容 简 介

本书根据作者多年在中山大学主讲实变函数论的讲稿整理而成,主要关于测度论和积分理论,内容有集合与基数、测度、可测函数、积分、L^2 空间等. 每一章都附有较多例题,介绍实变函数解题的典型方法与重要技巧. 书中的习题都有解答或者提示,方便学生学习. 本书一个重要特点是结合测度论的发展历史,对相关的数学家及其工作也作了简短介绍.

本书可作为高等院校数学专业本科生或研究生的教材,也可供相关专业的本科生或研究生自学实变函数论时参考.

图书在版编目(CIP)数据

实变函数论讲义/黎永锦编著. —北京:科学出版社,2020.1
ISBN 978-7-03-061429-2

Ⅰ.①实… Ⅱ.①黎… Ⅲ.①实变函数论-高等学校-教材 Ⅳ. ①O174.1

中国版本图书馆 CIP 数据核字(2019) 第 109025 号

责任编辑: 李 欣 贾晓瑞/责任校对: 邹慧卿
责任印制: 吴兆东/封面设计: 陈 敬

科 学 出 版 社 出版
北京东黄城根北街 16 号
邮政编码: 100717
http://www.sciencep.com
北京中石油彩色印刷有限责任公司 印刷
科学出版社发行 各地新华书店经销

*

2020 年 1 月第 一 版 开本: 720 × 1000 B5
2022 年 2 月第二次印刷 印张: 15
字数: 302 000
定价: 78.00 元
(如有印装质量问题, 我社负责调换)

前　言

　　实变函数论是一门比较抽象的课程, 由于很多概念没有直观的背景, 一些主讲过实变函数论的老师都说很难讲清楚, 很多学生也觉得很难学明白.

　　实际上, 实变函数论的课程思路是容易的, 第 2 章的测度讨论什么样的集合是可以测量它的 "长度" 或 "面积" 等大小的, 在实数集 $\mathbb{R}$ 上, 开区间是最常见的可测集. 一般的可测集就是某些开区间的并与测度为零的集合通过运算得到的集合, 可以认为可测集与某些开区间的并只差一个零测集. 第 3 章的可测函数是讨论在将 Y 轴给定划分后, $f(x)$ 的值属于某个半开半闭区间的 x 构成的集合是不是可测. 连续函数一定是可测的, 可测函数可以用连续函数来任意接近, 可以认为, 可测函数几乎就是连续函数. 第 4 章的 Lebesgue 积分是建立一种比 Riemann 积分更加好用的积分理论, 它具有很多优点. 如果函数 $f(x)$ 在 $[a,b]$ 上的 Riemann 积分存在, 那么它的 Lebesgue 积分一定存在并且与它的 Riemann 积分相等. 不过, 在实际计算的时候, 还是常常将 Lebesgue 积分转换成 Riemann 积分来计算.

　　书中关于历史和数学家的介绍只是为了使读者提高学习兴趣, 了解相关概念和定理的背景, 因此, 有兴趣的同学可以阅读和参考, 上课是无须讲解和讨论的. 书内标识 * 的内容是拓展阅读用的, 一般不是课程的基本要求, 可以供有兴趣进一步深入学习的读者阅读和思考.

　　在此向我的学生表示衷心的感谢. 朱玉茹、王天辰、张彦麟、余丹填等对本书的改进和校对做了很多的工作; 何炳、张为正、张兰馨、杨芳、温夏玲、黄敏斌、龙美桦等在校对时提出了很多很好的意见.

黎永锦

2018 年 1 月于中山大学

目　　录

符 号 表

A^C	集合 A 的补集
$\overline{A}$	集合 A 的闭包
A'	集合 A 的极限点全体
$\overline{\overline{A}}$	集合 A 的基数
$A \Delta B$	A 和 B 的对称差
$AC[a,b]$	$[a,b]$ 上的所有绝对连续函数构成的集合
$B(x_0, r)$	以 x_0 为球心、r 为半径的闭球
$BV[a,b]$	$[a,b]$ 上的所有有界变差函数构成的集合
$C[a,b]$	$[a,b]$ 上的所有连续函数构成的集合
c	$(-\infty, +\infty)$ 的基数, 即 $\aleph$
$d(x,y)$	x 到 y 的度量
$d(x,E)$	点 x 到集合 E 的距离
$E \backslash F$	属于 E 但不属于 F 的元素全体
$E + F$	集合 $\{x + y \mid x \in E, y \in F\}$
f^+, f^-	函数 f 的正部和负部
L	Lebesgue 可测集全体
L^p	p 次可积函数全体, 这里 $1 \leqslant p < \infty$
L 积分	Lebesgue 积分
m	Lebesgue 测度
$\mathbb{N}$	自然数全体, 不包含 0
$\mathbb{Q}$	有理数全体
$\mathbb{R}$	实数全体
R	环
R 积分	Riemann 积分
2^A	集合 A 的所有子集构成的集合
$X \times Y$	X 和 Y 的笛卡儿积
$\aleph$	阿列夫, $(-\infty, +\infty)$ 的基数
$\mathbb{Z}$	整数全体
$\aleph_0$	阿列夫零, 可列集的基数

第1章 集合与基数

萨维尔村理发师挂出一块招牌:"村里所有不自己给自己理发的男人都由我给他们理发, 我也只给这些人理发." 有人问他:"谁给您理发呢?" 理发师顿时哑口无言.

Cantor(康托尔) 出生在俄国的圣彼得堡, 父亲是犹太血统的丹麦商人, 母亲出身艺术世家, 11 岁移居德国的法兰克福. Cantor 的父亲力促他学工, 因此, 他在 1863 年带着这个目的进入了柏林大学. Cantor 在柏林大学的导师是 Weierstrass, Kummer 和 Kronecker, 他在数学思想上受到 Weierstrass 的多方面影响. 1867 年在 Kummer 指导下以解决数论中一般整系数不定方程 $ax^2 + by^2 + cz^2 = 0$ 求解问题的论文获博士学位, 1869 年 Cantor 在哈雷大学获得教职. 但哈雷大学是一所很小的大学, 不大出名, Cantor 的工资也相当微薄, 全家经济状况很不好.

Cantor(1845—1918)

1.1 集合和它的运算

1872 年前后, Cantor 在研究傅里叶级数唯一性时, 发现除去某种无穷点集之外, 一个函数的傅里叶级数若能处处收敛于零, 则这一函数恒为零. 这种点集的性质, 使 Cantor 认识到研究 "集合" 的重要性.

1874 年, 29 岁的 Cantor 在德国著名《克雷尔数学杂志》上发表《关于一切代数实数的一个性质》的论文, 首次提出超穷集合理论. 1883 年, Cantor 将它以《一般集合论基础》为题作为专著单独出版.《一般集合论基础》的出版, 是 Cantor 数学研究的里程碑. 1895—1897 年, Cantor 发表《对超限数理论基础的献文》共两卷, 对他以前的论文作了总结.

1. 集合的定义

集合论不仅仅是实变函数的基础, 而且是现代数学的重要基础. 集合论在几何、代数、分析、概率论、数理逻辑及程序语言等各个数学分支中, 都有广泛的应用.

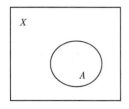

定义 1.1.1 集合 (set) 是数学中的一个基本概念, 可以把集合看作一些对象的总体, 这些对象就叫做集合的元或元素. 除非另有规定, 通常用大写字母如 A, B, C, X 等表示集合, 集合内的元素一般用小写字母 x, y, a, b 等表示.

集合可以通过把它的元素放在一对大括号里用逗号分开而实际列出的方法加以描述, 或者可以通过描述所有元素都成立的某个特性来加以描述. 第一种方法有时叫做罗列法, 如 $A = \{1, 2, 3\}$, 而第二种方法则叫做描述法, 如 $B = \{x \mid x \in \mathbb{R}, x \geqslant 1\}$, 这里 $\mathbb{R}$ 是全体实数.

1902 年英国哲学家兼数学家 Russell(罗素) 提出了一个悖论, 突然宣布集合论本身是自相矛盾的.

罗素问: 设 B 是所有满足 $A \notin A$ 的集合构成的集合, 即 B 为自己不属于自己的元素全体. 若 $B \in B$, 则由 B 为 B 的元素可知 $B \notin B$, 矛盾. 但如果 $B \notin B$, 则 B 一定是 B 中的元素, 因此, 应该有 $B \in B$, 矛盾.

罗素悖论以其简单、明确震惊了整个西方数学界和逻辑学界, 数学家几乎没有辩驳的余地, 所有的数学家都目瞪口呆. Cantor 也陷入痛苦的思索, 最后竟然不得不住进精神病院.

2. 集合的运算

若集合 A 的每一元素也属于集合 B, 则将集合 A 称为集合 B 的子集 (subset), 记为 $A \subseteq B$ 或 $B \supseteq A$. 如 $B = \{x \mid x \geqslant 2\}$ 是 $A = \{x \mid x \geqslant 1\}$ 的子集.

若集合 A 为集合 B 的子集, 并且 B 中确有元素不属于 A, 则称 A 是 B 的真子集 (proper subset).

若 $A \subseteq B$, 并且 $B \subseteq A$, 则称 A 与 B 相等 (equal).

设 A 和 B 是两个集合, 则将属于 A, 但不属于 B 的所有元素构成的集合称为集合 A 与集合 B 的差集 (difference set), 记为 $A \backslash B$. 将全集 X 与集合 A 的差集 $X \backslash A$ 称为 A 的补集 (complementary set), 记为 A^C.

在许多实际场合, 一般只限于讨论某一特殊集的子集, 这个特殊集叫做论域, 全集 (universe) 或空间, 用 X 表示.

一个根本就没有元素的集合也是有用的, 这种集合叫做空集 (void set), 记为 $\varnothing$. 规定空集是任何集合的子集. 有意思的是: 由于空集是任何集合的子集, 因此, $\varnothing \subseteq \varnothing$. 但 $\varnothing$ 不是 $\varnothing$ 的真子集, 因为 $\varnothing$ 没有不属于 $\varnothing$ 的元素. 另外, $\varnothing \in \varnothing$ 也是不对的, 这是由于空集不包含任何元素.

设 A 和 B 是两个集合, 则将 A 和 B 两个集合的所有元素构成的集合称为 A 和 B 的并集 (union), 记为 $A \cup B$; 所有既属于集合 A, 又属于集合 B 的元素构成

的集合称为 A 和 B 的交集 (intersection), 记为 $A \cap B$. 类似地, 可以定义任意多个集合的并集和交集.

问题 1.1.1 设 A 和 B 都是集合, 则 $(A \backslash B) \cup B = A$ 一定成立吗?

不一定. $(A \backslash B) \cup B = A$ 成立的充要条件是 $B \subseteq A$. 实际上, 若 $(A \backslash B) \cup B = A$, 则由于 A 是 B 和 $A \backslash B$ 的并集, 因此, 由并集的定义可知 $B \subseteq A$. 反过来, 若 $B \subseteq A$, 则由 $A \backslash B \subseteq A$ 和 $B \subseteq A$ 可知 $(A \backslash B) \cup B \subseteq A$. 另外, 容易知道, $(A \backslash B) \cup B \supseteq A$ 一定成立, 所以, $(A \backslash B) \cup B = A$.

容易验证, 若 A 和 B 都是实数区间, $A = [0, 3], B = [2, 4]$, 则 $(A \backslash B) \cup B = [0, 2) \cup [2, 4] = [0, 4]$ 与 $A = [0, 3]$ 不相等.

3. 集合运算的性质

不难验证下面性质成立.

性质 1.1.1 设 A, B, C 都是全集 X 的子集, 则

(1) $A \cap A = A$, $A \cup A = A$;

(2) $A \cap A^C = \varnothing$, $A \cup A^C = X$;

(3) $(A \cup B) \cap C = (A \cap C) \cup (B \cap C)$;

(4) $(A \cap B) \cup C = (A \cup C) \cap (B \cup C)$.

De Morgan (德·摩根) 是数学家和逻辑学家, 1806 年出生于印度的 Madurai, Madras Presidency, 可惜的是出生一两个月后, 他的一个眼睛失明了. 不到一岁, 他的家庭就搬去英国了. 在十岁的时候, 爸爸就去世了, 他和妈妈在英国西南的很多地方都住过. De Morgan 的数学才华直到十四岁才被发现. 1823 年, 十七岁的 De Morgan 进入剑桥的三一学院 (Trinity College) 读书, 并获得文学学士. 1828 年, 二十二岁的 De Morgan 成为伦敦大学的数学教授. De Morgan 在分析学、代数学、数学史和逻辑学等方面作出了重要的贡献.

De Morgan (1806—1871)

下面的性质是 De Morgan 给出的, 这是一个在集合运算中非常重要的法则, 称为 De Morgan 法则.

性质 1.1.2 设 $A_\alpha (\alpha \in I)$ 都是集合, 则

(1) $(\cup A_\alpha)^C = \cap A_\alpha^C$;

(2) $(\cap A_\alpha)^C = \cup A_\alpha^C$.

证明 (1) 对于任意 $x \in (\cup A_\alpha)^C$, 有 x 不属于 $\cup A_\alpha$, 因此, 对于任意 α, 都有 x 不属于 A_α, 故 $x \in A_\alpha^C$, 因而, $x \in \cap A_\alpha^C$. 所以, $(\cup A_\alpha)^C \subseteq \cap A_\alpha^C$.

反过来, 若 $x \in \cap A_\alpha^C$, 则对于任意 α, 都有 x 属于 A_α^C, 故 x 不属于 A_α, 从而, x 不属于 $\cup A_\alpha$, 故一定有 $x \in (\cup A_\alpha)^C$, 因此, $\cap A_\alpha^C \subseteq \cup A_\alpha$. 所以, $(\cup A_\alpha)^C = \cap A_\alpha^C$.

(2) 对于任意 $x \in (\cap A_\alpha)^C$, 有 x 不属于 $\cap A_\alpha$, 因此, 一定有某个 α_0, 使得 x 不属于 A_{α_0}, 故 $x \in A_{\alpha_0}^C$, 因而, $x \in \cup A_\alpha^C$. 所以, $(\cap A_\alpha)^C \subseteq \cup A_\alpha^C$.

反过来, 若 $x \in \cup A_\alpha^C$, 则一定存在某个 α_0, 使得 x 属于 $A_{\alpha_0}^C$, 故 x 不属于 A_{α_0}, 从而, x 不属于 $\cap A_\alpha$, 故一定有 $x \in (\cap A_\alpha)^C$, 因此, $\cup A_\alpha^C \subseteq (\cap A_\alpha)^C$. 所以, $(\cap A_\alpha)^C = \cup A_\alpha^C$. ∎

4. 上极限集和下极限集

设 $\{A_n\}$ 是任意一列集合, 由属于上述集列中无限多个集合的那种元素全体所组成的集称为 $\{A_n\}$ 的上极限集, 记为 $\varlimsup\limits_{n\to\infty} A_n$. 由属于某一项 A_{n_0} 以后的所有 A_n 的元素所组成的集合称为 $\{A_n\}$ 的下极限集, 记为 $\varliminf\limits_{n\to\infty} A_n$.

容易知道, $\varlimsup\limits_{n\to\infty} A_n = \{x \mid$ 对于任意 $n_0 \in N$, 都存在 $n > n_0$, 使得 $x \in A_n\}$. $\varliminf\limits_{n\to\infty} A_n = \{x \mid$ 存在 n_0, 使得对于任意 $n > n_0$, 都有 $x \in A_n\}$.

若集合列 $\{A_n\}$ 的上极限集与下极限集相等, 则称它是 $\{A_n\}$ 的极限, 记为 $\lim\limits_{n\to\infty} A_n$.

定理 1.1.1　对于任意集合列 $\{A_n\}$, 都有下面结论成立:

$$\bigcap_{n=1}^{\infty} A_n \subseteq \varliminf\limits_{n\to\infty} A_n \subseteq \varlimsup\limits_{n\to\infty} A_n \subseteq \bigcup_{n=1}^{\infty} A_n.$$

例 1.1.1　设 $A_{2n-1} = [1,3], A_{2n} = [2,4]$, 则容易计算 A_n 的上极限集为 $[1,4]$, 下极限集为 $[2,3]$.

例 1.1.2　设 $A_n = \left[0, 3 + \dfrac{1}{n}\right]$, 则容易计算 A_n 的上极限集为 $[0,3]$, 下极限集也是 $[0,3]$, 因此 $\lim\limits_{n\to\infty} A_n = [0,3]$.

若集合列 $\{A_n\}$ 满足 $A_n \subseteq A_{n+1}$, 则称 $\{A_n\}$ 是单调上升集列; 若集合列 $\{A_n\}$ 满足 $A_n \supseteq A_{n+1}$, 则称 $\{A_n\}$ 是单调下降集列.

定理 1.1.2　若集合列 $\{A_n\}$ 是单调集列, 则 $\{A_n\}$ 一定是收敛的.

证明　先证明若集合列 $\{A_n\}$ 是单调上升集列, 则 $\{A_n\}$ 一定是收敛的. 对于任意 $x \in \bigcup\limits_{n=1}^{\infty} A_n$, 一定有某个 n_0, 使得 $x \in A_{n_0}$. 由于对所有自然数 n, 都有 $A_n \subseteq A_{n+1}$, 因此, 对任意 $n \geqslant n_0$, 都有 $x \in A_n$, 因而, $x \in \varliminf\limits_{n\to\infty} A_n$, 故 $\bigcup\limits_{n=1}^{\infty} A_n \subseteq \varliminf\limits_{n\to\infty} A_n$. 由于 $\varliminf\limits_{n\to\infty} A_n \subseteq \varlimsup\limits_{n\to\infty} A_n \subseteq \bigcup\limits_{n=1}^{\infty} A_n$, 因此, $\varliminf\limits_{n\to\infty} A_n = \varlimsup\limits_{n\to\infty} A_n = \bigcup\limits_{n=1}^{\infty} A_n$. 所以, $\lim\limits_{n\to\infty} A_n = \bigcup\limits_{n=1}^{\infty} A_n$.

类似地, 不难证明, 若集合列 $\{A_n\}$ 是单调下降集列, 则 $\lim\limits_{n\to\infty} A_n = \bigcap\limits_{n=1}^{\infty} A_n$. ∎

1.2 集合的基数

从德国数学家 Hilbert (希尔伯特) 提出的 Hilbert 旅馆悖论可以看出有限集的比较和无限集的比较有很大的区别. 旅馆悖论假设有一个拥有可数无限多个房间的旅馆, 并且所有的房间都已经住满旅客, 容易知道有限个房间的旅馆在这种情况下将无法再接纳新的客人. 但实际上, 若有一个新客人想要入住该旅馆, 由于旅馆拥有无穷个房间, 因而可以将原先在 1 号房间原有的客人安置到 2 号房间、2 号房间原有的客人安置到 3 号房间, 以此类推, 这样就空出了 1 号房间留给新的客人.

另外, 还能使可数个新客人住到旅馆中. 只需将 1 号房间原有的客人安置到 2 号房间、2 号房间原有的客人安置到 4 号房间、n 号房间原有的客人安置到 $2n$ 号房间, 这样所有的奇数房间就都能够空出来以容纳无穷多个新的客人.

问题 1.2.1　如何比较两个无穷集合中的元素个数呢?

对于两个有限的集合, 很容易就知道哪个的元素个数多, 哪个的元素个数少. 但对于元素个数无穷的集合, 用什么办法可以刻画它包含的元素个数的多少呢?

容易想到, 如果集合 A 和集合 B 之间存在一个映射 f, 它是一一对应, 则可以认为 A 和 B 的元素是一样多的.

定义 1.2.1　若集合 A 和集合 B 之间存在一个映射 f, 它是一一对应, 则称 A 和 B 是对等的.

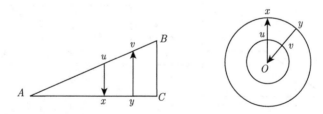

如上面图形所示, 虽然线段 AB 看起来比 AC 要长一些, 但过 AB 的任意一点 u, 作一条平行于 BC 的直线, 必然会交 AC 的一个点 x. 反过来, 对于 AC 上任意一个点 y, 作一条平行于 BC 的直线, 必然会交 AB 的一个点 v. 因此, AB 和 AC 之间有一个一一对应, 所以, 线段 AB 和 AC 是对等的. 同样的道理, 容易知道半径大的圆周和半径小的圆周是对等的.

问题 1.2.2　无穷集合可以与它的真子集对等吗?

是的. 容易知道, 整数集合和偶数集合是对等的.

明显地, 对等是一种等价关系, 因此, 下面的性质是容易验证的.

性质 1.2.1　若对于 $i = 1, 2$, A_i 与 B_i 都是对等的, 并且 A_1 与 A_2 是不相交的, B_1 与 B_2 也是不相交的, 则 $A_1 \cup A_2$ 一定与 $B_1 \cup B_2$ 对等.

证明　由于 A_1 与 B_1 是对等的, 因此, 存在一一对应 $f_1 : A_1 \to B_1$. 又因为 A_2 与 B_2 是对等的, 因此, 存在一一对应 $f_2 : A_2 \to B_2$. 令

$$f(x) = \begin{cases} f_1(x), & x \in A_1, \\ f_2(x), & x \in A_2, \end{cases}$$

则 f 是 $A_1 \cup A_2$ 到 $B_1 \cup B_2$ 的一一对应. 所以, $A_1 \cup A_2$ 与 $B_1 \cup B_2$ 对等.　∎

容易知道, 上面结论可以推广到任意多个集合的情形. 设 $\{A_\alpha \mid \alpha \in \Lambda\}$ 和 $\{B_\alpha \mid \alpha \in \Lambda\}$ 是两族集合, 若对于每个 $\alpha \in \Lambda$, A_α 与 B_α 都是对等的, 并且 $\{A_\alpha\}$ 中任意两个集合都是不相交的, $\{B_\alpha\}$ 中任意两个集合也都是不相交的, 则 $\cup A_\alpha$ 一定与 $\cup B_\alpha$ 对等.

有没有一些比较简单的判别两个集合是否对等的办法呢? Bernstein(伯恩斯坦) 在 1898 年证明了很有用的定理 ——Bernstein 定理. 为了证明 Bernstein 定理, 先看看 Banach 证明的分解定理.

引理 1.2.1 (分解定理)　设 X, Y 是两个集合, 若存在单射 $f : X \to Y$ 和单射 $g : Y \to X$, 则一定存在子集 $A \subseteq X$, 有下面的分解成立:

$$X = A \cup A^C, \quad A^C = g(Y \setminus f(A)).$$

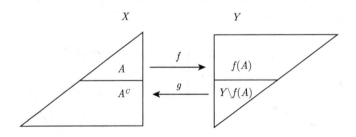

证明思路　对于 $E \subseteq X$, 有 $f(E) \subseteq Y$, 因而 $g(Y \setminus f(E)) \subseteq X$. 如果 E 和 $g(Y \setminus f(E))$ 不相交, 则可以考虑 $E \cup g(Y \setminus f(E))$ 作为 X 的一个分解. 可以猜测, 如果取这种的集合中最大的 E, 则刚好就有 $X = E \cup g(Y \setminus f(E))$.

证明　(1) 设 $f : X \to Y$, $g : Y \to X$ 是单映射, 则不妨设 $f(X) \neq Y$, 并且 $g(Y) \neq X$, 不然的话, 取 $A = X$, 结论明显成立.

(2) 令 $\Gamma = \{E \mid E \subseteq X, E \cap g(Y \setminus f(E)) = \varnothing\}, A = \bigcup_{E \in \Gamma} E$, 则一定有 $A \in \Gamma$.

事实上, 对于任意 $E \in \Gamma$, 有 $E \cap g(Y \setminus f(E)) = \varnothing$. 由于 $E \subseteq A$, 因此, $f(E) \subseteq f(A)$, 故 $(Y \setminus f(A)) \subseteq (Y \setminus f(E))$, 因而, $E \cap g(Y \setminus f(A)) \subseteq E \cap g(Y \setminus f(E)) = \varnothing$. 所以, $A \cap g(Y \setminus f(A)) = \left(\bigcup_{E \in \Gamma} E \right) \cap g(Y \setminus f(A)) = \varnothing$. 故 $A \in \Gamma$.

(3) 下面证明 $A \cup g(Y \setminus f(A)) = X$ 成立.

假如存在 $x_0 \in X$, 并且 $x_0 \notin A \cup g(Y \backslash f(A))$, 则 $x_0 \notin A$. 由于 $A \cap g(Y \backslash f(A)) = \varnothing$, 因此, $A \cap g(Y \backslash f(A \cup \{x_0\})) = \varnothing$. 另外, 明显地, 由于 $x_0 \notin A \cup g(Y \backslash f(A))$, 因此, $x_0 \notin g(Y \backslash f(A))$, 故 $x_0 \notin g(Y \backslash f(A \cup \{x_0\}))$, 因而, $\{x_0\} \cap g(Y \backslash f(A \cup \{x_0\})) = \varnothing$. 从而, $(A \cup \{x_0\}) \cap g(Y \backslash f(A \cup \{x_0\})) = \varnothing$, 故 $A \cup \{x_0\} \in \Gamma$, 但这与 $A = \bigcup\limits_{E \in \Gamma} E$ 的取法矛盾, 这是由于 A 是满足这种性质的子集中最大的. 所以, $A \cup g(Y \backslash f(A)) = X$ 一定成立.

由 $A \cup g(Y \backslash f(A)) = X$ 和 $A \cap g(Y \backslash f(A)) = \varnothing$ 可知 $A^C = g(Y \backslash f(A))$. ∎

定理 1.2.1 (Bernstein 定理)　设 X, Y 是两个集合, 若 X 与 Y 的一个子集对等, 并且 Y 与 X 的一个子集对等, 则 X 与 Y 一定是对等的.

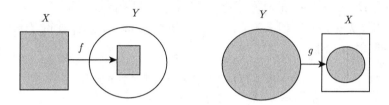

证明　由于 $X = A \cup A^C = A \cup g(Y \backslash f(A))$, 因此, 可以定义

$$h(x) = \begin{cases} f(x), & x \in A, \\ g^{-1}(x), & x \in g(Y \backslash f(A)). \end{cases}$$

不难验证, h 是 X 到 Y 的一一对应, 所以, X 和 Y 是对等的. ∎

推论 1.2.1　设 $A \subseteq B \subseteq C$, 若 A 与 C 对等, 则 A 与 B 对等, 且 B 与 C 对等.

证明　由于 A 与 C 对等, 因此, 存在一一对应 $f : A \to C$. 由 $A \subseteq B$ 可知, f 为 B 的一个子集 A 到 C 的一一对应. 另外, 由于 $B \subseteq C$, 因此, $g : B \to C, x \mapsto x$ 是 B 到 C 的子集的一个一一对应, 所以, 由 Bernstein 定理可知 B 与 C 是对等的, 故 A 和 B 也是对等的. ∎

问题 1.2.3　无穷集合一定可以与它的真子集对等吗?

是的. 若 A 是无穷集合, 则一定存在某个 $a_1 \in A$. 既然 A 有无穷多个元素, 因此, $A \backslash \{a_1\}$ 不是空集, 故存在 $a_2 \in A \backslash \{a_1\}$, 继续下去, 则可找到 $\{a_1, a_2, \cdots, a_n, \cdots\} \subseteq A$. 令 $B = A \backslash \{a_1\}$, 则 B 是 A 的真子集. 定义 A 到 B 的映射 f 为

$$f(x) = \begin{cases} a_{n+1}, & x = a_n, \\ x, & x \notin \{a_1, a_2, \cdots, a_n, \cdots\}, \end{cases}$$

则 f 是 A 到 B 的一一对应, 所以, A 和它的真子集 B 对等. ∎

问题 1.2.4　有限集合一定不可以与它的真子集对等吗?

是的. 容易理解, 由于对等是一种等价关系, 因此只需证明对于任意固定的自然数 $n, A_n = \{1, 2, 3, \cdots, n\}$ 不可能与 A_n 的真子集对等. 可以用数学归纳法来证明.

(1) 当 $n = 1$ 时, 有 $A_1 = \{1\}$, 因此, 它的真子集只能是空集, 故 A_1 不可能与它的真子集对等.

(2) 假如命题对 n 都是成立的, 即 A_n 不可能与它的真子集对等.

(3) 对于 $n + 1$, 下面证明命题也成立. 假设存在一一对应 f, 使得 A_{n+1} 与它的真子集 B 对等, 则 $f(n+1) = k$.

可以分开三种情况来讨论: (a) 如果 $k = n + 1$, 则容易知道 A_n 与 $B \backslash \{k\}$ 是对等的, 并且 $B \backslash \{k\}$ 是 A_n 的真子集, 但这与 (2) 的归纳假设矛盾.

(b) 如果 $k \neq n + 1$, 但 $n + 1 \in B$, 则一定存在 $m \in A_{n+1}$, 使得 $f(m) = n + 1$. 构造新的映射 g 如下:

$$
g(x) = \begin{cases} f(x), & x \neq m, \text{并且 } x \neq n + 1, \\ k, & x = m, \\ n + 1, & x = n + 1. \end{cases}
$$

则 g 为 A_{n+1} 到它的真子集 B 的一一对应, 并且 $g(n+1) = n + 1$. 由 (a) 的讨论可知, 这是不可能的.

(c) 如果 $k \neq n + 1, n + 1 \notin B$, 则 A_n 与它的真子集 $B \backslash \{k\}$ 是对等的, 由归纳假设 (2), 这是不可能的.

综合上述, 由归纳原理可知, A_n 不可能与 A_n 的真子集对等. ∎

从上面的讨论, 容易知道下面结论成立.

推论 1.2.2 (1) 集合 A 是有限的充要条件为 A 一定不可以与它的真子集对等.

(2) 集合 A 是无限的充要条件为 A 一定可以与它的真子集对等.

1. 对等的解题技巧

例题 1.2.1 试证明 $(0, 1)$ 与 $(-\infty, +\infty)$ 是对等的.

解 定义 $f(x) = \tan \left(x - \dfrac{1}{2} \right) \pi$, 则 f 为 $(0, 1)$ 到 $(-\infty, +\infty)$ 的一一对应, 所以, $(0, 1)$ 与 $(-\infty, +\infty)$ 是对等的. ∎

例题 1.2.2 试证明 $[0, 1]$ 与 $(0, 1)$ 是对等的.

解 定义 $f(x) = \dfrac{x+1}{3}$, 则 f 为 $[0, 1]$ 到 $(0, 1)$ 的真子集 $\left[\dfrac{1}{3}, \dfrac{2}{3} \right]$ 的一一对应. 另外, 容易知道 $g(x) = x$ 为 $(0, 1)$ 到 $[0, 1]$ 的真子集 $(0, 1)$ 的一一对应. 因此, 由 Bernstein 定理可知 $[0, 1]$ 与 $(0, 1)$ 是对等的. ∎

例题 1.2.3 试证明 $(0,1]$ 与 $(0,1)$ 是对等的.

解 由于对于任意自然数 n, 都有 $\dfrac{1}{n} \in (0,1]$, 因此, 定义映射 f 为

$$
f(x) = \begin{cases} \dfrac{1}{n+1}, & x = \dfrac{1}{n}, \\ x, & \text{其他}. \end{cases}
$$

则 f 是 $(0,1]$ 到 $(0,1)$ 的一一对应, 所以, $(0,1]$ 与 $(0,1)$ 是对等的. ■

2. 集合的基数

若存在某个自然数 n, 使得 A 与 $\{1,2,3,\cdots,n\}$ 对等, 则 A 一定是有限集, 一般称 n 为 A 的计数. 对于无限集合, 可以将计数推广为基数.

定义 1.2.2 若集合 A 与集合 B 是对等的, 则称 A 和 B 具有相同的基数或势 (cardinality), 记为 $\overline{\overline{A}} = \overline{\overline{B}}$.

需要注意的是这里并没有定义什么是基数, 不过 Cantor 很早的时候就曾经给出过比较模糊的基数的定义.

定义 1.2.3 若集合 A 与集合 B 的子集 B_1 是对等的, 则称 A 的基数小于等于 B 的基数, 记为 $\overline{\overline{A}} \leqslant \overline{\overline{B}}$. 若 $\overline{\overline{A}} \leqslant \overline{\overline{B}}$, 并且 $\overline{\overline{A}} \neq \overline{\overline{B}}$, 则称 A 的基数小于 B 的基数, 记为 $\overline{\overline{A}} < \overline{\overline{B}}$.

下面的问题明显是非常重要和基本的.

问题 1.2.5 设 A 和 B 是任意两个集合, 则一定有 $\overline{\overline{A}} < \overline{\overline{B}}, \overline{\overline{A}} > \overline{\overline{B}}$ 或者 $\overline{\overline{A}} = \overline{\overline{B}}$ 成立吗?

如果上面问题的答案是肯定的, 则任意两个集合是可以通过基数来比较的, 基数就像实数的大小一样可以用来比较集合.

实际上, 容易知道, 上面问题就是是否存在两个集合 A 和 B, 满足 A 不可能与 B 的任何子集对等, B 也不可能与 A 的任何子集对等. 但根本就无法证明该情形不可能发生, 也无法给出存在这样的集合. Zermelo(策梅洛) 在 1908 年提出了选择公理 (axiom of choice), 根据这条公理, 上面提到的情形不可能发生, 从而任意两个集合的基数都一定是可以比较大小的.

用基数来描述 Bernstein 定理就容易理解了, 即若 $\overline{\overline{A}} \geqslant \overline{\overline{B}}, \overline{\overline{A}} \leqslant \overline{\overline{B}}$, 则 $\overline{\overline{A}} = \overline{\overline{B}}$.

3. 可列集

可列集的性质比较简单, 在测度论中有广泛的应用, 因此, 有必要对可列集进行仔细的讨论. 可列集的概念是 Cantor 给出的, 他证明了有理数集是可列的.

定义 1.2.4 若集合 A 与自然数 $\mathbb{N}$ 是对等的, 则称 A 是可列集 (denumerable set). 可列集的基数记为 $\aleph_0$ (阿列夫零). 有限集合和可列集都称为可数集 (countable set). 不是可列集的集合称为不可列集 (non-denumerable set).

容易知道, 若 A 是可列集, 则 A 一定可以写成 $\{a_1, a_2, \cdots, a_n, \cdots\}$ 的形式. 反过来, 可以写成 $\{a_1, a_2, \cdots, a_n, \cdots\}$ 的集合也一定是可列集.

问题 1.2.6 $\aleph_0$ 是无限集合中最小的基数吗?

是的. 设 A 是无限集合, 则它不是空集, 故一定存在某个 $a_1 \in A$. 由于 A 有无限个元素, 因此, $A\backslash\{a_1\}$ 也不是空集, 故存在 $a_2 \in A\backslash\{a_1\}$. 类似地, 可以找到一列 $a_1, a_2, \cdots, a_n, \cdots \in A$. 令 $B = \{a_1, a_2, \cdots, a_n, \cdots\}$, 则 B 是可列集, 因此, B 的基数是 $\aleph_0$, 所以, $\overline{\overline{A}} \geqslant \aleph_0$. ∎

性质 1.2.2 可列集的无限子集一定是可列集.

证明 若 A 是可列集, 则 A 一定可以写成 $\{a_1, a_2, \cdots, a_n, \cdots\}$ 的形式. 因此, A 的任何无限子集 B 一定是子列 $\{a_{k_1}, a_{k_2}, \cdots, a_{k_n}, \cdots\}$, 故容易知道 B 与 $\{1, 2, \cdots, k, \cdots\}$ 对等, 所以, B 也是可列集. ∎

性质 1.2.3 若 A 和 B 都是可列集, 则 $A \cup B$ 也一定是可列集.

证明 若 A, B 是可列集, 则 A, B 一定可以写成 $\{a_1, a_2, \cdots, a_n, \cdots\}$ 和 $\{b_1, b_2, \cdots, b_n, \cdots\}$ 的形式. 因此, 容易知道 $A \cup B$ 可以写成 $\{a_1, b_1, a_2, b_2, \cdots, a_n, b_n, \cdots\}$ 的形式, 所以, $A \cup B$ 也是可列集. ∎

类似地, 容易证明下面结论成立.

性质 1.2.4 若 A 和 B 都是可列集, 则 A 和 B 的笛卡儿积 $A \times B$ 也一定是可列集.

证明 设 $A = \{a_1, a_2, \cdots, a_n, \cdots\}, B = \{b_1, b_2, \cdots, b_n, \cdots\}$, 则 $A \times B$ 为

$$(a_1, b_1), (a_1, b_2), \cdots, (a_1, b_n), \cdots,$$
$$(a_2, b_1), (a_2, b_2), \cdots, (a_2, b_n), \cdots,$$
$$(a_3, b_1), (a_3, b_2), \cdots, (a_3, b_n), \cdots,$$
$$\cdots\cdots$$
$$(a_m, b_1), (a_m, b_2), \cdots, (a_m, b_n), \cdots,$$
$$\cdots\cdots$$

因此, $A \times B$ 可以排列为 $\{(a_1, b_1), (a_1, b_2), (a_2, b_1), (a_2, b_2), (a_3, b_1), (a_3, b_2), \cdots\}$, 所以, $A \times B$ 是可列集. ∎

性质 1.2.5 若 A_n 都是可列集, 则 $\bigcup\limits_{n=1}^{\infty} A_n$ 也一定是可列集.

证明 由于 A_n 都是可列集, 因此, A_n 可以写成如下形式:

$$A_1 = \{a_{11}, a_{12}, a_{13}, a_{14}, \cdots\},$$
$$A_2 = \{a_{21}, a_{22}, a_{23}, \cdots\},$$

$$A_3 = \{a_{31}, a_{32}, \cdots\},$$
$$A_4 = \{a_{41}, \cdots\},$$

故可以按下面的方式, 将所有元素排序:

$$A_1 = \{a_{11}, a_{12}, a_{13}, a_{14}, \cdots\},$$
$$A_2 = \{a_{21}, a_{22}, a_{23}, \cdots\},$$
$$A_3 = \{a_{31}, a_{32}, \cdots\},$$
$$A_4 = \{a_{41}, \cdots\},$$

这样就可以将 $\bigcup\limits_{n=1}^{\infty} A_n$ 写成 $\{a_{11}, a_{21}, a_{12}, a_{31}, a_{22}, a_{13}, \cdots, a_{n1}, a_{n-1,2}, a_{n-2,3}, \cdots, a_{1n}, \cdots\}$ 的形式. 所以, $\bigcup\limits_{n=1}^{\infty} A_n$ 是可列集. ■

从上面的证明可以看出, 有限个可列集的并集一定是可列集. 有限个可列集的笛卡儿积一定是可列集.

4. 可列集的解题技巧

例题 1.2.4 设 $\mathbb{Q}$ 是所有的有理数, 试证明 $\mathbb{Q}$ 是可列集.

证明 容易知道整数集 $\mathbb{Z}$ 是可列集, 因此, $\mathbb{Z} \times \mathbb{Z}$ 也是可列集. 由于每个有理数 $q \in \mathbb{Q}$ 都可以写成 $\dfrac{n}{m}$ 的形式, 这里 m, n 为互素的整数. 因此, $\mathbb{Q}$ 与可列集 $\mathbb{Z} \times \mathbb{Z}$ 的一个子集对等, 所以, $\mathbb{Q}$ 是可列集. ■

例题 1.2.5 设 A 是实数 $(-\infty, +\infty)$ 中一些长度不为零, 并且互不相交的开区间构成的集合, 即 $A = \{(c_\alpha, d_\alpha) \mid \alpha \in \Lambda, d_\alpha - c_\alpha > 0,$ 并且对于任意 $\alpha, \beta \in \Lambda, \alpha \neq \beta, (c_\alpha, d_\alpha)$ 与 (c_β, d_β) 不相交$\}$, 试证明 A 是可数集.

证明 定义映射 $f : A \to \mathbb{Q}$, 对于每个 (c_α, d_α), 取有理数 q_α 与 $(c_\alpha + d_\alpha)/2$ 充分接近, 使得 q_α 在 (c_α, d_α) 内, 则由 A 中元素是互不相交的开区间可知 $f((c_\alpha, d_\alpha)) = q_\alpha$ 是单射, 故 A 与 $\mathbb{Q}$ 的子集对等, 所以, A 一定是有限集或可列集, 即 A 一定是可数集. ■

例题 1.2.6 试证明区间 (a, b) 中的任意单调函数的不连续点全体一定是可数集.

证明 不妨设 f 在区间 (a, b) 中单调上升, 记 f 的不连续点全体为 A. 根据数学分析的相关讨论可知,

(1) 对于任意 $x \in (a, b)$, $\lim\limits_{\Delta x \to 0^+} f(x + \Delta x) = f(x + 0)$ 和 $\lim\limits_{\Delta x \to 0^-} f(x + \Delta x) = f(x - 0)$ 都存在.

(2) x 为 f 的不连续点的充要条件是 $f(x + 0) > f(x - 0)$.

(3) 对于任意 $x_1, x_2 \in A$, 若 $x_1 < x_2$, 则 $f(x_1 - 0) < f(x_1 + 0) \leqslant f(x_2 - 0) < f(x_2 + 0)$. 故每个 $x \in A$ 都对应开区间 $(f(x - 0), f(x + 0))$, 并且这些区间都是不相交的. 由前面的例题可知这些区间构成的集合是可列的, 所以, f 的不连续点全体一定是有限集或可列集, 即 f 的不连续点全体是可数集. ∎

前面已经知道 $(0, 1]$ 中的所有有理数是可列集, 由于这些有理数几乎填满了区间 $[0, 1]$, 因此, 容易误以为 $(0, 1]$ 中的所有无理数也是可列集. 下面证明 $(0, 1]$ 不是可列集, 由此可知 $(0, 1]$ 中的所有无理数不是可列集. 不然的话, $(0, 1]$ 可以看作 $(0, 1]$ 中的有理数和无理数的并集, 因而得到 $(0, 1]$ 是可列集, 但这与 $(0, 1]$ 不是可列集矛盾.

例题 1.2.7   设 A 是实数区间 $(0, 1]$, 试证明 A 不是可列集.

明显地, 没有直接的办法可以证明 A 是不可列的, 因此, 用反证法来证明.

证明   反证法. 假设 A 是可列集, 则一定可以将 A 写成 $\{a_1, a_2, \cdots, a_n, \cdots\}$ 的形式. 为了简明起见, 将每个 a_n 写成无穷小数的形式, 如 $0.321 = 0.3209999999\cdots$.

将 $a_1, a_2, \cdots, a_n, \cdots$ 排列如下:

$$a_1 = 0.a_{11}a_{12}a_{13} \cdots a_{1n} \cdots,$$

$$a_2 = 0.a_{21}a_{22}a_{23} \cdots a_{2n} \cdots,$$

$$\cdots\cdots$$

$$a_n = 0.a_{n1}a_{n2}a_{n3} \cdots a_{nn} \cdots,$$

$$\cdots\cdots$$

下面构造 $b = 0.b_1b_2b_3 \cdots b_n \cdots$, 令

$$b_n = \begin{cases} 1, & a_{nn} \neq 1, \\ 2, & a_{nn} = 1. \end{cases}$$

容易知道, $b \in (0, 1]$, 并且对于任意 a_n, 都有 $b \neq a_n$, 但这与 A 可以写成 $\{a_1, a_2, \cdots, a_n, \cdots\}$ 的形式矛盾. 所以, 由反证法原理可知, A 不是可列集. ∎

从以上的证明方法来看, 似乎可以用同样的步骤证明 $(0, 1]$ 上的所有有理数不是可列集, 问题出在哪里呢? 由于上面证明中构造的 b 不是有理数, 因此, 无法得出矛盾, 所以, 这个证明方法是不能证明 $(0, 1]$ 上的所有有理数不是可列集的. 实际上, $(0, 1]$ 上的所有有理数是可列集的.

上面的证明方法称为对角线法, Cantor 第一个仔细研究了无限集合, 区分了可列集和不可列集, 并用对角线法证明了实数集不是可列集.

5. 连续统基数

定义 1.2.5 称实数集 $(-\infty, +\infty)$ 的基数为连续统基数 (cardinality of the continuum), 记为 $\aleph$ (阿列夫).

性质 1.2.6 连续统基数 $\aleph$ 一定大于等于可列集基数 $\aleph_0$.

证明 容易知道 $f : x \mapsto x$ 是自然数 $\mathbb{N}$ 到实数集 $(-\infty, +\infty)$ 的一个单射, 因此, $\aleph_0 \leqslant \aleph$. ∎

Cantor 指出了幂集的基数总是严格大于原集合. 此结论导致了 Cantor 猜想 (即连续统假设) 和 Cantor 悖论.

Cantor 猜想: 不存在一个集合, 它的基数严格大于可列集的基数, 同时严格小于实数集的基数.

逻辑学家歌德尔证明了这个连续统假设是不能被证明的, 也不能被证伪 —— 就是说不能从现有的数学公理体系推演出该结论或者否定该结论. 现在已经清楚了, 这个猜想可以作为一条公理, 它与集合论中的其他公理是独立的.

性质 1.2.7 设 A 是集合, 则 A 的所有子集构成的集合 B 的基数一定大于 A 的基数.

证明思路 采用反证法, 假如 A 的所有子集构成的集合 B 的基数等于 A 的基数. 若 $f : A \to B$ 是一一对应的, 则对于任意 $x \in A, f(x)$ 是 A 的一个子集. 这样就有 $x \in f(x)$ 或者 $x \notin f(x)$. 考虑集合 $A_1 = \{x \in A \mid x \notin f(x)\}$, 它具有独特的性质. 由于一定存在 $x_1 \in A$, 满足 $f(x_1) = A_1$, 因此, 只需分析有 $x_1 \in f(x_1)$ 成立, 还是 $x_1 \notin f(x_1)$ 就清楚了.

证明 (1) 先证明 $\overline{\overline{B}} \geqslant \overline{\overline{A}}$. 令 $B_1 = \{\{x\} \mid x \in A\}$, 则容易知道 B_1 是 B 的一个子集, 并且 B_1 与 A 是对等的, 因此, B 的基数大于等于 A 的基数.

(2) 下面证明 $\overline{\overline{B}} \neq \overline{\overline{A}}$.

反证法. 假设 B 的基数等于 A 的基数, 则存在映射 $f : A \to B$ 是一一对应的, 故对于任意 $x \in A, f(x)$ 是 B 的元素, 即 $f(x)$ 是 A 的一个子集.

令 $A_1 = \{x \in A \mid x \notin f(x)\}$, 则 A_1 不是空集. 实际上, 假如对于每个 $x \in A$, 都有 $x \in f(x)$, 那么对于 A 包含两个不同元素的子集 $C = \{a, b\}$, 由假设 f 是满射, 可知 $f^{-1}(C)$ 存在, 故 $f^{-1}(C) = a$ 或者 b 才能满足 $x \in f(x)$. 另外, 要满足 $x \in f(x)$, 一定有 $f^{-1}(\{a\}) = a$, 并且 $f^{-1}(\{b\}) = b$, 这意味着 $f(a) = \{a\}$, 并且 $f(a) = \{a, b\}$ 或者 $f(b) = \{b\}$, 并且 $f(b) = \{a, b\}$, 不过这都与 f 是单射矛盾, 因此, 必有某个 $x \in A$, 使得 $x \notin f(x)$, 故 A_1 不是空集.

由于 f 是一一对应的, 因此, 存在某个 $x_1 \in A$, 使得 $f(x_1) = A_1$. 只需分析 x_1 属于还是不属于 A_1 就可发现矛盾. 如果 $x_1 \in A_1$, 那就与 $A_1 = \{x \in A \mid x \notin f(x)\}$ 矛盾. 如果 $x_1 \notin A_1$, 则由 $A_1 = \{x \in A \mid x \notin f(x)\}$ 可知 x_1 应该属于 A_1, 矛盾.

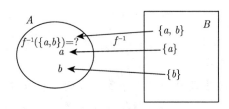

由反证法原理, B 的基数等于 A 的基数是不对的, 所以, $\overline{\overline{B}} > \overline{\overline{A}}$. ∎

问题 1.2.7　*存在某个集合 A, 它的基数是最大的基数吗?*

不存在. 由上面性质, 若集合 A 基数最大, 则 A 的所有子集构成的集合的基数一定大于 A 基数, 矛盾. ∎

6. 连续统基数的解题技巧

例题 1.2.8　*试证明 $(0,1)$ 的基数是 ℵ.*

证明　令 $f : (0,1) \to (-\infty, +\infty), f(x) = \tan \dfrac{2x-1}{2}\pi$, 则 f 是一一对应的, 因此, $(0,1)$ 的基数与 $(-\infty, +\infty)$ 的基数一样, 所以, $(0,1)$ 的基数是 ℵ. ∎

不难证明, 对于任意实数 $a < b$, 区间 $(a,b), [a,b]$ 和 $[a,b)$ 的基数都是 ℵ.

例题 1.2.9　*设 A 是有限集合或可列集合, B 是无限集合, 试证明 $A \cup B$ 的基数与 B 的基数相等.*

证明　由于 B 是无限集合, 因此, B 一定存在可列子集 B_1. 由 A 是有限集合或可列集合可知 $A \backslash B$ 是有限集或可列集. 由于 B_1 是可列集, 因此 $B_1 \cup (A \backslash B)$ 也是可列集, 故 $B_1 \cup (A \backslash B)$ 与 B_1 对等. 因为 $(B \backslash B_1) \cap (B_1 \cup (A \backslash B)) = \varnothing$, 所以, $B = (B \backslash B_1) \cup B_1$ 与 $(B \backslash B_1) \cup (B_1 \cup (A \backslash B)) = A \cup B$ 对等, 即 $A \cup B$ 的基数与 B 的基数相等. ∎

由上面例题可以看出, $[0,1]$ 与 $(0,1)$ 的基数都是 ℵ. 由于有理数全体是可列集, 因此, 无理数全体的基数也是 ℵ.

若多项式 $f(x) = a_0 + a_1 x + a_2 x^2 + \cdots + a_n x^n$, 并且系数 $a_i\ (i = 1, 2, \cdots, n)$ 都是整数, 则当 $f(\alpha) = 0$ 时, 称实数 α 为代数数 (algebraic number), 不是代数数的实数都称为超越数 (transcendental number). 超越数的概念, 第一次是出现在 1748 年出版的 Euler(欧拉) 的著作《无穷分析引论》中. Cantor 证明了全体代数数是可数的, 而实数是不可数的, 因此必定存在不是代数数的实数, 所以, 超越数不仅存在而且比有理数还要多.

例题 1.2.10　*试证明超越数全体构成的集合的基数是 ℵ.*

证明　(1) 由于整数全体是可列集, 因此, 对于每个正整数 n, 系数都是整数的 n 次多项式全体构成的集合是可列集.

(2) 由于每个 n 次的整系数多项式最多只有 n 个实根, 因此, 最多只有 n 个代数数满足该多项式. 所以, 全体代数数构成的集合 A 是可列集.

(3) 由于全体实数的基数是 $\aleph$, 大于全体代数数构成的可列集的基数是 $\aleph_0$, 因此, 超越数一定存在. 记全体超越数构成的集合为 B, 则 $A \cup B$ 的基数与 B 是相等的. 因为全体实数的基数是 $\aleph$, 所以, 超越数全体构成的集合的基数是 $\aleph$. ∎

不过, Cantor 的证明方法并不能构造出一个具体的超越数, 实际上, 历史上第一个证明了超越数存在性的是法国数学家 Liouville(刘维尔), 他在 1851 年构造了一个数:
$$L = \frac{1}{10} + \frac{1}{10^{2!}} + \frac{1}{10^{3!}} + \frac{1}{10^{4!}} + \cdots,$$
这个数后来被称为 "Liouville 数", 这是关于超越数的存在性的第一个构造性的证明.

例题 1.2.11 设 f 是闭区间 $[a, b]$ 上的连续函数, 若存在可数集 $E \subseteq [a, b]$, 使得对于任意 $x \in [a, b] \backslash E$, 有 $f'(x) > 0$, 试证明 $f(x)$ 为 $[a, b]$ 上的单调上升函数.

证明 反证法. 假设 $f(x)$ 不是 $[a, b]$ 上的单调上升函数, 则一定存在某个 $x_1, x_2 \in [a, b], x_1 < x_2$, 使得 $f(x_2) < f(x_1)$.

(1) 对于开区间 $(f(x_2), f(x_1))$ 中的任意 β, 令 $F = \{x \in [x_1, x_2] \mid f(x) = \beta\}$. 由于 f 是连续函数, 因此, 容易验证 F 是有界闭集, 故 $x_\beta = \sup\{x \in F\}$ 一定属于 F.

(2) 由于 $f(x_\beta) = \beta > f(x_2)$, 因此, $x_\beta \neq x_2$, 故 $x_\beta < x_2$, 并且对于任意 $x \in (x_\beta, x_2]$, 都有 $f(x) < \beta = f(x_\beta)$, 因为不然的话, 就一定存在某个 $y_\beta \in (x_\beta, x_2]$, 使得 $f(y_\beta) = \beta$, 与 $x_\beta = \sup\{x \in F\}$ 矛盾. 因此
$$\frac{f(x) - f(x_\beta)}{x - x_\beta} < 0,$$
故 $f'(x_\beta) \leqslant 0$.

(3) 从上面讨论可以看出, 对于任意 $\beta \in (f(x_2), f(x_1))$, 一定存在 $x_\beta \in [a, b]$, 使得 $f'(x_\beta) \leqslant 0$. 由开区间 $(f(x_2), f(x_1))$ 的基数是 $\aleph$ 可知 $f'(x) \leqslant 0$ 的点全体不是可数集. 矛盾. 所以, $f(x)$ 一定是 $[a, b]$ 上的单调上升函数. ∎

例题 1.2.12 设 f 是实数集 $\mathbb{R}$ 到 $\mathbb{R}$ 的函数, 若 f 在有理数点上取值为无理数, 在无理数点上取值为有理数, 试证明 f 一定不是连续函数.

证明 反证法. 假设 f 是 $\mathbb{R}$ 上的连续函数, 由于 f 在有理数点上取值为无理数, 在无理数点上取值为有理数, 因此, $f(1)$ 是无理数, 但 $f(\sqrt{3})$ 是有理数, 故一定有 $f(1) \neq f(\sqrt{3})$ 成立. 不妨设 $f(1) < f(\sqrt{3})$, 由连续函数的介值定理可知

$$[f(1), f(\sqrt{3})] \subseteq f([1, \sqrt{3}]) \subseteq f(\mathbb{R}).$$

故 f 的值域包含区间 $[f(1), f(\sqrt{3})]$. 由于区间 $[f(1), f(\sqrt{3})]$ 的基数是 $\aleph$, 因此, f 的值域一定是不可列集.

另一方面, 由于

$$f(\mathbb{R}) = f(\mathbb{Q} \cup (\mathbb{R} \setminus \mathbb{Q})) = f(\mathbb{Q}) \cup f(\mathbb{R} \setminus \mathbb{Q}) \subseteq f(\mathbb{Q}) \cup \mathbb{Q},$$

因此, $f(\mathbb{R})$ 一定是可数集. 矛盾. 所以, f 一定不是 $\mathbb{R}$ 上的连续函数.   ■

7. 常见集合的基数

1) 可列集

下面集合的基数是 $\aleph_0$.

(1) 自然数全体、整数全体、有理数全体;

(2) 所有端点 a 和 b 都是有理数的区间 (a, b) 构成的集合;

(3) 所有整系数的多项式的集合, 所有有理数系数的多项式的集合, 所有代数数构成的集合;

(4) 所有两两都不相交的区间 (a, b) 构成的集合;

(5) 可列集的所有有限子集构成的集合.

2) 不可列集

下面集合的基数是 $\aleph$.

(1) $[0, 1], (0, 1), (-\infty, +\infty), (a, b)$, 这里 $-\infty < a < b < +\infty$ 的基数都是 $\aleph$;

(2) 设 $\mathbb{R}$ 是实数集合, 则 $\mathbb{R}, \mathbb{R}^2, \mathbb{R}^n$ 的基数是 $\aleph$;

(3) 由 0 和 1 构成的序列全体的基数是 $\aleph$;

(4) 任意可列集的所有子集构成的集合的基数是 $\aleph$;

(5) 若 A 的基数是 $\aleph$, 则 A 的所有可列子集构成的集合的基数是 $\aleph$;

(6) 闭区间 $[a, b]$ 上的所有连续函数 $f(x)$ 构成的集合的基数是 $\aleph$;

(7) 闭区间 $[a, b]$ 上的所有单调函数 $f(x)$ 构成的集合的基数是 $\aleph$;

(8) 所有无理数全体, 所有超越数全体;

(9) 所有有理数数列构成的集合的基数是 $\aleph$.

* 扩展阅读: 巴拿赫-塔斯基悖论

实际上, 巴拿赫-塔斯基悖论 (Banach-Tarski paradox) 是一条数学定理. 1924 年, Banach 和 Tarski 提出了这一定理, 指出在选择公理成立的情况下可以将一个三维实心球分成有限部分, 通过旋转和平移后重新组合, 就可以组成两个半径和原来相等的球. Banach 和 Tarski 提出这一定理的原意是想拒绝承认选择公理, 但这个证明是正确的, 因此数学家十分惊奇地发现选择公理可以导致一些令人惊讶和反直觉的结果.

为什么会这样呢? 这个悖论表明如果旋转和平移的子集被认为具有相同体积的话, 就无法对欧几里得空间的有界子集定义什么叫做 "体积". 实际上, 通过旋转和平移后重新组合的球都不是 Lebesgue 可测的子集, 因此, 它们没有"体积". 不过这与人们对于体积概念的直觉是不相符的, 从而产生了这是一个悖论的感觉.

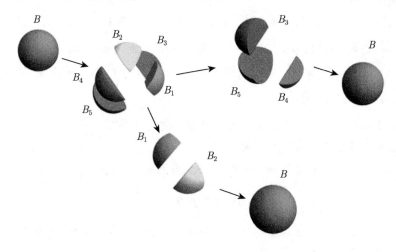

1.3 实 数 集

1. 实数集中的开集

数学分析关于实数集 $\mathbb{R}$, 已经有了开区间、闭区间、开集和闭集等概念, 可以将这些概念做仔细的讨论, 弄清它们的结构和性质, 以后还可以推广到 $\mathbb{R}^n$ 和一般的度量空间, 建立起对应的拓扑结构.

若 ε 为大于 0 的实数, 则称 $(x_0 - \varepsilon, x_0 + \varepsilon)$ 为 x_0 的 ε-邻域. 称包含 x_0 的开区间为 x_0 的邻域.

定义 1.3.1 设 U 是实数集的一个子集, $x_0 \in U$, 若存在包含 x_0 的开区间 $(\alpha, \beta) \subseteq U$, 则称 x_0 为 U 的内点 (interior point). 若任意 $x \in U$ 都是 U 的内点, 则称 U 为开集 (open set).

容易知道, 任意开区间 (α, β) 都是开集, 规定空集 $\varnothing$ 也是开集. 明显地, $(-\infty, +\infty)$ 一定是开集.

2. 开集的基本性质

下面关于开集的基本性质就是一般拓扑学的公理基础.

定理 1.3.1 在实数集 $\mathbb{R}$ 上, 下面性质成立.

(1) 任意个开集的并集是开集;

(2) 有限个开集的交集是开集.

证明 (1) 设 G_α 为一族实数开集, 则对任意 $x \in \underset{\alpha}{\cup} G_\alpha$, 有某个下标 α_0, 使

$x \in G_{\alpha_0}$, 由于 G_{α_0} 是开集, 因而有开区间 $(\alpha, \beta) \subseteq G_{\alpha_0}$, 因此 $(\alpha, \beta) \subseteq \cup_{\alpha} G_\alpha$, 故 x 为 $\cup_{\alpha} G_\alpha$ 的内点, 由 x 是任意的可知 $\cup_{\alpha} G_\alpha$ 是开集.

(2) 设 $G_1, \cdots, G_n$ 为开集, 对于任意 $x \in \overset{n}{\underset{i=1}{\cap}} G_i$, 对 $i = 1, 2, \cdots, n$, 有 $x \in G_i$, 由于 G_i 是开集, 因此有 α_i, β_i 使得 $(\alpha_i, \beta_i) \subseteq G_i$, 令 $r = \min\{|\alpha_i - x|, |\beta_i - x| \mid i = 1, 2, \cdots, n\}$, 则 $(x - r, x + r) \subseteq G_i$, 因而 $(x - r, x + r) \subseteq \overset{n}{\underset{i=1}{\cap}} G_i$, 所以, x 为 $\overset{n}{\underset{i=1}{\cap}} G_i$ 的内点, 从而 $\overset{n}{\underset{i=1}{\cap}} G_i$ 为开集. ∎

问题 1.3.1 任意多个开集的交集是否一定为开集?

任意多个开集的交集不一定是开集.

例 1.3.1 在实数空间 $\mathbb{R}$ 中, 对于任意自然数 n, $G_n = \left(-\dfrac{1}{n}, \dfrac{1}{n}\right)$ 是 $\mathbb{R}$ 的开集, 但 $\overset{\infty}{\underset{n=1}{\cap}} G_n = \overset{\infty}{\underset{n=1}{\cap}} \left(-\dfrac{1}{n}, \dfrac{1}{n}\right) = \{0\}$ 不是开集.

问题 1.3.2 由于任意多个开区间的并集一定是开集, 因此, 开集会不会一定是某些不相交开区间的并集呢?

是的. 下面来仔细讨论该问题.

定义 1.3.2 设 U 是实数集的一个开集, 若开区间 $(\alpha, \beta) \subseteq U, \alpha < \beta$, 并且区间端点 α 和 β 都不属于 U, 则称 (α, β) 为 U 的一个构成区间 (component interval).

明显地, 开集的构成区间不可能是空集.

例 1.3.2 设开集 $U = (0, 1) \cup (2, +\infty)$, 则 $(0, 1)$ 是 U 的一个构成区间, 但 $(3, 5)$ 虽然包含在 U 内, 由于它的区间端点 3 和 5 都属于 U, 故它不是 U 的构成区间.

3. 开集的结构

若 (α_1, β_1) 和 (α_2, β_2) 为 U 的两个不同的构成区间, 则它们一定不相交. 实际上, 假如它们相交, 则不妨设 $\alpha_2 \in (\alpha_1, \beta_1)$, 但这与 $(\alpha_2, \beta_2) \subseteq U$ 和构成区间 (α_2, β_2) 的端点 α_2 和 β_2 不属于 U 矛盾.

定理 1.3.2 若 U 是实数集的非空开集, 则任意 $x \in U$, 都一定存在构成区间 $(\alpha, \beta) \subseteq U$, 使得 $x \in (\alpha, \beta)$.

证明 (1) 对于任意 $x \in U$, 由 U 是开集可知一定存在某个开区间 $(\alpha, \beta) \subseteq U$. 记 A_x 为满足该性质的开区间全体构成的集合, 即 $A_x = \{(\alpha, \beta) \mid x \in (\alpha, \beta)$ 并且 $(\alpha, \beta) \subseteq U\}$, 明显地, A_x 不是空集. 令

$$\alpha_0 = \inf\{\alpha \mid (\alpha, \beta) \in A_x\},$$

$$\beta_0 = \sup\{\beta \mid (\alpha, \beta) \in A_x\},$$

则 $(\alpha_0, \beta_0) = \bigcup\limits_{(\alpha,\beta)\subseteq A_x} (\alpha,\beta)$.

(2) 明显地, 由于 A_x 中的每个开区间都包含 x, 因此 $x \in (\alpha_0, \beta_0)$.

(3) 下面先证明 $(\alpha_0, \beta_0) \subseteq U$. 实际上, 对于任意 $y \in (\alpha_0, \beta_0)$, 不妨设 $\alpha_0 < y < x$. 由于 α_0 是下确界, 因此, 存在包含 x 的开区间 (α, β), 使得 $y > \alpha > \alpha_0$, 故 $y \in (\alpha, x] \subseteq (\alpha, \beta) \subseteq U$, 从而, 对于任意 $y \in (\alpha_0, \beta_0)$, 都有 $y \in U$, 因此, $(\alpha_0, \beta_0) \subseteq U$.

(4) 再证明 α_0 和 β_0 都不属于 U. 用反证法, 假设 α_0 属于 U, 则由 U 是开集可知存在开区间 $(\alpha', \beta') \subseteq U$, 使得 $\alpha_0 \in (\alpha', \beta')$, 故 $\alpha' < \alpha_0$, 并且 $(\alpha', \beta') \subseteq A_x$, 但这与 α_0 是 A_x 中所有开区间的左端点的下确界矛盾. 由反证法原理可知, α_0 不属于 U. 类似可证, β_0 也不属于 U.

综合 (3) 和 (4) 可知, (α_0, β_0) 是 U 的构成区间. ■

由例题 1.2.5 可知, 对于实数集的任意子集 U, 它的构成区间最多只有可列个. 实际上, 自从 Cantor 时期就已经知道实数的任意开集都一定是可数个互不相交的开区间的并集.

定理 1.3.3 实数集的子集 U 是非空开集的充要条件为 U 可以表示成有限或可列个互不相交的构成区间的并集.

证明 由于实数集的任意子集 U 的构成区间最多只有可列个, 因此, U 可以表示成有限或可列个互不相交的构成区间的并集.

反过来, 若 U 可以表示成有限或可列个互不相交的构成区间的并集, 则明显地, U 是非空开集. ■

4. 实数集的极限点

在数学分析中, 仔细地讨论了数列 $\{x_n\}$ 的极限点. 明显地, 数列 $\{x_n\}$ 是一个按顺序排好的可列集, 对于一般的实数集, 能不能考虑极限点呢?

定义 1.3.3 设 A 是实数集合, x 是某个实数, 若包含 x 的任意开区间 (α, β) 都含有不同于 x 的 A 的点, 即 $(A\backslash\{x\}) \cap (\alpha, \beta)$ 不是空集, 则称 x 为 A 的极限点 (limit point).

明显地, x 为 A 的极限点时, x 不一定属于 A. 例如, 0 是 $A = (0,1)$ 的极限点, 但 $0 \notin A$. 另外, $(0,1)$ 的极限点全体是 $[0,1]$. 容易知道只有有限个点的集合没有极限点. 一般规定, 空集没有极限点.

在数学分析中, 对于数列 $\{x_n\}$, 若对任意 $\varepsilon > 0$, 存在 N, 使得 $n > N$ 时, 一定有 $|x_n - x_0| < \varepsilon$, 则称 x_0 为数列 $\{x_n\}$ 的极限点. 但若将 $\{x_n\}$ 看作集合, 则 $\{x_n\}$ 中的元素是没有前后顺序的, 并且没有重复的元素, 因此, 当数列 $\{x_n\}$ 收敛到 x_0 时, x_0 不一定是集合 $\{x_n\}$ 的极限点, 这里集合 $\{x_n\}$ 是指数列 $\{x_n\}$ 去掉重复元素后得到的集合. 例如, 当 $x_n = 1$ 时, 数列 $\{x_n\}$ 收敛到 $x_0 = 1$, 但集合 $\{x_n\} = \{1\}$,

因而, 1 不是它的极限点.

不难验证, 有几种方法可以判断一个点 x 是否为 A 的极限点.

定理 1.3.4　设 A 是实数集, 则下列条件等价:

(1) x_0 为 A 的极限点;

(2) 包含 x_0 的任何一个开区间都含有 A 异于 x_0 的无穷多个点;

(3) 在 A 中存在数列 $x_n, x_n \neq x_0$, 且 $\lim\limits_{n\to\infty} x_n = x_0$.

定义 1.3.4　设 A 是实数集合, $x \in A$, 若存在包含 x 的某个开区间 (α, β) 不含有不同于 x 的 A 的点, 即 $(A\backslash\{x\})\cap(\alpha,\beta)$ 是空集, 则称 x 为 A 的孤立点 (isolated point).

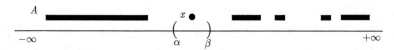

容易知道, 对于集合 A, 它的孤立点全体就是 $A\backslash A'$. 后面的例题将证明实数集 A 的孤立点全体一定是有限集或可列集.

定义 1.3.5　设 A 是实数集, 称 A 的极限点全体为 A 的导集 (derived set), 记为 A'. $\overline{A} = A\cup A'$ 称为 A 的闭包 (closure). 另外, 若 $A = A'$, 则称 A 是完全集 (perfect set).

例 1.3.3　若 $A = [1,2]\cup\{3,4\}$, 则 $A' = [1,2]$, 且 $\overline{A} = A$.

容易证明, $x_0 \in \overline{A}$ 当且仅当存在 $x_n \in A$, 使得 x_n 收敛到 x_0, 但此时的 x_n 不一定与 x_0 不相同. 如 $A = [1,2]\cup\{3,4\}$ 时, 有 $x_0 = 3 \in \overline{A}$, 不存在 $x_n \in A, x_n \neq x_0$, 使得 x_n 收敛到 x_0, 但有每个项都是 3 的数列 $x_n \in A$, 它收敛到 x_0.

定义 1.3.6　实数集 A 称为闭集 (closed set), 若 A 的余集 $A^C = (-\infty, +\infty)\backslash A$ 是开集.

定理 1.3.5　设 A 为实数集, 则下列条件等价:

(1) A 是闭集;

(2) $A' \subseteq A$;

(3) $\overline{A} = A$.

证明　$(1)\Rightarrow(2)$ 若 A 是闭集, 则 A^C 是开集. 如果 $A' = \varnothing$, 则 $A' \subseteq A$. 如果 $A' \neq \varnothing$, 则对任意 $x \in A'$, 必有 $x \in A$.

不然, 假设 $x \notin A$, 则有 $x \in A^C$, 由于 A^C 是开集, 且 $A^C\cap A = \varnothing$, 但这与 $x \in A'$ 矛盾.

$(2)\Rightarrow(3)$ 若 $A' \subseteq A$, 则 $\overline{A} = A\cup A' = A$.

$(3)\Rightarrow(1)$ 若 $\overline{A} = A\cup A' = A$, 则 $A' \subseteq A$. 如果 $A^C = \varnothing$, 则 $A = X$ 是闭集; 如果 $A^C \neq \varnothing$, 则对任意 $x \in A^C$, 由 $A' \subseteq A$ 可知 $x \notin A'$, 因而存在开区间 (a,b), 使得

$x \in (a,b)$, 并且 $(a,b) \cap A = \varnothing$, 故 $(a,b) \subseteq A^C$, 即 x 是 A^C 的内点, 因此 A^C 是开集, 所以 A 是闭集. ∎

由前面开集的性质, 容易证明下面定理成立.

定理 1.3.6 对于实数集, 下面结论成立:

(1) $\varnothing$ 和 $(-\infty, +\infty)$ 是闭集;

(2) 任意闭集的交集是闭集;

(3) 有限个闭集的并集是闭集.

问题 1.3.3 无限个闭集的并集一定是闭集吗?

不一定. 实际上, 容易知道 $A_n = \left[1 + \dfrac{1}{n}, 3 - \dfrac{1}{n}\right]$ 都是闭集, 但 $\overset{\infty}{\underset{n=1}{\cup}} A_n = (1,3)$ 不是闭集.

如何确定一个子集是不是闭集呢? 常用的方法就是下面的定理.

定理 1.3.7 实数集 A 是闭集的充要条件为 $x_n \in A$, 并且 $x_n \to x_0$ 时, 一定有 $x_0 \in A$.

证明 (1) 必要性: 设 A 是闭集, $x_n \in A$, 并且 $x_n \to x_0$, 欲证明 $x_0 \in A$. 如果 $\{x_n\}$ 中有某个 x_{n_0}, 使得 $x_{n_0} = x_0$, 则由于 x_{n_0} 本来就属于 A, 因此, $x_0 \in A$. 如果对任意 n, 都有 $x_n \neq x_0$, 则由前面极限点的性质可知 x_0 是 A 的一个极限点, 既然 A 是闭集, 因此, $x_0 \in A$.

(2) 充分性: 若 $x_n \in A$, 并且 $x_n \to x_0$ 时, 一定有 $x_0 \in A$, 则对于 A 的任意一个极限点 x_0, 都存在某个数列 $x_n \in A$, 使得 x_n 收敛到 x_0, 故 $x_0 \in A$, 所以, A 是闭集. ∎

问题 1.3.4 任意实数集 A 的导集 A' 是不是闭集呢?

是的. 实际上, 设 x_0 是 A' 的极限点, 则对于任意 n, 存在 $x_n \in A', x_n \neq x_0$, 使得 $|x_n - x_0| < \dfrac{1}{2n}$. 再由 $x_n \in A'$ 可知对于 n, 存在 $y_n \in A, y_n \neq x_n$, 使得 $|y_n - x_n| < \min\left\{\dfrac{1}{2n}, |x_n - x_0|\right\}$. 故 $|y_n - x_0| < \dfrac{1}{n}$. 既然 $|y_n - x_n| < |x_n - x_0|$, 因此, 一定有 $y_n \neq x_0$, 故 x_0 是 A 的极限点, 于是 $x_0 \in A'$. 所以, A' 一定是闭集.

定义 1.3.7 设 A 和 B 为实数集, 若 $\overline{A} \supseteq B$, 则称 A 在 B 中稠密 (dense). 若 $\overline{A} = (-\infty, +\infty)$, 则称 A 是稠密集.

容易知道, A 在 B 中稠密的充要条件是对于任意 $x \in B$, 任意包含 x 的开区间都一定包含有 A 的点.

定义 1.3.8 设 A 为实数集, 若 $\overline{A}$ 不包含任何开区间, 则称 A 是无处稠密的 (nowhere dense) 或疏朗的.

例 1.3.4 全体有理数 $\mathbb{Q}$ 在 $(-\infty, +\infty)$ 中是稠密的, 全体自然数 $\mathbb{N}$ 是疏朗的.

不难验证疏朗集具有下面的性质.

性质 1.3.1　A 是疏朗集的充要条件为对于任意开区间 (a,b), 一定存在开区间 $(\alpha,\beta) \subseteq (a,b)$, 使得 (α,β) 与 A 不相交.

由上面性质明显可以看出, 若 A 是疏朗集, 则对于任意开区间 (a,b), 一定存在闭区间 $[\alpha,\beta] \subseteq (a,b)$, 使得 $[\alpha,\beta]$ 与 A 不相交.

性质 1.3.2　若 A 是疏朗集, 则 A 的补集 A^C 一定是稠密集.

证明　若 (a,b) 是任意一个开区间, 由于 A 是疏朗集, 因此, 存在开区间 $(\alpha,\beta) \subseteq (a,b)$, 使得 (α,β) 与 A 不相交, 故 (α,β) 一定与 A 的补集 A^C 相交, 于是 (a,b) 与 A^C 相交. 所以, 由 (a,b) 的任意性可知 A^C 一定是稠密集. ■

问题 1.3.5　若 A 是稠密集, 则 A^C 一定是疏朗集吗?

不一定. 设 A 为所有有理数, 则 A 是稠密集, 但 A^C 不是疏朗集, 它是稠密集.

在实数 $\mathbb{R} = (-\infty, +\infty)$ 上, 定义 $d(x,y) = |x-y|$, 则 d 是 $\mathbb{R}$ 上的度量, 利用度量也可以刻画开集、闭集、闭包. 设 X 是一个集合, d 是 X 上的度量, 在度量空间 (X,d) 中, 利用度量 d, 可以定义开集、闭集、闭包等概念, 还可以利用开集来刻画序列 $\{x_n\}$ 依度量 d 收敛于 x_0.

5. Cantor 集的构造

Cantor 集是一个具有很多非凡和深刻性质的实数集, Smith 在 1874 年发现了无处稠密集, 他论文中的例子事实上就是某类 Cantor 集, 但没有人注意, Cantor 在 1882 年引入了 Cantor 集. 它是一个取自直线段上的点集, 具有一些奇特的性质. 通过对它的深入思考, Cantor 和其他助手奠定了现代点集拓扑学的基础. 虽然 Cantor 自己用抽象的方法定义了这个集合, 但最流行的构造是 Cantor 三分集, 它是通过将一条线段的中间部分去掉而获得的. 下面来讨论 Cantor 集 C 的构造方法.

(1) 将闭区间 $[0,1]$ 分成三等份, 去掉中间的开区间 $I_1^1 = \left(\dfrac{1}{3}, \dfrac{2}{3}\right)$, 留下的部分记为

$$F_1 = \left[0, \frac{1}{3}\right] \cup \left[\frac{2}{3}, 1\right] = F_1^1 \cup F_2^1.$$

(2) 把剩下的两个闭区间 $\left[0, \dfrac{1}{3}\right]$ 和 $\left[\dfrac{2}{3}, 1\right]$ 分别再分成三等份, 去掉中间的开区间 $I_1^2 = \left(\dfrac{1}{9}, \dfrac{2}{9}\right), I_2^2 = \left(\dfrac{7}{9}, \dfrac{8}{9}\right)$. 留下的部分记为

$$F_2 = \left[0, \frac{1}{9}\right] \cup \left[\frac{2}{9}, \frac{1}{3}\right] \cup \left[\frac{2}{3}, \frac{7}{9}\right] \cup \left[\frac{8}{9}, 1\right] = F_1^2 \cup F_2^2 \cup F_3^2 \cup F_4^2.$$

(3) 对于剩下的四个区间

$$\left[0, \frac{1}{9}\right], \quad \left[\frac{2}{9}, \frac{3}{9}\right], \quad \left[\frac{6}{9}, \frac{7}{9}\right], \quad \left[\frac{8}{9}, 1\right]$$

分别再分成三等份, 去掉中间的开区间

$$I_1^3 = \left(\frac{1}{27}, \frac{2}{27}\right), \quad I_2^3 = \left(\frac{7}{27}, \frac{8}{27}\right), \quad I_3^3 = \left(\frac{19}{27}, \frac{20}{27}\right), \quad I_4^3 = \left(\frac{25}{27}, \frac{26}{27}\right).$$

(4) 按这样继续下去, 在第 n 次三等分时去掉的开区间为

$$I_1^n = \left(\frac{1}{3^n}, \frac{2}{3^n}\right), I_2^n = \left(\frac{7}{3^n}, \frac{8}{3^n}\right), \cdots, I_{2^{n-1}}^n = \left(\frac{3^n-2}{3^n}, \frac{3^n-1}{3^n}\right).$$

$$F_n = F_1^n \cup F_2^n \cup F_3^n \cup \cdots \cup F_{2^n}^n.$$

记 $O = \bigcup\limits_{n=1}^{\infty} \bigcup\limits_{k=1}^{2^{n-1}} I_k^n$, 则 O 是一个开集, 令 $C = [0,1] \backslash O = \bigcap\limits_{n=1}^{\infty} F_n$, 则称 C 为 Cantor 集. 明显地, Cantor 集 C 是闭集.

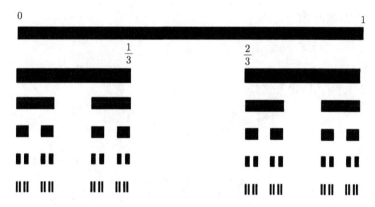

* 扩展阅读: Cantor 集的性质

Cantor 集的构造方法简单明了, 看起来比较怪异, 它是简单与复杂的统一, 但它具有很多奇特的性质, 是一个值得深入探讨的实数集. 从 Cantor 集 C 的构造过程, 可以看出 Cantor 集具有下面的性质.

(1) Cantor 集是非空有界闭集.

这是由于 $[0,1]$ 的端点都在 C 中, 因此, C 不是空集. 由 O 是开集可知 C 是闭集. 因此, 由 $C \subseteq [0,1]$ 可知 C 是非空有界闭集.

(2) Cantor 集 C 的任意点都是 C 的极限点, 即 $C' = C$.

实际上, 由于 C 是闭集, 因此, $C' \subseteq C$.

反过来, 对于任意 $x \in C$, 由于 $C = \bigcap\limits_{n=1}^{\infty} F_n = \bigcap\limits_{n=1}^{\infty} \left(\bigcup\limits_{k=1}^{2^n} F_k^n\right)$, 因此, 对于任意 n, 存在 k, 使得 $x \in F_k^n$. 另外, 对于包含 x 的任意小的开区间 G, 一定存在足够大的 n, 使得 $F_k^n \subseteq G$, 故 $x \in F_k^n \subseteq G$. 由于 F_k^n 有两个端点, 因此, 一定有某个端点不是 x, 故 G 一定包含 C 中与 x 不同的点, 因而, x 是 C 的极限点. 所以, $C \subseteq C'$.

(3) Cantor 集 C 是疏朗集.

对于任意开区间 (a,b), 若 $(a,b)\cap[0,1]$ 不是空集, 则一定有某个 I_k^n, 满足 $I_k^n\subseteq$ $(\mathbb{R}\backslash C)\cap(a,b)$. 若 $(a,b)\cap[0,1]$ 是空集, 则一定有 $(a,b)\subseteq(\mathbb{R}\backslash C)\cap(a,b)$.

(4) Cantor 集 C 不包含任何内点.

对于任意 $x_0\in C$ 和包含 x_0 的任意开区间 (a,b), 由 Cantor 集的构造过程可看出, 一定存在足够大的 n, 使得 $I_k^n\subseteq(\mathbb{R}\backslash C)$, 因此, C 不包含 (a,b), 所以, x_0 不是 C 的内点.

(5) Cantor 集 C 的基数是 $\aleph$.

用三进位小数来表示 I_k^n 的端点, 则

$$I_1^1=(0.1,0.2),\quad I_1^2=(0.01,0.02),\quad I_2^2=(0.21,0.22).$$

不难验证, I_k^n 的区间为

$$(0.a_1a_2\cdots a_{n-1}1,0.a_1a_2\cdots a_{n-1}2).$$

故 C 中的点 x 都具有如下形式

$$x=\sum_{i=1}^\infty\frac{a_i}{3^i},\quad a_i\in\{0,2\}.$$

定义映射 f 为

$$\sum_{i=1}^\infty\frac{a_i}{3^i}\mapsto\sum_{i=1}^\infty\frac{a_i}{2}\frac{1}{2^i},$$

由于 $a_i\in\{0,2\}$, 因此, $\frac{a_i}{2}\in\{0,1\}$, 故 f 是 C 到所有 $[0,1]$ 的二进位小数的一一对应. 所以, C 的基数是 $\aleph$.

(6) C 的总长度是 0.

这是由于 $O=[0,1]\backslash C$ 的总长度为 $\left|\bigcup_{n=1}^\infty\left(\bigcup_{k=1}^{2^n}I_k^n\right)\right|=\sum_{n=1}^\infty\left(\sum_{k=1}^{2^n}|I_k^n|\right)=\sum_{n=1}^\infty\frac{2^{n-1}}{3^n}=$ 1, 其实就是 O 的 Lebesgue 测度为 1, 所以, C 的总长度, 即 Lebesgue 测度是 0.

(7) $C-C=\{x-y\mid x,y\in C\}=[-1,1]$.

(i) 先证明若 a 在 $[0,1]$ 中写成 3 进制时只有有限位, 则 a 一定可以写成 C 中两个元素的差.

对于 a 的位数 L, 利用归纳法来证明.

(a) 若 $L=1$, 则只有下面三种情形:

$$0.0=0.0-0.0,$$

$$0.1=0.2-0.0222\cdots,$$

$$0.2 = 0.2 - 0.0.$$

(b) 若 $L = 2$, 则在 $L = 1$ 的情形中后面加一个数字. 如果加的数字是 0 或者 2, 那么容易知道可以写成两个 C 中元素的差. 例如, $0.1 = 0.2 - 0.0222\cdots$ 可推出 $0.12 = 0.22 - 0.0222\cdots$.

如果加的数字是 1, 则

$$0.01 = 0.02 - 0.00222\cdots,$$

$$0.11 = 0.21 - 0.0222\cdots = 0.2 - 0.02,$$

$$0.21 = 0.22 - 0.0022\cdots.$$

(c) 对于任意 $a \in [0, 1]$, 为了证明 a 的三进制长度在 $L = n$ 时结论成立. 即当 $a = 0.a_1a_2a_3\cdots a_n$ 时, 一定存在 $b, c \in C$, 使得 $a = b - c$. 记 a 的三进制长度为 $L(a)$ 的话, 则有 $L(b) \leqslant L(c)$ 或者 $L(c) = \infty$ 或者 $L(c) \leqslant L(b)$. 在 $L(c) = \infty$ 的情形, c 一定在第 n 位以后都是 2.

既然对于 $L = 1$ 和 2 结论都成立, 因此, 假设对于 $L = n - 1$ 结论都成立. 即对于任意 $a = 0.a_1a_2a_3\cdots a_{n-1}$, 有 $b, c \in C$, 使得 $a = b - c$, 则

$$0.a_1a_2a_3\cdots a_{n-1} = 0.b_1b_2b_3\cdots b_{n-1} - 0.c_1c_2c_3\cdots c_{n-1} \neq 0,$$

或者

$$0.a_1a_2a_3\cdots a_{n-1} = 0.b_1b_2b_3\cdots b_{n-1} - 0.c_1c_2c_3\cdots c_{n-1}222\cdots.$$

这里对于任意 $i > n$ 都有 $c_i = 2$.

考虑在 $n - 1$ 位后增加一位数字 a_n. 若 $a_n = 0$, 自然结论明显成立.

若 $a_n = 1$, 则在上面第一种情形, 有

$$0.a_1a_2a_3\cdots a_{n-1}1 = 0.b_1b_2b_3\cdots b_{n-1}2 - 0.c_1c_2c_3\cdots c_{n-1}0222\cdots,$$

若 $a_n = 2$, 则令 $b_n = 2$, 容易知道结论成立.

综合上述, 由归纳法可知, 对于位数有限的 $a \in [0, 1]$, 结论成立.

(ii) 下面考虑 $a \in [0, 1]$ 有无穷个位数的情形. 若 $a = 0.a_1a_2a_3\cdots$ 有无穷个位数, 令 a_k 是 a 的前 k 个位数构成的数, 即 $\hat{a}_k = 0.a_1a_2a_3\cdots a_k$, 则明显地, 有 $\lim\limits_{k\to\infty} \hat{a}_k = a$.

由前面有限个位数的证明可以看出, 对于每个 $\hat{a}_k$, 存在 $b_k, c_k \in C$, 使得 $\hat{a}_k = b_k - c_k$. 由于 C 是有界闭集, 因此, 存在子序列 $\{b_{n_k}\}$ 和 $\{c_{n_k}\}$ 同时收敛, 记 b 和 c 分别是子序列 $\{b_{n_k}\}$ 和 $\{c_{n_k}\}$ 的极限, 则 $b, c \in C$, 并且 $a = b - c$. 所以, 对于 $a \in [0, 1]$ 有无穷个位数的情形结论也是成立的.

另外, 对于任意 $a \in [-1,0]$, 用上面的证明方法一样可以证明结论成立. 所以, $C - C = [-1,1]$.

(8) $C + C = \{x + y \mid x, y \in C\} = [0,2]$.

由于 Cantor 集关于 $\frac{1}{2}$ 是对称的, 因此, $C - \frac{1}{2}$ 关于 0 点对称, 故 $C - \frac{1}{2} = -\left(C - \frac{1}{2}\right)$, 因而

$$C + C - 1 = \left(C - \frac{1}{2}\right) + \left(C - \frac{1}{2}\right) = \left(C - \frac{1}{2}\right) + \left(\frac{1}{2} - C\right) = C - C.$$

将左边的 -1 移动到右边, 根据 $C - C = [-1,1]$, 得 $C + C = C - C + 1 = [-1,1] = [0,2]$.

(9) Cantor 函数常常用来构造例子, 它是单调上升的连续函数, 并具有一些奇特的性质.

Cantor 函数的构造方法如下:

(a) 将 Cantor 集 C 中的点用三进位小数来表示, 有

$$x = 2 \sum_{i=1}^{\infty} \frac{a_i}{3^i}, \quad a_i \in \{0,1\}, \quad i = 1, 2, \cdots;$$

(b) 定义 C 上的函数 $\varphi(x)$ 为

$$\varphi(x) = \varphi\left(2 \sum_{i=1}^{\infty} \frac{a_i}{3^i}\right) = \sum_{i=1}^{\infty} \frac{a_i}{2^i}, \quad a_i \in \{0,1\}, \quad i = 1, 2, \cdots.$$

则由区间 $[0,1]$ 中的点都可以用二进位小数表示可知 $\varphi(C) = [0,1]$, 并且 $\varphi(x)$ 是 C 上的单调上升函数.

实际上, 设 $\frac{x}{2} = 0.a_1 a_2 \cdots, \frac{y}{2} = 0.b_1 b_2 \cdots, x < y$, 这里 $a_i, b_i \in \{0,1\}$, 则 $x, y \in C$, 并且 $2 \sum_{i=1}^{\infty} \frac{a_i}{3^i} < 2 \sum_{i=1}^{\infty} \frac{b_i}{3^i}$. 设 $k = \min\{i \mid a_i \neq b_i\}$, 则

$$0 < \sum_{i=1}^{\infty} \frac{b_i - a_i}{3^i} = \frac{b_k - a_k}{3^k} + \sum_{i=k+1}^{\infty} \frac{b_i - a_i}{3^i}$$

$$\leqslant \frac{b_k - a_k}{3^k} + \sum_{i=k+1}^{\infty} \frac{2}{3^i}$$

$$= \frac{b_k - a_k}{3^k} + \frac{\frac{2}{3^{k+1}}}{1 - \frac{1}{3}}$$

$$= \frac{b_k - a_k + 1}{3^k}.$$

由于 $x < y$, 并且 $a_k \neq b_k$, 因此, $a_k = 0, b_k = 1$, 故

$$\varphi(x) = \varphi\left(2\sum_{i=1}^{\infty}\frac{a_i}{3^i}\right) = \sum_{i=1}^{\infty}\frac{a_i}{2^i} = \sum_{i=1}^{k-1}\frac{a_i}{2^i} + \sum_{i=k}^{\infty}\frac{a_i}{2^i}$$

$$\leqslant \sum_{i=1}^{k-1}\frac{b_i}{2^i} + \sum_{i=k+1}^{\infty}\frac{1}{2^i} = \sum_{i=1}^{k-1}\frac{b_i}{2^i} + \frac{\dfrac{1}{2^{k+1}}}{1 - \dfrac{1}{2}}$$

$$= \sum_{i=1}^{k-1}\frac{b_i}{2^i} + \frac{1}{2^k} \leqslant \sum_{i=1}^{k-1}\frac{b_i}{2^i} + \sum_{i=k}^{\infty}\frac{b_i}{2^i}$$

$$= \varphi\left(2\sum_{i=1}^{\infty}\frac{b_i}{2^i}\right) = \varphi(y).$$

故当 $x < y$ 时, 有 $\varphi(x) \leqslant \varphi(y)$. 所以, $\varphi(x)$ 在 C 上是单调上升函数.

(c) 为了将 $\varphi(x)$ 的定义域从 C 扩展到 $[0,1]$, 对于任意 $x \in [0,1]$, 定义

$$\Phi(x) = \sup\{\varphi(x) \mid y \in C, y \leqslant x\},$$

则容易验证 $\Phi(x)$ 是 $[0,1]$ 上的单调上升函数, 并且对于任意 $x \in C$, 有 $\Phi(x) = \varphi(x), \Phi(0) = \varphi(0) = 0, \Phi(1) = \varphi(1) = 1$.

函数 $\Phi(x)$ 上面的定义方式有点抽象, 不过函数 $\Phi(x)$ 也容易通过 $[0,1] \setminus C$ 上的分段函数来定义:

$$\Phi(x) = \begin{cases} \dfrac{1}{2}, & x \in \left(\dfrac{1}{3}, \dfrac{2}{3}\right), \\[2mm] \dfrac{1}{4}, & x \in \left(\dfrac{1}{9}, \dfrac{2}{9}\right), \\[2mm] \dfrac{3}{4}, & x \in \left(\dfrac{7}{9}, \dfrac{8}{9}\right), \\[2mm] \dfrac{1}{8}, & x \in \left(\dfrac{1}{27}, \dfrac{2}{27}\right), \\[2mm] \dfrac{3}{8}, & x \in \left(\dfrac{7}{27}, \dfrac{8}{27}\right), \\[2mm] \dfrac{5}{8}, & x \in \left(\dfrac{19}{27}, \dfrac{20}{27}\right), \\[2mm] \dfrac{7}{8}, & x \in \left(\dfrac{25}{27}, \dfrac{26}{27}\right), \\[2mm] \cdots \end{cases}$$

对于任意 $x \in C$, 定义 $\Phi(x) = \sup\{\Phi(y) \mid y < x, y \in [0,1] \setminus C\}, \Phi(0) = 0,$
$\Phi(1) = 1$.

函数 $\Phi(x)$ 的图形如下.

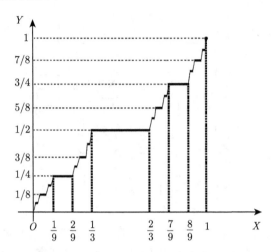

　　(d) 最后证明 $\Phi(x)$ 是 $[0,1]$ 上的连续函数. 由于 $\Phi([0,1]) = \varphi([0,1]) = [0,1]$, 因此, $\Phi(x)$ 是 $[0,1]$ 上的连续函数. 实际上, 假如 $\Phi(x)$ 在某个 $x_0 \in [0,1]$ 不连续, 如 $x_0 \in (0,1)$, 则

$$(\Phi(x_0^-), \Phi(x_0^+)) \nsubseteq \Phi([0,1]) = [0,1],$$

但这与 $(\Phi(x_0^-), \Phi(x_0^+)) \subseteq \Phi([0,1]) = [0,1]$ 矛盾. 若 $x_0 = 0$ 或 1, 则类似可推出矛盾, 所以, Cantor 函数 $\Phi(x)$ 是连续函数.

　　(10) 由于 Cantor 函数 $\Phi(x)$ 在 $[0,1] \setminus C$ 的每个小区间都是常数, 因此, $\Phi(x)$ 在 $[0,1] \setminus C$ 中除了区间的端点外导数都存在, 并且等于 0.

　　(11) 利用 Cantor 集, 在泛函分析中还可以证明 $[0,1]$ 上的所有连续函数构成的 Banach 空间具有万有性. 实际上, 可以证明度量空间 (X, d) 的任意紧集 M, 都存在 M 到 Cantor 集 C 的连续映射 T, 使得 $TM = C$. 利用这个结果, Banach 和 Mazur 证明了任意一个可分的 Banach 空间一定与 $C[0,1]$ 的一个闭线性子空间等价.

　　(12) 2014 年 Fields(菲尔兹) 奖获得者 Artur Avila 关于拟周期 Schrödinger(薛定谔) 算子的工作是很有意思的, 它们是关于模拟量子力学系统的数学方程, 这个研究领域的一个标志性图像是 Douglas Hofstadter 在 1976 年发现的 Hofstadter(霍夫施塔泰尔) 蝴蝶, 它表现了一个电子在极端磁场运动下的能谱. 对于 Schrödinger 方程的某些参数值, 这个能谱竟然就是 Cantor 集. 相关的一个重要问题就是: 拟马蒂厄算子 (almost Mathieu operator) 的谱是 Cantor 集. Avila 和 Svetlana Jitomirskaya

一起解决了这个问题.

6. 实数集的解题技巧

例题 1.3.1   试证明 $A = \{\sin q \mid q \text{ 是有理数}\}$ 在 $[-1, 1]$ 上稠密.

证明   (1) 明显地, $f(x) = \sin x$ 在 $\left[-\dfrac{\pi}{2}, \dfrac{\pi}{2}\right]$ 是单调上升函数, 并且 $|f(x) - f(y)| = |f'(\xi)| \cdot |x - y| = |\cos \xi| \cdot |x - y| \leqslant |x - y|$.

(2) 对于任意 $y_0 \in [-1, 1]$ 和任意 $\varepsilon > 0$, 存在 $x_0 \in \left[-\dfrac{\pi}{2}, \dfrac{\pi}{2}\right]$, 使得 $f(x_0) = y_0$. 由于有理数在 $(-\infty, +\infty)$ 稠密, 因此, 对于 ε, 存在有理数 q_ε, 满足 $|x_0 - q_\varepsilon| < \varepsilon$, 故 $|f(x_0) - f(q_\varepsilon)| \leqslant |x_0 - q_\varepsilon| < \varepsilon$, 因而, $\sin q_\varepsilon$ 属于 y_0 的邻域 $(y_0 - \varepsilon, y_0 + \varepsilon)$, 所以, A 在 $[-1, 1]$ 上稠密. ■

例题 1.3.2   设 f 是实数集 $\mathbb{R}$ 到 $\mathbb{R}$ 的函数, 对于任意 $x, y \in \mathbb{R}$, 都有 $f(x+y) = f(x) + f(y)$. 若 $f(x)$ 至少有一个不连续点, 试证明 f 的图像 $G_f = \{(x, f(x)) \mid x \in \mathbb{R}\}$ 在 $\mathbb{R}^2$ 中稠密.

证明思路   由于线性函数 $f(x) = kx$ 一定是连续的, 因此, $y = f(x)$ 不是线性函数. 另外, 假如 f 是线性函数, 则 $f(1) = k$. 明显地, $\mathbb{Q}^2$ 在 $\mathbb{R}^2$ 中是稠密的.

证明   (1) 由于 $y = f(x)$ 不是线性函数, 因此, 一定存在某个 $x_0 \in \mathbb{R}$, 使得 $f(x_0) \neq f(1) x_0$.

(2) 令 $a = (1, f(1)), b = (x_0, f(x_0))$, 则 a 和 b 是 $\mathbb{R}^2$ 中两个线性无关的向量. 实际上, 假如存在某个 k, 使得 $b = ka$, 则 $x_0 = k, f(x_0) = kf(1)$, 因而, $f(x_0) = x_0 f(1)$, 但这与 $f(x_0) \neq f(1) x_0$ 矛盾.

(3) 由于 a 和 b 是线性无关的, 因此, $\mathbb{R}^2 = \{\lambda a + \mu b \mid \lambda, \mu \in \mathbb{R}\}$. 令 $E = \{\lambda a + \mu b \mid \lambda, \mu \in \mathbb{Q}\}$, 则 E 在 $\mathbb{R}^2$ 中稠密.

(4) 最后只需验证 $E \subseteq G_f$. 实际上, 由于任意 $x, y \in \mathbb{R}$, 都有 $f(x + y) = f(x) + f(y)$, 因此, $f(nx) = f(x) + f(x) + \cdots + f(x) = nf(x)$ 对任意正整数 n 都成立. 另外, 对于任意正整数 m 都有 $f(x) = f\left(\dfrac{x}{m} + \dfrac{x}{m} + \cdots + \dfrac{x}{m}\right) = mf\left(\dfrac{x}{m}\right)$, 故 $f\left(\dfrac{x}{m}\right) = \dfrac{1}{m} f(x)$. 所以, 对于任意有理数 $q \in \mathbb{Q}$, 都有 $f(qx) = qf(x)$ 成立.

由于 $\lambda a + \mu b = (\lambda + \mu x_0, \lambda f(1) + \mu f(x_0))$, 因此, 根据 $f(\lambda + \mu x_0) = f(\lambda) + f(\mu x_0) = \lambda f(1) + \mu f(x_0)$ 可知 $\lambda a + \mu b \in G_f$, 故 $E \subseteq G_f$. 因为 E 在 $\mathbb{R}^2$ 中稠密, 所以, G_f 在 $\mathbb{R}^2$ 中稠密. ■

例题 1.3.3   试证明任何闭区间 $[a, b]$ 都不可能表示成可列个疏朗集的并集.

证明思路   假如存在可列个疏朗集 F_n, 使得 $[a, b] = \bigcup\limits_{n=1}^{\infty} F_n$. 先找出一个小的闭区间 $[\alpha_1, \beta_1]$, 使得 F_1 与 $[\alpha_1, \beta_1]$ 不相交. 再从 $[\alpha_1, \beta_1]$ 中找出一个更小的闭区间 $[\alpha_2, \beta_2]$, 使得 F_2 与 $[\alpha_2, \beta_2]$ 不相交. 按照这个办法, 就可以找出一个闭区间套. 满足

$[\alpha_n, \beta_n] \supseteq [\alpha_{n+1}, \beta_{n+1}]$, 利用闭区间套定理, 存在公共点 x_0, 使得 $x_0 \in \bigcap\limits_{n=1}^{\infty} [\alpha_n, \beta_n]$. 这样就产生了一个矛盾, 因为 x_0 不属于所有的 F_n, 从而, x_0 不属于 $[a, b]$, 但这与 $[a, b] = \bigcup\limits_{n=1}^{\infty} F_n$ 矛盾.

证明　反证法. 假设 $[a, b] = \bigcup\limits_{n=1}^{\infty} F_n$, 这里 F_n $(n = 1, 2, \cdots)$ 是疏朗集. 下面用闭区间套定理来证明:

由于 F_1 是疏朗集, 回顾 F_1 是疏朗集的充要条件为对于任意开区间 (c, d), 一定存在开区间 $(\alpha, \beta) \subseteq (c, d)$, 使得 (α, β) 与 F_1 不相交, 因此, 任意取定开区间 $(c, d) \subseteq [a, b]$, 一定存在某个闭区间 $[\alpha_1, \beta_1] \subseteq (c, d) \subseteq [a, b]$, 使得 $[\alpha_1, \beta_1]$ 与 F_1 不相交.

同理, 由于 F_2 是疏朗集, 因此, 对于开区间 (α_1, β_1), 存在某个闭区间 $[\alpha_2, \beta_2] \subseteq (\alpha_1, \beta_1) \subseteq [\alpha_1, \beta_1]$, 使得 $[\alpha_2, \beta_2]$ 与 F_2 不相交.

这样继续下去, 就可以得到一列闭区间 $\{[\alpha_n, \beta_n] \mid n = 1, 2, \cdots\}$, 满足 $[\alpha_n, \beta_n] \supseteq [\alpha_{n+1}, \beta_{n+1}]$, 并且 $[\alpha_n, \beta_n]$ 与 F_n 都不相交.

由闭区间套定理可知, 一定存在 $x_0 \in \bigcap\limits_{n=1}^{\infty} [\alpha_n, \beta_n]$. 由上面可知 x_0 不属于任何 F_n, 否则的话, 假如 x_0 属于某个 F_{n_0}, 则必有 $x_0 \in [\alpha_{n_0}, \beta_{n_0}] \cap F_{n_0}$, 但这与 $[\alpha_{n_0}, \beta_{n_0}]$ 和 F_{n_0} 不相交矛盾. 因此, x_0 不属于 $\bigcup\limits_{n=1}^{\infty} F_n$, 但这与假设 $[a, b] = \bigcup\limits_{n=1}^{\infty} F_n$ 矛盾.

由反证法原理可知, 闭区间 $[a, b]$ 不可能表示成可列个疏朗集的并集. ■

例题 1.3.4　设 A 是实数集, A' 是 A 的极限点全体, 试证明 $A \backslash A'$ 是有限集或可列集.

证明　(1) 对于任意 $x \in A \backslash A'$, 由于 x 不是 A 的极限点, 因此, 存在包含 x 的开区间 (a_x, b_x), 使得 (a_x, b_x) 与 $A \backslash \{x\}$ 不相交, 故一定存在以有理数为端点的开区间 (α_x, β_x), 使得 (α_x, β_x) 与 $A \backslash \{x\}$ 不相交.

(2) 记 $B = \{(\alpha_x, \beta_x) \mid x \in A \backslash A'\}$, 定义 $f : B \to \mathbb{Q} \times \mathbb{Q}$, $f((\alpha_x, \beta_x))$ 为 $\mathbb{Q} \times \mathbb{Q}$ 中坐标为 (α_x, β_x) 的点, 这里 $\mathbb{Q}$ 是全体有理数.

(3) 由于 (α_x, β_x) 与 $A \backslash \{x\}$ 不相交, 因此, 对于不同的 $x \neq y, x, y \in A$, 必有 $y \notin (\alpha_x, \beta_x)$, 并且 $x \notin (\alpha_y, \beta_y)$, 故 (α_x, β_x) 与 (α_y, β_y) 一定是不同的开区间, 因而通过 f 对应 $\mathbb{Q} \times \mathbb{Q}$ 中不同的坐标, 所以, f 是单射.

(4) 由 $\mathbb{Q} \times \mathbb{Q}$ 是可列集可知, $A \backslash A'$ 的基数小于或等于 $\aleph_0$. 所以, $A \backslash A'$ 是有限集或可列集. ■

实际上, 若 A 是实数集, 则 $A \backslash A'$ 就是 A 的孤立点全体, 因此, 实数集 A 的孤立点全体一定是有限集或可列集.

例题 1.3.5　设 $f'(x)$ 是 $[a, b]$ 上的连续函数, $E = \{x \in [a, b] \mid f(x) = 0$ 并且 $f'(x) > 0\}$, 试证明 E 一定是孤立点集.

证明　对于任意 $x_0 \in E$, 由于 $f'(x)$ 是 $[a, b]$ 上的连续函数, 并且 $f'(x) > 0$,

因此, 存在 $\delta_0 > 0$, 使得当 $x \in (x_0 - \delta_0, x_0 + \delta_0)$ 时, 有 $f'(x) > 0$. 故 $f(x)$ 在开区间 $(x_0 - \delta_0, x_0 + \delta_0)$ 内是严格上升的, 因而, 对于任意 $x \in (x_0 - \delta_0, x_0 + \delta_0)$, 有 $|f(x)| > f(x_0) = 0$. 所以, $((x_0 - \delta_0, x_0 + \delta_0) \setminus \{x_0\}) \cap E$ 是空集, 即 x_0 是孤立点. ■

7. $\mathbb{R}^n$ 和度量空间的开集

若在 $(-\infty, +\infty)$ 上定义 $d(x, y) = |x - y|$, 或者在平面 $\mathbb{R}^2$, 对于 $x = (x_1, x_2), y = (y_1, y_2)$, 定义 $d(x, y) = (|x_1 - y_1|^2 + |x_2 - y_2|^2)^{\frac{1}{2}}$, 则容易验证 d 满足下面定义中的三个性质.

定义 1.3.9 若 X 是一个非空集合, $d :$ $X \times X \to [0, +\infty)$ 是满足下面条件的实值函数, 对于任意 $x, y \in X$, 有

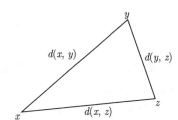

(1) $d(x, y) = 0$ 当且仅当 $x = y$;

(2) $d(x, y) = d(y, x)$;

(3) $d(x, y) \leqslant d(x, z) + d(y, z)$,

则称 d 为 X 上的度量 (metric), 称 (X, d) 为度量空间 (metric space).

例 1.3.5 对于 $\mathbb{R}^n$, 可以定义几种不同的度量, 对于 $x = (x_i), y = (y_i), i = 1, 2, \cdots, n$, 有

$$d(x, y) = \left(\sum_{i=1}^{n} |x_i - y_i|^2 \right)^{\frac{1}{2}},$$

称 $(\mathbb{R}^n, d)$ 为欧几里得空间 (Euclidian space).

另外, 若定义

$$d_1(x, y) = \max_{1 \leqslant i \leqslant n} \{|x_i - y_i|\},$$

则容易验证 $(\mathbb{R}^n, d_1)$ 也是度量空间.

例 1.3.6 在全体有理数 $\mathbb{Q}$ 上定义 $d(x, y) = |x - y|$, 明显地, $(\mathbb{Q}, d)$ 是一个度量空间.

在空间解析几何中, 在平面 $\mathbb{R}^2$ 上, 称 $\left\{ (x_1, x_2) \,\middle|\, \left(\sum_{i=1}^{2} |x_i - x_i^{(0)}|^2 \right)^{\frac{1}{2}} \leqslant r \right\}$ 是 $\mathbb{R}^2$ 中一个以 x_0 为中心、r 为半径的圆. 在 $\mathbb{R}^3$ 上, 称 $\left\{ (x_1, x_2, x_3) \,\middle|\, \left(\sum_{i=1}^{3} |x_i - x_i^{(0)}|^2 \right)^{\frac{1}{2}} \leqslant r \right\}$ 是 $\mathbb{R}^3$ 中一个以 x_0 为中心、r 为半径的球. 容易理解, 圆和球的概念可以推广到一般的度量空间.

定义 1.3.10 若 (X,d) 为度量空间, r 为大于 0 的实数, 就称 $U(x_0, r) = \{x \in X \mid d(x_0, x) < r\}$ 是以 x_0 为中心、r 为半径的开球, 记为 $U(x_0, r)$. 而称 $B(x_0, r) = \{x \in X \mid d(x_0, x) \leqslant r\}$ 是以 x_0 为中心、r 为半径的闭球.

容易理解, 只需将 $(-\infty, +\infty)$ 中开集定义内的开区间换为开球, 就可以引入度量空间开集和闭集的定义.

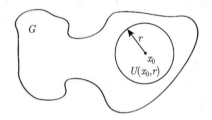

定义 1.3.11 设 (X,d) 是度量空间, G 是 X 的子集, $x_0 \in G$ 称为 G 的内点, 若存在某个开球 $U(x_0, r)$, 使得 $U(x_0, r) \subseteq G$. 若 G 的每一个点都是 G 的内点, 则称 G 为开集. 若 X 的子集 F 的补集 F^C 是开集, 则称 F 为闭集.

类似地, 可以定义度量空间的极限点、闭包等, 并且它们具有与 $(-\infty, +\infty)$ 中开集和闭集一样的性质. 另外, 对于 $\mathbb{R}^n$ $(n \geqslant 2)$, 有下面的开集构造定理.

定理 1.3.8 (1) $\mathbb{R}^n$ 中的非空开集一定是可数个开球的并集, 但这些开球不一定是互不相交的.

(2) $\mathbb{R}^n$ 中的非空开集一定是可列个互不相交的半开方体的并集, 这里的半开方体是指形如 $(a_1, b_1] \times (a_2, b_2] \times \cdots \times (a_n, b_n]$ 的子集.

定理 1.3.9 (Bolzano-Weierstrass 定理) $\mathbb{R}^n$ 中的任意有界无限子集 A 一定存在极限点.

定义 1.3.12 设 (X,d) 是度量空间, $x_n, x_0 \in X$, 若 $d(x_n, x_0)$ 收敛到 0, 则称序列 $\{x_n\}$ 依度量 d 收敛到 x_0.

$\mathbb{R}^n$ 在度量 $d(x,y) = \left(\sum\limits_{i=1}^{n} |x_i - y_i|^2 \right)^{\frac{1}{2}}$ 下的收敛是比较简单的, 不难验证下面结论成立.

定理 1.3.10 $\mathbb{R}^n$ 在度量 $d(x,y) = \left(\sum\limits_{i=1}^{n} |x_i - y_i|^2 \right)^{\frac{1}{2}}$ 下, 序列 $\{x_n\}$ 依度量 d 收敛到 x_0 的充要条件为 x_n 按每个坐标收敛到 x_0 的坐标.

例如, 在 $\mathbb{R}^2$ 中, $x_n = (x_1^{(n)}, x_2^{(n)})$ 依度量 $d(x,y) = \left(\sum\limits_{i=1}^{2} |x_i - y_i|^2 \right)^{\frac{1}{2}}$ 收敛到 $x_0 = (x_1^{(0)}, x_2^{(0)})$ 当且仅当 $|x_1^{(n)} - x_1^{(0)}| \to 0$, 并且 $|x_2^{(n)} - x_2^{(0)}| \to 0$.

定义 1.3.13 设 (X,d) 是度量空间, f 是 X 到 $(-\infty, +\infty)$ 的函数, 若当 $x_n, x_0 \in X$, $\{x_n\}$ 依度量 d 收敛到 x_0 时, 都有 $|f(x_n) - f(x_0)| \to 0$, 则称 f 在 x_0

点连续. 若 f 在 X 的任意点都是连续的, 则称 f 在 X 上连续.

设 E 是 $\mathbb{R}^n$ 的子集, $x_0 \in \mathbb{R}^n$, 一般称 $d(x_0, E) = \inf\{d(x_0, y) \mid y \in E\}$ 为 x_0 到 E 的距离.

例题 1.3.6 设 E 是 $\mathbb{R}^n$ 的非空子集, 试证明 $f(x) = d(x, E)$ 是 $\mathbb{R}^n$ 上的连续函数.

证明 对于任意 $x, y \in \mathbb{R}^n$. 由 $d(y, E) = \inf\{d(y, z) \mid z \in E\}$ 可知对于任意小的 $\varepsilon > 0$, 一定存在 $z \in E$, 使得 $d(y, z) < d(y, E) + \varepsilon$, 故

$$d(x, E) \leqslant d(x, z) \leqslant d(x, y) + d(y, z)$$
$$< d(x, y) + d(y, E) + \varepsilon.$$

由 ε 的任意性可知

$$d(x, E) - d(y, E) \leqslant d(x, y).$$

同样可以证明

$$d(y, E) - d(x, E) \leqslant d(y, x).$$

故

$$\left| f(x) - f(y) \right| \leqslant d(x, y).$$

所以, $f(x) = d(x, E)$ 是 $\mathbb{R}^n$ 上的连续函数. ■

例题 1.3.7 设 E 是 $\mathbb{R}^2$ 的子集, 若 $d = \inf\{d(x, y) \mid x, y \in E, x \neq y\} > 0$, 试证明 E 一定没有极限点.

证明 明显地, 类似于定理 1.3.4, 只需证明对于任意 $x \in \mathbb{R}^2$, 一定存在某个开球 $U(x, r)$, 使得 $U(x, r)$ 不可能包含 E 中与 x 不同的无穷个点, 从而 x 不是 E 的极限点.

实际上, 对于任意 $x \in E$, 取半径 $r < \dfrac{d}{2}$, 则开球 $U(x, r)$ 只能包含 E 的一个点. 假如存在两个不同的点 $y \neq z$, 使得 $y, z \in U(x, r)$, 则

$$d(y, z) \leqslant d(y, x) + d(x, z) < \frac{d}{2} + \frac{d}{2} = d.$$

但这与 d 是 E 中所有不同点的距离的下确界矛盾.

既然对于任意 $x \in E$, 一定存在某个开球 $U(x, r)$ 只能包含 E 的一个点, 因此, x 一定不是 E 的极限点. 所以, E 没有任何极限点. ■

例题 1.3.8 设 $f(x)$ 是 $[0, 1]$ 到 $[0, 1]$ 的函数, 若 $G_f = \{(x, f(x)) \mid x \in [0, 1]\}$ 是 $[0, 1] \times [0, 1]$ 中的闭集, 试证明 $f(x)$ 是 $[0, 1]$ 上的连续函数.

证明 在 $[0, 1] \times [0, 1]$ 定义度量 $d(x, y) = (|x_1 - y_1|^2 + |x_2 - y_2|^2)^{\frac{1}{2}}$, 则 G_f 是闭集等价于 $(x_n, f(x_n)) \in G_f$, 并且 $d((x_n, f(x_n)), (x_0, y_0)) \to 0$ 时, 有 $(x_0, y_0) \in G_f$, 即 $y_0 = f(x_0)$.

若 $x_n \in [0,1], x_n \to x_0$, 则由于 $\{f(x_n)\}$ 是有界数列, 因此, 存在收敛子列 $f(x_{n_k})$ 收敛到某个 $y_0 \in [0,1]$, 故 $(x_{n_k}, f(x_{n_k}))$ 收敛到 (x_0, y_0). 由于 G_f 是闭集, 因此, $(x_0, y_0) \in G_f$, 故 $y_0 = f(x_0)$, 因而, $f(x_{n_k})$ 收敛到 $f(x_0)$. 从前面的证明可以看出, 实际上, 对于 $\{x_n\}$ 的任何子列, 都存在收敛子列 $\{x_{n_{k_l}}\}$, 使得 $f(x_{n_{k_l}})$ 收敛到 $f(x_0)$, 所以, $f(x_n)$ 一定收敛到 $f(x_0)$, 即 $f(x)$ 在 x_0 点连续. ■

习　题　1

习题 1.1　若 $\{E_n \mid n \in \mathbb{N}\}$ 是集合 X 的一列互不相交的子集, 试证明 $\lim\limits_{n\to\infty} E_n$ 存在, 并且 $\lim\limits_{n\to\infty} E_n = \varnothing$.

习题 1.2　若 $A\backslash B$ 与 $B\backslash A$ 对等, 试证明 A 与 B 对等.

习题 1.3　试证明自然数 $\mathbb{N}$ 的所有有限子集构成的集合是可列集.

习题 1.4　试证明 $[a,b]$ 上的连续函数全体 $C[a,b]$ 的基数是 $\aleph$.

习题 1.5　试证明 $[0,1]$ 与 $[3,9]$ 对等.

习题 1.6　设 E 为 $(0,+\infty)$ 的一个基数为 $\aleph$ 的子集, 试证明一定存在 $a>0$, 使得 $E \cap (a,+\infty)$ 不是可列集.

习题 1.7　设函数 $f:[0,1]$ 满足下面性质: 存在固定常数 $M \geqslant 0$, 使得对于任意正整数 n, 任意 n 个点 $x_1, x_2, \cdots, x_n \in [0,1]$, 都有

$$|f(x_1) + f(x_2) + \cdots + f(x_n)| \leqslant M.$$

试证明集合 $\{x \in [0,1] \mid f(x) \neq 0\}$ 是可数的.

习题 1.8　设 E_n 为 $(-\infty,+\infty)$ 的一列基数为 $\aleph$ 的子集, 若 $E_n \supseteq E_{n+1}$ 对任意 n 都成立, 则 $\bigcap\limits_{n=1}^{\infty} E_n$ 的基数一定是 $\aleph$ 吗?

习题 1.9　设 x,y 为平面 $\mathbb{R}^2$ 上两个不同的点, 并且 x 和 y 的坐标 (x_1,x_2) 和 (y_1,y_2) 不属于 $\mathbb{Q}\times\mathbb{Q}$, 这里 $\mathbb{Q}$ 是有理数集, 试证明一定存在某条连接 x 和 y 的折线, 使得该折线不包含任何坐标 x_1 和 x_2 同时都是有理数的点.

习题 1.10　设 $\mathbb{Z}^+$ 是正整数集, E 为 $\mathbb{Z}^+ \times \mathbb{Z}^+$ 的任意子集, 试证明一定存在 E 的子集 A 和 B, 使得 $E = A \cup B, A \cap B = \varnothing$, 并且对于任意正整数 m, A 中只有有限个点具有 $(x,m), x \in \mathbb{Z}^+$ 的形式. 对于任意正整数 n, B 中只有有限个点具有 $(n,y), y \in \mathbb{Z}^+$ 的形式.

习题 1.11　设 E 是 $(-\infty,+\infty)$ 的无穷子集, 若 E 中任意两个点 x 和 y 的距离 $|x-y|$ 都是有理数, 试证明 E 一定是可列集.

习题 1.12　设 A 为 $(-\infty,+\infty)$ 的可列集, 记 $x+A = \{x+y \mid y \in A\}$, 试证明一定存在某个 x_0, 使得 $A \cap (x_0+A)$ 是空集.

习题 1.13 试证明 $\mathbb{R}^2$ 的基数与实数集 $\mathbb{R}$ 的基数相等.

习题 1.14 设 A 是所有自然数 $\mathbb{N}$ 的子集构成的集合, 试证明 A 的基数是 $\aleph$.

习题 1.15 设 A 是所有从自然数 $\mathbb{N}$ 到 $\{0,1\}$ 的函数构成的集合, 试证明 A 的基数是 $\aleph$.

习题 1.16 试证明对于开区间 (a,b), 一定有 (a,b) 内的点都是 (a,b) 的极限点.

习题 1.17 若 U 是实数集 $(-\infty,+\infty)$ 的开集, 则一定有 U 的极限点全体 U' 包含 U 吗? 若 F 是实数集 $(-\infty,+\infty)$ 的闭集, 则 $F \subseteq F'$ 也成立吗?

习题 1.18 试证明有限区间 $(0,1)$ 不可能表示成有限个互不相交的闭集的并集.

习题 1.19 若 $f(x)$ 是 $(-\infty,+\infty)$ 上只取整数值的函数, 即 f 是 $\mathbb{R}$ 到 $\mathbb{Z}$ 的函数, 试证明 $f(x)$ 的连续点全体 C_f 是开集, $f(x)$ 的不连续点是闭集.

习题 1.20 试证明 $A = \{q^3 \mid q$ 是有理数 $\}$ 在 $(-\infty,+\infty)$ 上稠密.

习题 1.21 试证明 $A = \{m + n\sqrt{2} \mid m,n$ 是整数 $\}$ 在 $(-\infty,+\infty)$ 上稠密.

习题 1.22 设 A 是 $[0,1]$ 中所有的无理数, 试证明 A 不可以表示成可列个闭集的并集.

习题 1.23 试证明不存在 $[0,1]$ 上在有理数都连续, 在无理数都不连续的函数 $f(x)$.

习题 1.24 设 A 是实数集, 若 A 的极限点 A' 不是空集, 并且 A' 是有限集或可列集, 试证明 A 一定是可列集.

习题 1.25 试证明 $x = \dfrac{1}{4}$ 和 $y = \dfrac{1}{13}$ 都属于 Cantor 集 C.

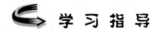

学 习 指 导

本章重点

1. 可列集.

2. 不可列集.

3. 连续基数.

4. 熟练掌握可列集的性质和判定方法.

5. 重要定理:

(1) Bernstein 定理.

(2) 开集构造定理.

6. 度量空间集合的基本拓扑性质.

7. 重要例子: Cantor 集的构造和性质.

释疑解难

1. 两个集合对等不是它们包含的元素个数相等.

2. 由于可列集的测度是零, 因此, 可列集的判定方法就很重要.

3. 对于不可列集的测度, 无法给出大小的判别方法, 因此, 不可列集没有太多应用. 实际上, 掌握了可列集的性质和判定方法就足够理解后续的测度理论了.

4. 有既是开集, 又是闭集的集合.

5. 有既不是开集, 又不是闭集的集合.

6. 无限个闭集的并集不一定是闭集.

7. 无限个开集的交集不一定是开集.

8. 有的子集既不是开集, 也不是闭集. 但有的子集既是开集, 也是闭集.

9. Cantor 集的性质古怪而且有趣, 利用 Cantor 集可以构造很多反例.

10. Cantor 集在一一对应的意义上来说, 包含的元素与实数集 $\mathbb{R}$ 一样多.

11. Cantor 集 C 上的点写成三进制小数时, 小数点后面的数字一定是 0 或者 2.

12. 哪些集合是不可列的?

(1) $[a, b], (a, b), (a, b]$ $(a < b)$ 都是不可列集.

(2) Cantor 集是不可列集.

13. Cantor 闭集套定理: 若 $\{F_k\}$ 是 $\mathbb{R}$ 中非空有界闭集列, 并且 $F_k \supseteq F_{k+1}$ $(k = 1, 2, 3, \cdots)$, 则至少存在一个点 $x_0 \in \bigcap\limits_{k=1}^{\infty} F_k$.

14. 在 $[0, 1]$ 上能不能构造一个函数, 它在每个有理数点不连续, 但在每个无理数点都是连续的呢?

能. 实际上, $[0, 1]$ 上的 Riemann 函数就具有所需要的性质. Riemann 函数 $f(x)$ 的定义如下:

$$f(x) = \begin{cases} \dfrac{1}{q}, & x \in [0, 1] \text{ 并且 } x = \dfrac{p}{q}, p > 0, p, q \text{ 互质}, \\ 0, & x \in [0, 1] \text{ 并且 } x \text{ 是无理数}, \\ 1, & x = 0. \end{cases}$$

15. 在 $[0, 1]$ 上能不能构造一个函数, 它在每个无理数点不连续, 但在每个有理数点都是连续的呢?

不可能.

解题技巧

为了证明一个集合是可列的, 可以考虑:

1. 它与有理数集是否对等.

2. 与有理数端点的区间构成的集合是否对等.

3. 将它分解成有限个或者可列个可列集的并.

4. 为了证明一个集合是不可列的, 可以考虑:

(1) 若能够证明 A 是不可列集, B 是有限集或者可列集, 则 $A \backslash B$ 就一定是不可列集.

(2) 若 $\{A_n\}$ 的基数是 $\aleph$, 并且互不相交, 则它们的并集的基数是 $\aleph$.

5. 如果实数集的一个子集是可列的, 那么它的 Lebesgue 测度就一定等于零. 但对于不可列的子集, 它的 Lebesgue 测度是非常复杂的, 因此, 可以认为不可列子集的性质不用太细致地深究.

知识点联系图

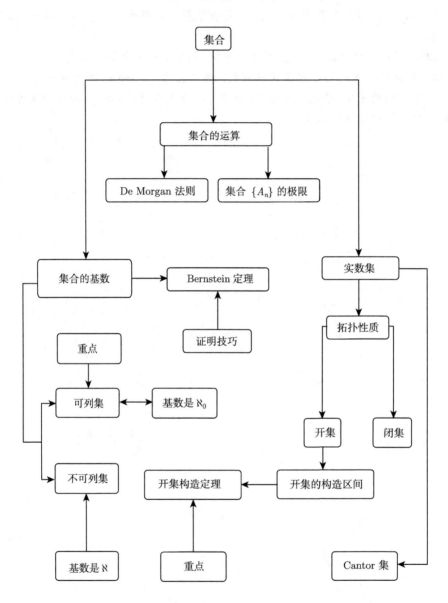

第2章 测 度

点没有长度和面积, 为什么由点组成的线和面会具有长度和面积? 无穷个长度为零的点构成的集合的长度是不是零? 是不是直线上任何一部分都可以有长度?

第 1 章讨论了实数集的结构, 这里先讨论实数集构成的集合的性质. 为了考虑实数集的 "长度", 必须先讨论哪些集合是可以 "测量" 长度的. 本章主要引入了实数集 $\mathbb{R}$ 中点集的外测度、内测度和测度等基本概念, 仔细讨论了可测集的性质, 证明了 Lebesgue 测度具有非负性、可数可加性和平移不变性. 测度论是研究一般集合上的测度和积分的理论. 它是 Lebesgue 测度和 Lebesgue 积分理论的进一步抽象和发展, 又称为抽象测度论或抽象积分论, 是现代分析数学中的重要工具之一. 测度论也是概率论的重要基础. 本章的测度理论主要讨论的是 Lebesgue 测度, 它是实变函数论的基础.

2.1 集 合 的 类

对于实数上的有限区间 $(a,b), (a,b)$ 和 $[a,b]$, 容易知道它的长度为 $b-a$. 若记 P 为所有有限个区间的并集构成的集合, 则可以验证对于任意 $E_1, E_2 \in P$ 都有 $E_1 \cup E_2 \in P$, 并且 $E_1 \backslash E_2 \in P$.

1. 环的定义

定义 2.1.1 设 X 是一个集合, R 是由 X 的某些子集构成的非空集合, 若任意 $E_1, E_2 \in R$, 都有 $E_1 \cup E_2 \in R$, 并且 $E_1 \backslash E_2 \in R$, 则称 R 是一个环 (ring). 若 R 是一个环, 并且 X 本身属于 R, 则称 R 是一个代数 (algebra).

明显地, 环就是对于集合运算 "$\cup$" 和 "$\backslash$" 都封闭的非空集合类.

性质 2.1.1 设 R 是一个环, 则

(1) 空集属于 R.

(2) 对于任意有限个 $E_i \in R, i = 1, 2, \cdots, n$, 都有 $\bigcup_{i=1}^{n} E_i \in R$.

(3) 对于任意有限个 $E_i \in R, i = 1, 2, \cdots, n$, 都有 $\bigcap_{i=1}^{n} E_i \in R$.

证明 (1) 由于 $E \in R$ 时, 有空集 $\varnothing = E \backslash E$, 因此, 空集属于 R.

(2) 明显地, 由 $E_1 \cup E_2 \in R$ 可知 $(E_1 \cup E_2) \cup E_3 \in R$, 因此, 容易知道 $\overset{n}{\underset{i=1}{\cup}} E_i = \left(\overset{n-1}{\underset{i=1}{\cup}} E_i \right) \cup E_n \in R$.

(3) 对于任意 $E_1, E_2 \in R$, 由于 $E_1 \cap E_2 = (E_1 \cup E_2) \backslash (E_1 \backslash E_2) \backslash (E_2 \backslash E_1)$, 因此, $E_1 \cap E_2 \in R$. 所以, 对于任意有限个 $E_i \in R, i = 1, 2, \cdots, n$, 都有 $\overset{n}{\underset{i=1}{\cap}} E_i \in R$. ∎

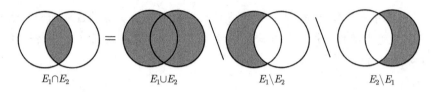

$$E_1 \cap E_2 \qquad E_1 \cup E_2 \qquad E_1 \backslash E_2 \qquad E_2 \backslash E_1$$

若 R 是一个代数, 则 R 对于有限次的集合运算 "∩" 和 "∪" 都封闭, 并且对于任意 $E \in R$, 都有 $E^C \in R$. 不难验证下面结论成立.

性质 2.1.2 R 是一个代数的充要条件为

(1) 空集属于 R.

(2) 对于任意有限个 $E_i \in R, i = 1, 2, \cdots, n$, 都有 $\overset{n}{\underset{i=1}{\cup}} E_i \in R$.

(3) 对于任意 $E \in R$, 有 $E^C \in R$.

问题 2.1.1 对于任意集合 X, 一定存在 X 的某些子集构成的集合 R, 使得 R 是一个环吗?

是的. 设 $R = \{E \mid E$ 是 X 的有限子集, 包括空集 $\}$, 则不难验证 R 是一个环.

问题 2.1.2 对于任意集合 X, 一定存在 X 的某些子集构成的集合 R, 使得 R 是一个代数吗?

是的. 设 R 为 X 的所有子集构成的集合, 则 R 是一个代数.

例 2.1.1 设 R_0 是所有有限个左开右闭区间的并集构成的集合, 则空集 $\varnothing = (a, a] \in R_0$, 并且明显地对于任意 $E_1, E_2 \in R_0$, 都有 $E_1 \cup E_2 \in R_0$. 由于当 E_1 和 E_2 都是左开右闭区间时, $E_1 \backslash E_2$ 只能是空集、左开右闭区间或者两个左开右闭区间的并集, 因此, $E_1 \backslash E_2 \in R_0$, 因而, 对于任意 $E_1, E_2 \in R_0$, 都有 $E_1 \backslash E_2 \in R_0$, 所以, R_0 是一个环.

类似地, 在平面 $(-\infty, +\infty) \times (-\infty, +\infty)$ 中, 若 $a \leqslant b, c \leqslant d$, 则称 $H = \{(x, y) \mid a < x \leqslant b, c < y \leqslant d\}$ 为平面的左下开右上闭的矩形. 设 E 为所有有限个左开右闭区间的并集, 则不难验证 E 是环.

问题 2.1.3 对于任意集合 X, 若 E 是 X 的某些子集构成的集合, 则一定存在包含 E 的最小的环 R 吗?

是的. 由于对任意集合 X, 若 R 是 X 的所有子集构成的集合, 则 R 一定是包含 E 的环. 另外, 由于当 R_1 和 R_2 是环时, $R_1 \cap R_2$ 也是环, 所以, 一定存在包含 E

的最小的环. 实际上, 包含 E 的所有环的交集就是包含 E 的最小的环.

问题 2.1.4 对于集合 X, 若 H 是 X 的某些子集构成的集合, 并且对于任意 $E_1, E_2 \in H$, 都有 $E_1 \cap E_2 \in H, E_1 \backslash E_2 \in H$, 则 H 是一个环吗?

不一定. 设 $X = \{1, 2\}, H = \{\varnothing, \{1\}, \{2\}\}$, 则对于任意 $E_1, E_2 \in H$, 都有 $E_1 \cap E_2 \in H, E_1 \backslash E_2 \in H$, 但 H 不是环.

问题 2.1.5 抽象代数中的环与测度论中的环有什么联系呢?

很多人都知道抽象代数有环的概念, 环是什么呢?

设 R 是一个非空集合, 如果在 R 中有两种二元运算 $+, \cdot$ 满足以下条件:

(1) R 是加法 Abel 群和乘法半群;

(2) $a \cdot (b \cdot c) = (a \cdot b) \cdot c$ 对任何 $a, b, c \in R$ 成立;

(3) $(a + b) \cdot c = a \cdot c + b \cdot c$ 和 $a \cdot (b + c) = a \cdot b + a \cdot c$ 对任何 $a, b, c \in R$ 成立,

则称 R 为一个环.

先回顾以下集合对称差的记号, 若 A 和 B 是集合, 则称 $A \triangle B = (A \backslash B) \cup (B \backslash A)$ 为 A 和 B 的对称差 (symmetric difference). 不难验证, 对称差具有下面的性质.

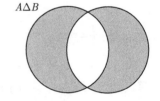

$A \triangle B$

(1) $A \triangle B = B \triangle A$.

(2) $(A \triangle B) \triangle C = A \triangle (B \triangle C)$.

(3) $A \triangle A = 0$.

(4) $A \cap (B \triangle C) = (A \cap B) \triangle (A \cap C)$.

(5) $(A \triangle B) \cap C = (A \cap C) \triangle (B \cap C)$.

因此, 若将 $\triangle$ 看作群的加法, 则测度论中的环 S 在运算 $\triangle$ 下是一个加法交换群. 将 $\cap$ 看作乘法, 则 S 在加法和乘法下构成一个抽象代数中的环.

2. σ-环的定义

定义 2.1.2 设 X 是一个非空集合, S 是由 X 的某些子集构成的非空集合, 若对于任意 E_i $(i = 1, 2, \cdots) \in S$, 都有 $\bigcup\limits_{i=1}^{\infty} E_i \in S$, 并且 $E_i \backslash E_j \in S$, 则称 S 是一个 σ-环 (σ-ring). 若 S 是一个 σ-环, 并且 X 本身属于 S, 则称 S 是一个 σ-代数 (sigma algebra).

为什么称为奇怪的 σ-代数呢? 原因是这里的希腊字母 σ 代表德语中的 summe, 它的意思是并集. σ-环是一个很重要的概念, 测度论的中心问题之一就是建立 σ-环上的测度.

设 S 是一个 σ-环, 则空集属于 S, 对于任意多个 $E_i \in S, i = 1, 2, \cdots$, 都有 $\bigcup\limits_{i=1}^{\infty} E_i \in S$, 并且 $\bigcap\limits_{i=1}^{\infty} E_i \in S$. 不过, σ-环的结构很复杂, 现在还没有一个比较普遍的方法能将任意一个某些子集构成的集合构造性地扩展成一个 σ-环.

例 2.1.2 容易知道, 对任意非空集合 X, 若 S 是 X 的所有子集构成的集合, 则 S 一定是一个 σ-环.

例 2.1.3　对任意非空集合 $X, S = \{\varnothing, X\}$ 一定是一个 σ-环, 不过它是平凡的, 没有太多的意义.

定义 2.1.3　设 X 是一个集合, S 是由 X 的某些子集构成的 σ-环, 若 $X = \bigcup\limits_{E_\alpha \in S} E_\alpha$, 则称 (X, S) 是一个可测空间 (measurable space). 任意 $E_\alpha \in S$ 就称为 (X, S) 的可测集 (measurable set).

定义 2.1.4　设 X 是一个非空集合, M 是由 X 的某些子集构成的非空集合, 若 $\sigma(M)$ 是包含 M 的最小的 σ-环, 则称 $\sigma(M)$ 是由 M 生成的 σ-环.

例 2.1.4　设 M 是 $(-\infty, +\infty)$ 的所有开集, 则由 M 生成的 σ-环 $\sigma(M)$ 称为 Borel σ-代数. 可以证明, Borel σ-代数 $\sigma(M)$ 包含了所有的闭集, 并存在 $(-\infty, +\infty)$ 的某个子集不属于 Borel σ-代数.

问题 2.1.6　σ-代数可以只包含有限个元素吗? 若 σ-代数包含无限个元素, 则它可以是可列集吗?

σ-代数可以只包含有限个元素, 例如, 对于任意非空集合 $X, S = \{\varnothing, X\}$ 是一个 σ-代数. 若 σ-代数包含无限个元素, 则可以证明它不可以是可列集, 不过证明比较长.

3. σ-环的解题技巧

例题 2.1.1　试给出一个环 R, 但 R 不是 σ-环.

解　设 R 为 $(-\infty, +\infty)$ 的所有有界子集, 则不难验证 R 是环, 但 $\bigcup\limits_{n=1}^{\infty} [0, n] = [0, +\infty)$ 不属于 R, 因此, R 不是 σ-环. ∎

例题 2.1.2　设 X 是全集, S 是 X 的子集构成的环, S' 是 S 的元素的补集全体, 试证明 $S \cup S'$ 是一个代数.

证明　由于 $\varnothing \in S$, 因此, $\varnothing$ 的补集 $X = \varnothing^C \in S'$, 故 $X \in S \cup S'$.

若 $E_1, E_2 \in S$, 则 $E_1^C, E_2^C \in S'$, 由于 S 是环, 因此, $E_1 \cup E_2 \in S, E_1 \cap E_2 \in S$, 故 $E_1^C \cup E_2^C = X \backslash (E_1 \cap E_2) \in S'$. 另外, $E_1 \cup E_2^C = X \backslash (E_2 \backslash E_1) \in S'$. 因此, $S \cup S'$ 在并集的运算下是封闭的.

若 $E_1, E_2 \in S \cup S'$, 则 $E_1 \backslash E_2 = X \backslash (E_2 \cup (X \backslash E_1)) \in S \cup S'$, 故 $S \cup S'$ 在差集的运算下是封闭的, 因此, $S \cup S'$ 是一个环. 所以, 由 $X \in S$ 可知 $S \cup S'$ 是一个代数. ∎

2.2　环上的测度

对于实数上的有限区间 $(a, b], (a, b)$ 和 $[a, b]$, 若记 S 为所有有限区间生成的环, 在 S 上定义长度 m, a 到 b 的有限区间的长度为 $b - a$, 任意多个不相交的区间构成的集合的长度为这些区间长度的和, 则容易验证 m 满足: ① $m(\varnothing) = 0$; ② 对于

任意 $E \in S$, 都有 $m(E) \geqslant 0$; ③ 对于任意 $E_i \in S$, 都有 $m\left(\bigcup\limits_{i=1}^{\infty} E_i\right) = \sum\limits_{i=1}^{\infty} m(E_i)$. 不过, 有可能对某些 $E \in S$, 有 $m(E) = +\infty$.

在这里, 考虑 $[-\infty, +\infty]$, 规定: 对于任意有限数 $a \in (-\infty, +\infty)$, 有 $a+(+\infty) = +\infty$; $(+\infty) + (+\infty) = +\infty$; 当 $a > 0$ 有限时, 有 $a \cdot (+\infty) = +\infty$; $0 \cdot (+\infty) = 0$.

下面考虑如何将上面的长度推广到一般的环. 一般的测度是 Radon 在 1913 年最先讨论的.

定义 2.2.1 设 S 是集合 X 的某些子集构成的环, $\mu : S \to [0, +\infty]$, 若 μ 满足下面条件:

(1) $\mu(\varnothing) = 0$;

(2) 对于任意 $E \in S$, 都有 $\mu(E) \geqslant 0$;

(3) 对于任意可列个 $E_i \in S$, 若 $E_i \cap E_j = \varnothing$ $(i \neq j)$, 并且当 $\bigcup\limits_{i=1}^{\infty} E_i \in S$ 时, 都有

$$\mu\left(\bigcup_{i=1}^{\infty} E_i\right) = \sum_{i=1}^{\infty} \mu(E_i),$$

则称 μ 为环 S 上的测度 (measure).

问题 2.2.1 在定义 2.2.1 中, 条件 (2) 和 (3) 能不能推出 (1) 呢?

不一定. 若存在某个 $E \in S$, 有 $\mu(E) < +\infty$, 则由空集 $\varnothing \in S$ 和 (3) 可知, $\mu(E) = \mu(E \cup \varnothing) = \mu(E) + \mu(\varnothing)$, 于是 $\mu(\varnothing) = 0$. 若不存在 $E \in S$, 使得 $\mu(E) < +\infty$, 则不一定有 $\mu(\varnothing) = 0$ 成立.

例 2.2.1 设 X 是一个非空集合, S 为 X 的所有有限子集构成的环, 定义 $\mu : S \to [0, +\infty]$ 为 $\mu(E) = E$ 中元素的个数, 则容易验证 μ 是 S 上的一个测度.

测度是长度的推广, 因此, "大"的集合的"长度"就应该"大"一些, 这就是单调性. 另外, 有限个不相交的集合的长度应该是这些集合的"长度"的和, 这是有限可加性. 测度具有有限可加性和单调性等基本性质.

性质 2.2.1 若 μ 为环 S 上的测度, 则 μ 具有下列性质:

(1) 若 $E_1, E_2, \cdots, E_n \in S$, 并且 $E_i \cap E_j = \varnothing$ 对任意 $i \neq j$ 都成立, 则

$$\mu\left(\bigcup_{i=1}^{n} E_i\right) = \sum_{i=1}^{n} \mu(E_i).$$

(2) 若 $E_1, E_2 \in S, E_1 \subseteq E_2$, 则 $\mu(E_1) \leqslant \mu(E_2)$.

(3) 若 $E, E_i \in S$, 并且 $E \subseteq \bigcup\limits_{i=1}^{\infty} E_i$, 则 $\mu(E) \leqslant \sum\limits_{i=1}^{\infty} \mu(E_i)$.

证明 (1) 明显地, 只需令 $E_{n+1} = E_{n+2} = \cdots = \varnothing$, 则由测度定义的 (3) 可知

$$\mu\left(\bigcup_{i=1}^{n} E_i\right) = \mu\left(\bigcup_{i=1}^{\infty} E_i\right) = \sum_{i=1}^{\infty} \mu(E_i).$$

由测度定义的 (1) 可知 $\mu(\varnothing) = 0$, 因此,

$$\mu \left(\overset{n}{\underset{i=1}{\cup}} E_i \right) = \sum_{i=1}^{n} \mu(E_i).$$

(2) 若 $E_1, E_2 \in S, E_1 \subseteq E_2$, 则由 S 是环可知 $E_2 \backslash E_1 \in S$, 故 $E_1 \cap (E_2 \backslash E_1) = \varnothing$, 并且 $E_2 = (E_2 \backslash E_1) \cup E_1$, 因此

$$\mu(E_2) = \mu(E_1 \cup (E_2 \backslash E_1)) = \mu(E_1) + \mu(E_2 \backslash E_1) \geqslant \mu(E_1).$$

(3) 令 $F_n = E_n \cap E$, 则 $F_n \subseteq E_n, F_n \in S$, 并且由 $E \subseteq \overset{\infty}{\underset{n=1}{\cup}} E_n$ 可知 $E = \overset{\infty}{\underset{n=1}{\cup}} F_n$. 记 $G_1 = F_1, G_n = F_n \backslash \left(\overset{n-1}{\underset{i=1}{\cup}} F_i \right)$ $(n = 2, 3, \cdots)$, 则容易验证 $G_n \in S, G_n \subseteq F_n$, 并且 $\overset{\infty}{\underset{i=1}{\cup}} G_i = \overset{\infty}{\underset{i=1}{\cup}} F_i = E$. 此外, 容易验证 $G_i \cap G_j = \varnothing$ 对任意 $i \neq j$ 都成立, 故 $\mu(E) = \sum_{i=1}^{\infty} \mu(G_i)$.

由于 $G_n \subseteq F_n \subseteq E_n$, 因此, $\mu(G_n) \leqslant \mu(F_n) \leqslant \mu(E_n)$, 所以, $\mu(E) \leqslant \sum_{i=1}^{\infty} \mu(E_i)$. ■

例题 2.2.1　若 μ 为环 S 上的测度, 则 μ 具有下列性质:

(1) 设 $E_n \in S$, 并且 $E_1 \subseteq E_2 \subseteq \cdots \subseteq E_n \subseteq E_{n+1} \subseteq \cdots$, 若 $\overset{\infty}{\underset{n=1}{\cup}} E_n \in S$, 则 $\lim\limits_{n \to \infty} \mu(E_n) = \mu \left(\overset{\infty}{\underset{n=1}{\cup}} E_n \right)$.

(2) 设 $E_n \in S$, 并且 $E_1 \supseteq E_2 \supseteq \cdots \supseteq E_n \supseteq E_{n+1} \supseteq \cdots$, 若 $\overset{\infty}{\underset{n=1}{\cap}} E_n \in S$, 并且存在某个 n_0, 使得 $\mu(E_{n_0}) < \infty$, 则 $\lim\limits_{n \to \infty} \mu(E_n) = \mu \left(\overset{\infty}{\underset{n=1}{\cap}} E_n \right)$.

证明　(1) 令 $F_1 = E_1, F_n = E_n \backslash E_{n-1}$ $(n \geqslant 2)$, 则容易验证 $F_i \cap F_j = \varnothing$ 对所有的 $i \neq j$ 都成立, 并且 $\overset{\infty}{\underset{i=1}{\cup}} F_i = \overset{\infty}{\underset{i=1}{\cup}} E_i, \overset{n}{\underset{i=1}{\cup}} F_i = E_n$, 故

$$\mu \left(\overset{\infty}{\underset{i=1}{\cup}} E_i \right) = \mu \left(\overset{\infty}{\underset{i=1}{\cup}} F_i \right) = \sum_{i=1}^{\infty} \mu(F_i) = \lim_{n \to \infty} \sum_{i=1}^{n} \mu(F_i)$$

$$= \lim_{n \to \infty} \mu \left(\overset{n}{\underset{i=1}{\cup}} F_i \right) = \lim_{n \to \infty} \mu(E_n).$$

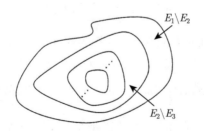

(2) 若 $E_1 \supseteq E_2 \supseteq \cdots \supseteq E_n \supseteq E_{n+1} \supseteq \cdots$, $\bigcap\limits_{n=1}^{\infty} E_n \in S$, 并且存在某个 n_0, 使得 $\mu(E_{n_0}) < \infty$, 则不妨设 $n_0 = 1$, 即 $\mu(E_1) < \infty$. 记 $F_n = E_1 \backslash E_n$ $(n \geqslant 1)$, 则 $F_1 \subseteq F_2 \subseteq \cdots \subseteq F_n \subseteq F_{n+1} \subseteq \cdots$, 并且 $\bigcup\limits_{n=1}^{\infty} F_n = E_1 \backslash \left(\bigcap\limits_{n=1}^{\infty} E_n \right) \in S$, 故由 (1) 可知

$$\mu \left(\bigcup_{n=1}^{\infty} F_n \right) = \lim_{n \to \infty} \mu(F_n).$$

另外, 由于 μ 是有限可加的, 因此

$$\mu(E_1) = \mu(F_n) + \mu(E_n), \quad \mu(E_1) = \mu \left(\bigcup_{n=1}^{\infty} F_n \right) + \mu \left(\bigcap_{n=1}^{\infty} E_n \right).$$

即

$$\mu(E_n) = \mu(E_1) - \mu(F_n), \quad \mu \left(\bigcap_{n=1}^{\infty} E_n \right) = \mu(E_1) - \mu \left(\bigcup_{n=1}^{\infty} F_n \right).$$

所以

$$\mu \left(\bigcap_{n=1}^{\infty} E_n \right) = \mu(E_1) - \mu \left(\bigcup_{n=1}^{\infty} F_n \right) = \mu(E_1) - \lim_{n \to \infty} \mu(F_n)$$
$$= \lim_{n \to \infty} [\mu(E_1) - \mu(F_n)] = \lim_{n \to \infty} \mu(E_n). \qquad \blacksquare$$

2.3　Lebesgue 测度

Borel(博雷尔) 小的时候是神童, 智力超群, 反应敏捷. 在 1896 年就考虑了可列事件, 这已经具有现代概率论的特征. 他在 1898 年出版了有关函数论的著作, 主要讨论了区间通过可列并和补的运算得到的集合. 他还找到了测度应具备的主要性质, 引入了集合的测度的新概念. 1894 年在博士论文中对测度进行了研究, 建立了 Borel 测度, 测度的完全可加性就是他提出来的, 但他没有能够建立测度的完整理论. 另外, Peano 于 1887 年和 Jordan 于 1892 年也考虑了测度, 不过, 他们讨论的测度只满足有限可加性.

测度论归功于 Henri Léon Lebesgue, Lebesgue 1875 年出生于法国巴黎, 从小就勤奋好学, 学习优秀, 1894 年考入了巴黎高等师范学校. Lebesgue 从 1899 年到 1902 年都在中学任教, 但一直研究实变函数理论, 在 1902 年发表了博士学位论文 *Intégrale, longueur, aire* (积分、长度与面积), 在论文中, 他定义了直线和平面的子集的测度以及非负函数的 Lebesgue 积分, 创立了后来以他名字命名的 Lebesgue 积分理论. Lebesgue 获得了很多奖项, 如 Houlle-vigue 奖 (1912), Poncelet 奖 (1914), Saintour 奖 (1917) 和 Petit d'Ormoy 奖 (1919). Lebesgue 积分和 Lebesgue 测度对于泛函分析和概率论的发展起了决定性的作用.

Lebesgue(1875—1941)

1. 直线上开集的 Lebesgue 测度

Lebesgue 测度和 Lebesgue 积分这两个概念是 Lebesgue 在 1901 年的论文《论定积分的一种推广》中引入的. 可以从最简单的区间开始考虑 Lebesgue 测度的问题.

定义 2.3.1 设 I 是直线上的开区间, 定义 I 的 Lebesgue 测度为 I 的长度, 记为 $m(I)$.

若 I 是区间 $(a,b),(a,b],[a,b)$ 或者 $[a,b],a \leqslant b,a,b$ 都是有限的实数, 则 $m(I) = b - a$.

若 I 是 $(-\infty,+\infty),(a,+\infty)$, 或者 $[a,+\infty),(-\infty,b)$ 或者 $(-\infty,b]$, 则 $m(I) = +\infty$.

回顾第 1 章关于开集的构成区间的结论: 实数集的子集 U 是非空开集的充要条件为 U 可以表示成有限或可列个互不相交的构成区间的并集, 即 $U = \bigcup\limits_{i=1}^{\infty} I_i$, 这里 I_i 为 U 的构成区间, 并且当 $i \neq j$ 时, 有 $I_i \cap I_j = \varnothing$.

定义 2.3.2 设 U 是直线上的开集, 若 $U = \bigcup\limits_{i=1}^{\infty} I_i$, 这里 I_i 为 U 的构成区间, 并且当 $i \neq j$ 时, 有 $I_i \cap I_j = \varnothing$, 则定义 U 的 Lebesgue 测度为 $m(U) = \sum\limits_{i=1}^{\infty} m(I_i)$.

明显地, 由于空集 $\varnothing = (a,a)$, 因此, 可规定 $m(\varnothing) = 0$. 若某个 I_i 有 $m(I_i) = +\infty$, 则 $m(U) = +\infty$. 另外, 即使每个 I_i, 都有 $m(I_i) < +\infty$, 也有可能 $m(U) = \sum\limits_{i=1}^{\infty} m(I_i) = +\infty$.

例 2.3.1 设 $U = \bigcup\limits_{n=1}^{\infty} \left(n - \dfrac{1}{3^n}, n + \dfrac{1}{3^n}\right)$, 则记 $I_n = \left(n - \dfrac{1}{3^n}, n + \dfrac{1}{3^n}\right)$, 由于 $n + 3^{-n} < (n+1) - 3^{-(n+1)}$ 对任意 n 都成立, 因此 $\{I_n\}$ 是两两不相交的区间, 故

$$m(U) = \sum_{n=1}^{\infty} m(I_n) = \sum_{n=1}^{\infty} 2 \cdot \frac{1}{3^n} = 1.$$

例 2.3.2 设 $U = \bigcup\limits_{n=1}^{\infty} \left(n, n + \dfrac{1}{n}\right)$, 则记 $I_n = \left(n, n + \dfrac{1}{n}\right)$, 容易知道 $\{I_n\}$ 是两两不相交的区间, 故

$$m(U) = \sum_{n=1}^{\infty} m(I_n) = \sum_{n=1}^{\infty} \frac{1}{n} = +\infty.$$

不难证明开集的测度具有下面的一些性质.

性质 2.3.1 设 U 和 V 是 $(-\infty,+\infty)$ 的开集, 并且 $U \subseteq V$, 则 $m(U) \leqslant m(V)$.

问题 2.3.1 设 U 和 V 是 $(-\infty,+\infty)$ 的开集, 并且 $U \subseteq V$, 并且 U 与 V 不相等, 则一定有 $m(U) < m(V)$ 吗?

不一定. 取 $U = (1,3) \cup (3,4), V = (1,4)$, 则 $U \subseteq V$, 并且 U 与 V 不相等, 但 $m(U) = m(V)$.

性质 2.3.2 设 U 是 $(-\infty, +\infty)$ 的开集, 则 $m(U) = \lim\limits_{n\to\infty} m(U_n)$, 这里 $U_n = U \cap (-n, n)$.

性质 2.3.3 设 U_n 是 $(-\infty, +\infty)$ 的有限个或可列个开集, 则 $m\left(\bigcup\limits_{n=1}^{\infty} U_n\right) \leqslant \sum\limits_{n=1}^{\infty} m(U_n)$.

性质 2.3.4 设 U 和 V 是 $(-\infty, +\infty)$ 的开集, 则 $m(U) + m(V) = m(U \cup V) + m(U \cap V)$.

2. 直线上有界闭集的测度

若 K 是 $(-\infty, +\infty)$ 的有界闭集, 则对于任意包含 K 的有界开集 U, 有 $U \backslash K$ 是开集, 并且 $U = K \cup (U \backslash K)$, 因此, 可以用 U 和 $U \backslash K$ 的测度来定义有界闭集 K 的测度.

定义 2.3.3 设 K 是 $(-\infty, +\infty)$ 的有界闭集, 则称 $m(K) = m(U) - m(U \backslash K)$ 为有界闭集 K 的 Lebesgue 测度, 这里 U 为任意包含 K 的有界开集.

明显地, 要说明 K 的 Lebesgue 测度的定义是合理的, 就必须先证明有界闭集 K 的测度与有界开集 U 的选择无关.

定理 2.3.1 若 K 是 $(-\infty, +\infty)$ 的有界闭集, 则 K 的测度与定义中有界开集 U 的选择无关.

证明 若 U 和 V 是包含 K 的两个有界开集, 则

$$m(U) + m(V \backslash K) = m(U \cup (V \backslash K)) + m(U \cap (V \backslash K)).$$

由于 U 和 V 都包含 K, 因此, $U \cup (V \backslash K) = U \cup V$, 并且 $U \cap (V \backslash K) = (U \cap V) \backslash K$, 故

$$m(U) + m(V \backslash K) = m(U \cup V) + m((U \cap V) \backslash K).$$

类似地, 有

$$m(U \backslash K) + m(V) = m(U \cup V) + m((U \cap V) \backslash K).$$

因此

$$m(U \backslash K) + m(V) = m(U) + m(V \backslash K).$$

从而

$$m(U) - m(U \backslash K) = m(V) - m(V \backslash K).$$

所以, K 的测度与定义中有界开集 U 的选择无关. ■

例 2.3.3   设 $K = \{0\}$, 则 K 是有界闭集, 容易知道对于任意 $\varepsilon > 0$, 开集 $U_\varepsilon = (-\varepsilon, +\varepsilon)$ 为包含 K 的开集, 因此, $m(K) = M(U_\varepsilon) - m(U_\varepsilon \backslash K) = m(-\varepsilon, +\varepsilon) - m((-\varepsilon, 0) \cup (0, +\varepsilon)) = 2\varepsilon - 2\varepsilon = 0.$ 并且容易看出, K 的测度与包含 K 的开集 U_ε 的选择无关.

性质 2.3.5   (1) 若 K 是有界闭集, U 是包含 K 的开集, 则 $m(K) \leqslant m(U)$.

(2) 若 K_1 和 K_2 都是有界闭集, 并且 K_2 包含 K_1, 则 $m(K_1) \leqslant m(K_2)$.

证明   (1) 若 K 是有界闭集, U 是包含 K 的开集, 根据有界闭集测度的定义, 有
$$m(K) = m(U) - m(U \backslash K) \leqslant m(U).$$

(2) 若 U 是包含 K_2 的开集, 则由 K_2 包含 K_1 可知 U 是包含 K_1 的开集, 故 $U \backslash K_2 \subseteq U \backslash K_1$, 因此, $m(U \backslash K_2) \leqslant m(U \backslash K_1)$, 所以, $m(K_1) = m(U) - m(U \backslash K_1) \leqslant m(U) - m(U \backslash K_2) = m(K_2).$ ∎

为了计算的方便, 可以直观地将开集与闭区间 $[a, b]$ 的交集看作与开区间 (a, b) 的交.

定义 2.3.4   设 $\{I_n\}$ 是有限或可列个互不相交的开区间, $U = \bigcup\limits_{n=1}^{\infty} I_n$, 则对于任意 $a < b$, 定义
$$m(U \cap [a, b]) = \sum_{n=1}^{\infty} m(I_n \cap (a, b)).$$

直观上容易理解, 开集 U 和 U^C 分别与区间 $[a, b]$ 的交集的 "长度" 的和就是整个区间的 "长度" $b - a$.

定理 2.3.2   若 U 是 $(-\infty, +\infty)$ 的开集, $a < b$, 则
$$m(U \cap [a, b]) + m(U^C \cap [a, b]) = b - a.$$

证明   (1) 设 V 是包含 $[a, b]$ 的开集, 令 $K = U^C \cap [a, b]$, 则 K 是有界闭集, 并且 V 包含 K, 故
$$m(K) = m(V) - m(V \backslash K).$$

(2) 由于 $V \backslash K = V \cap (U^C \cap [a, b])^C = V \cap (U \cup [a, b]^C) = (V \cap U) \cup (V \cap [a, b]^C)$ 包含 $V \cap U$, 因此, $m(V \cap U) \leqslant m(V \backslash K)$.

(3) 由于 $U \cap V$ 包含 $U \cap [a, b]$, 因此
$$m(U \cap [a, b]) + m(K) \leqslant m(U \cap V) + m(V) - m(V \backslash K) \leqslant m(V).$$

(4) 既然上面的不等式对于包含 $[a, b]$ 的任意开集 V 都成立, 对于任意 $\varepsilon > 0$, 取 $V = (a - \varepsilon, b + \varepsilon)$, 则 V 是包含 $[a, b]$ 的开集, 故
$$m(U \cap [a, b]) + m(U^C \cap [a, b]) \leqslant m(V) = b - a + 2\varepsilon.$$

由于 ε 是任意的, 因此, $m(U \cap [a,b]) + m(U^C \cap [a,b]) \leqslant b - a$.

(5) 下面证明 $m(U \cap [a,b]) + m(U^C \cap [a,b]) \geqslant b - a$. 令 $I_\varepsilon = [a + \varepsilon, b - \varepsilon]$, 这里 $0 < \varepsilon < \dfrac{b-a}{2}$, 则由 $[a,b]$ 包含 I_ε 可知

$$m(U \cap [a,b]) + m(U^C \cap [a,b]) \geqslant m(U \cap (a,b)) + m(U^C \cap I_\varepsilon).$$

既然 (a,b) 是包含 $U^C \cap I_\varepsilon$ 的开集, 并且 $(a,b) \backslash (U^C \cap I_\varepsilon)$ 是开集, 故

$$
\begin{aligned}
& m(U^C \cap I_\varepsilon) + m\left((a,b) \backslash (U^C \cap I_\varepsilon)\right) \\
={} & m\left((U^C \cap I_\varepsilon) \cup ((a,b) \backslash (U^C \cap I_\varepsilon))\right) + m\left((U^C \cap I_\varepsilon) \cap ((a,b) \backslash (U^C \cap I_\varepsilon))\right) \\
={} & m((a,b)) + m(\varnothing).
\end{aligned}
$$

因而

$$m(U^C \cap I_\varepsilon) = b - a - m\left((a,b) \backslash (U^C \cap I_\varepsilon)\right).$$

另外

$$
\begin{aligned}
m\left((a,b) \backslash (U^C \cap I_\varepsilon)\right) &= m\left(((a,b) \cap U) \cup ((a,b) \cap I_\varepsilon^C)\right) \\
&= m\left(((a,b) \cap U) \cup ((a, a+\varepsilon) \cup (b-\varepsilon, b))\right) \\
&\leqslant m(U \cap (a,b)) + 2\varepsilon.
\end{aligned}
$$

故

$$m(U \cap [a,b]) + m(U^C \cap [a,b]) \geqslant b - a - 2\varepsilon.$$

由于 ε 是任意的, 因此, $m(U \cap [a,b]) + m(U^C \cap [a,b]) \geqslant b - a$. 所以

$$m(U \cap [a,b]) + m(U^C \cap [a,b]) = b - a. \qquad \blacksquare$$

3. Lebesgue 外测度和内测度

对于开集和有界闭集的 Lebesgue 测度, 前面已经讨论了它们的性质, 能不能定义任意子集的 Lebesgue 测度呢? 为了考虑更多子集的 Lebesgue 测度, 先引入 Lebesgue 外测度和 Lebesgue 内测度的定义. 外测度是 Carathéodory 在 1918 年最先考虑的, 优点是任意子集的外测度都存在.

Jordan 曾经讨论了平面的面积理论, 对于给定的一个平面区域 D, 他考虑所有包含 D 的多边形和所有包含在 D 内的多边形. 包含 D 的多边形面积的下确界称为"外面积", 包含在 D 内的多边形的面积的上确界称为"内面积", 当外面积和内面积相等时, 称区域是可求积的. Lebesgue 的外测度和内测度的思想来自 Jordan 的方法.

定义 2.3.5　设 E 是 $(-\infty, +\infty)$ 的子集, 称 $m^*(E) = \inf\{m(U) \mid U$ 是包含 E 的开集$\}$ 为 E 的 Lebesgue 外测度 (outer measure).

称 $m_*(E) = \sup\{m(K) \mid K$ 是包含在 E 内的有界闭集$\}$ 为 E 的 Lebesgue 内测度 (inner measure).

设 K 是 $(-\infty, +\infty)$ 的子集, 若对于任意满足 $K \subseteq \bigcup\limits_{\alpha \in \Lambda} U_\alpha$ (这里 Λ 是指标集) 的开集 U_α, 都一定存在有限个开集 U_{α_i} $(i = 1, 2, \cdots, n)$, 使得 $K \subseteq \bigcup\limits_{i=1}^{n} U_{\alpha_i}$, 则称 K 为紧集. Heine 和 Borel 证明了有界闭区间 $[a, b]$ 一定是紧集. 实际上, 进一步的结论也是成立的, 即 $(-\infty, +\infty)$ 的子集 K 是紧集当且仅当 K 是有界闭集, 该结论属于 Heine, Borel, Bolzano 和 Weierstrass. 因此, 也可以将 $m_*(E)$ 定义中的有界闭集换成紧集.

定理 2.3.3　(1) 对于 $(-\infty, +\infty)$ 的任意子集 E, 都有 $0 \leqslant m_*(E) \leqslant m^*(E)$.

(2) 对于 $(-\infty, +\infty)$ 的子集 E_1 和 E_2, 若 E_2 包含 E_1, 则 $m_*(E_1) \leqslant m_*(E_2)$, 并且 $m^*(E_1) \leqslant m^*(E_2)$.

证明　(1) 若 K 是有界闭集, U 是开集, 并且 $K \subseteq E \subseteq U$, 则 $0 \leqslant m(K) \leqslant m(U)$. 固定 K, 则对于任意包含 E 的开集 U, 有 $m(K) \leqslant m(U)$, 对于所有的开集 U, 取下确界, 则 $0 \leqslant m(K) \leqslant m^*(E)$. 再对包含在 E 内的有界闭集 K 取上确界, 得 $0 \leqslant m_*(K) \leqslant m^*(E)$.

(2) 由于 $m_*(E_1) = \sup\{m(K) \mid K$ 是包含在 E_1 内的有界闭集$\}$, 因此, 由 E_2 包含 E_1 可知, $\{K \mid K$ 是包含在 E_1 内的有界闭集$\}$ 一定包含在 $\{K \mid K$ 是包含在 E_2 内的有界闭集$\}$ 内, 故

$$m_*(E_1) = \sup\{m(K) \mid K \text{ 是包含在 } E_1 \text{ 内的有界闭集}\} \leqslant m_*(E_2)$$
$$= \sup\{m(K) \mid K \text{ 是包含在 } E_2 \text{ 内的有界闭集}\}.$$

类似可证明 $m^*(E_1) \leqslant m^*(E_2)$. ■

例 2.3.4　若 $\mathbb{Q}$ 是 $(-\infty, +\infty)$ 的所有有理数, 则 $\mathbb{Q}$ 是可列集, 故 $\mathbb{Q} = \{q_1, q_2, \cdots, q_n, \cdots\}$, 对于任意的 $\varepsilon > 0$, 令

$$I_n = \left(q_n - \frac{\varepsilon}{2^n}, q_n + \frac{\varepsilon}{2^n}\right).$$

取 $U = \bigcup\limits_{n=1}^{\infty} I_n$, 则 U 是开集, 并且 U 包含 $\mathbb{Q}$, 故

$$m(U) \leqslant \sum_{n=1}^{\infty} m(I_n) = \sum_{n=1}^{\infty} \frac{\varepsilon}{2^{n-1}} = 2\varepsilon.$$

因此, $m^*(\mathbb{Q}) \leqslant 2\varepsilon$ 对任意 ε 都成立, 因而 $m^*(\mathbb{Q}) = 0$. 另外, 由 $m_*(\mathbb{Q}) \leqslant m^*(\mathbb{Q}) = 0$ 可知 $m_*(\mathbb{Q}) = 0$.

容易看出, 利用上面的技巧, 可以证明任意有限或可列实数集 E 的 Lebesgue 外测度都是 0.

问题 2.3.2 设 E 是 $(-\infty, +\infty)$ 的子集, 假如将 $m^*(E) = \inf\{m(F) \mid F$ 是包含 E 的闭集$\}$ 作为 E 的 Lebesgue 外测度, 是否合理呢?

实际上, 对于 $[0,1]$ 的有理数全体 A, 则包含 A 的闭集 F, 一定有 F 包含 A 的闭包, 由于 A 的闭包是 $[0,1]$, 因此, F 一定包含 $[0,1]$, 故 $m^*(F) \geqslant 1$, 因而 $m^*(A) = 1$. 由于 A 是可数集, 因此可记 A 为 $\{q_1, q_2, \cdots, q_n, \cdots\}$, 容易知道, 对于单点集 $\{a\}$, 它是闭集, 它的外测度不妨看作区间 $[a-\varepsilon, a+\varepsilon]$ 对 ε 取下确界, 因此, $m^*(\{a\}) = 0$, 故 $\sum_{n=1}^{\infty} m(\{q_n\}) = 0$. 因此, $1 = m^*(A) = m^*\left(\bigcup_{n=1}^{\infty}\{q_n\}\right) \leqslant \sum_{n=1}^{\infty} m(\{q_n\}) = 0$ 不成立, 所以, 这样的定义是不合理的.

还要注意外测度不具有可列可加性. 也就是说: 若 E_n $(n=1,2,\cdots)$ 是 $(-\infty, +\infty)$ 中互不相交的子集, 则 $m^*\left(\bigcup_{n=1}^{\infty} E_n\right) = \sum_{n=1}^{\infty} m^*(E_n)$ 不一定成立.

4. Lebesgue 可测集

定义 2.3.6 设 E 是 $(-\infty, +\infty)$ 的有界子集, 若 $m_*(E) = m^*(E)$, 则称 E 是 Lebesgue 可测集, E 的 Lebesgue 测度为 $m(E) = m_*(E) = m^*(E)$.

容易验证, 前面讨论的开集的 Lebesgue 测度和有界闭集的 Lebesgue 测度, 与上面 Lebesgue 可测和 Lebesgue 测度的定义是相符的.

定义 2.3.7 设 E 是 $(-\infty, +\infty)$ 的无界子集, 若对于任意有界闭区间 $[a,b]$, $E \cap [a,b]$ 都是 Lebesgue 可测集, 则称无界子集 E 是 Lebesgue 可测集, E 的 Lebesgue 测度为 $m(E) = \lim_{k \to \infty} m(E \cap [-k, k])$.

要说明定义 2.3.7 是合理的, 就必须考虑下面问题.

问题 2.3.3 设 E 是 $(-\infty, +\infty)$ 的无界子集, 若对于任意有界闭区间 $[a,b]$, $E \cap [a,b]$ 都是 Lebesgue 可测集, 则极限 $\lim_{k \to \infty} m(E \cap [-k,k])$ 一定存在吗?

是的. 实际上, 由于 $E \cap [-k,k] \subseteq E \cap [-(k+1), k+1]$, 因此, $m(E \cap [-k,k]) \leqslant m(E \cap [-(k+1), k+1])$, 故 $\lim_{k \to \infty} m(E \cap [-k,k])$ 一定存在, 该极限有限或等于 $+\infty$.

性质 2.3.6 任意 Lebesgue 外测度为 0 的子集 E 都是 Lebesgue 测度为 0 的可测集.

证明 若 $m^*(E) = 0$, 则对于任意有界闭区间 I, 都有

$$m^*(E \cap I) \leqslant m^*(E) = 0.$$

故由 $m_*(E \cap I) \leqslant m^*(E \cap I)$ 可知, $m_*(E \cap I) = 0$. 因而, 对于任意有界闭区间 I, $E \cap I$ 都是 Lebesgue 可测集, 故对任意 k 都有 $m(E \cap [-k,k]) = 0$, 所以, $m(E) = 0$. ■

由于可数的实数集 E 的 Lebesgue 外测度都是 0, 因此, 容易知道下面结论成立.

推论 2.3.1   任意有限或可列的实数集 E 都是 Lebesgue 测度为 0 的可测集.

根据上面推论, 由于区间 (a, b) 中的任意单调函数的不连续点全体是可数集, 因此, (a, b) 中的任意单调函数的不连续点全体的 Lebesgue 测度是 0.

性质 2.3.7   任意区间 I 都是 Lebesgue 可测集.

证明   (1) 若 I 是有界区间, 则容易知道 $m_*(I) = m^*(I) = m(I)$, 因此, I 是可测集.

(2) 若 I 是无界区间, 则对任意 $-\infty < a < b < \infty, I \cap [a, b]$ 都是有界区间, 故它是可测集, 并且 $m(I) = \lim\limits_{k \to \infty} m(I \cap [-k, k]) = \infty$.   ■

性质 2.3.8   对于任意实数 a 和 b, 实数集 A, 都有

$$m^*(A \cap [a, b]) + m_*(A^C \cap [a, b]) = b - a.$$

证明   若 U 是任意满足 $A \cap [a, b] \subseteq U$ 的开集, 则 $U^C \cap [a, b]$ 是有界闭集, 并且 $U^C \cap [a, b] \subseteq A^C \cap [a, b]$. 故由内测度的定义可知 $m_*(A^C \cap [a, b]) \geqslant m(U^C \cap [a, b])$, 因此, 根据 $m(U) \geqslant m(U \cap [a, b])$, 有

$$m(U) + m_*(A^C \cap [a, b]) \geqslant m(U \cap [a, b]) + m(U^C \cap [a, b]) = b - a.$$

上面式子最右边的等式是根据定理 2.3.2, 故

$$m(U) \geqslant (b - a) - m_*(A^C \cap [a, b]).$$

对所有满足 $A \cap [a, b] \subseteq U$ 的开集取下确界, 得

$$m^*(A \cap [a, b]) = \inf\{m(U) \mid A \cap [a, b] \subseteq U\} \geqslant (b - a) - m_*(A^C \cap [a, b]),$$

因此

$$m^*(A \cap [a, b]) + m_*(A^C \cap [a, b]) \geqslant b - a.$$

为了证明上面不等式的反方向成立, 设 K 是 $A^C \cap [a, b]$ 内的有界闭集, 则 K^C 是开集, 并且 $K^C \cap [a, b] \supseteq A \cap [a, b]$. 故

$$m^*(A^C \cap [a, b]) + m(K \cap [a, b]) \leqslant m(K^C \cap [a, b]) + m(K \cap [a, b]) = b - a.$$

上面式子最右边的等式是根据定理 2.3.2, 并且用 K^C 代替 U, 故对所有满足 $A \cap [a, b] \supseteq K$ 的有界闭集取上确界, 得

$$m^*(A \cap [a, b]) + m_*(A^C \cap [a, b]) \leqslant b - a.$$

所以,

$$m^*(A \cap [a,b]) + m_*(A^C \cap [a,b]) = b - a. \qquad \blacksquare$$

不难验证对于任意 E, 都有

$$m_*(E) = \lim_{k \to \infty} m_*(E \cap [-k,k]).$$

实际上, 只需令 $E_k = E \cap [-k,k]$, 则数列 $\{m_*(E_k)\}$ 是单调上升的, 并且 $m_*(E_k) \leqslant m_*(E)$ 对所有 $k \in \mathbb{N}$ 都成立. 令 $\alpha = \lim_{k \to \infty} m_*(E_k)$, 假如 $\alpha < m_*(E)$, 则可选取 $\beta \in (-\infty, +\infty)$, 使得 $\alpha < \beta < m_*(E)$. 由内测度的定义可知, 存在有界闭集 $K \subseteq E$, 使得 $m(K) > \beta$. 既然 K 是有界的, 因此, 存在 k_0, 使得 $K \subseteq [-k_0, k_0]$, 因而, $K \subseteq E_{k_0}$, 故 $m_*(E_{k_0}) > \beta$. 但这与 $\alpha = \lim_{k \to \infty} m_*(E_k)$ 矛盾. 所以, $m_*(E) = \lim_{k \to \infty} m_*(E \cap [-k,k])$.

利用这个性质, 可以证明下面结论成立.

性质 2.3.9 若 A_1 和 A_2 是实数集, 则

(1) $m^*(A_1 \cup A_2) + m^*(A_1 \cap A_2) \leqslant m^*(A_1) + m^*(A_2)$;

(2) $m_*(A_1 \cup A_2) + m_*(A_1 \cap A_2) \geqslant m_*(A_1) + m_*(A_2)$.

证明 (1) 明显地, 若 $m^*(A_1) = \infty$ 或 $m^*(A_2) = \infty$, 则 $m^*(A_1 \cup A_2) = \infty$, 因此, 结论成立.

若 $m^*(A_1) < \infty$, 并且 $m^*(A_2) < \infty$, 对于任意 $\varepsilon > 0$, 由外测度的定义可知, 存在开集 U_1 和 U_2, 使得 $m(U_i) < m^*(A_i) + \dfrac{\varepsilon}{2}$ 对 $i = 1, 2$ 都成立. 故

$$m^*(A_1) + m^*(A_2) + \varepsilon > m(U_1) + m(U_2) = m(U_1 \cup U_2) + m(U_1 \cap U_2)$$
$$\geqslant m^*(A_1 \cup A_2) + m^*(A_1 \cap A_2).$$

最后一个大于等于是由外测度的定义得到的. 既然 ε 是任意的, 因此

$$m^*(A_1) + m^*(A_2) \geqslant m^*(A_1 \cup A_2) + m^*(A_1 \cap A_2).$$

(2) 设 $a, b \in (-\infty, +\infty)$, 在 (1) 中, 用 $[a,b] \cap A_i^C$ 代替 A_i, 有

$$m^*([a,b] \cap A_1^C) + m^*([a,b] \cap A_2^C)$$
$$\geqslant m^* \left(([a,b] \cap A_1^C) \cup ([a,b] \cap A_2^C) \right)$$
$$\quad + m^* \left(([a,b] \cap A_1^C) \cap ([a,b] \cap A_2^C) \right)$$
$$= m^* \left([a,b] \cap (A_1^C \cup A_2^C) \right) + m^* \left([a,b] \cap (A_1^C \cap A_2^C) \right)$$
$$= m^* \left([a,b] \cap (A_1 \cap A_2)^C \right) + m^* \left([a,b] \cap (A_1 \cup A_2)^C \right).$$

由于对任意 A, 都有

$$m^*([a,b] \cap A^C) + m_*([a,b] \cap A) = b - a,$$

因此, 由

$$m^*([a,b] \cap A_1^C) + m^*([a,b] \cap A_2^C) \geqslant m^*\left([a,b] \cap (A_1 \cap A_2)^C\right) + m^*\left([a,b] \cap (A_1 \cup A_2)^C\right)$$

可知

$$(b-a) - m_*([a,b] \cap A_1) + (b-a) - m_*([a,b] \cap A_2)$$
$$\geqslant (b-a) - m_*\left([a,b] \cap (A_1 \cap A_2)\right) + (b-a) - m_*\left([a,b] \cap (A_1 \cup A_2)\right).$$

因而

$$m_*([a,b] \cap A_1) + m_*([a,b] \cap A_2) \leqslant m_*\left([a,b] \cap (A_1 \cap A_2)\right) + m_*\left([a,b] \cap (A_1 \cup A_2)\right).$$

对于每个 $k \in \mathbb{N}$, 用 $I_k = [-k,k]$ 代替上面的 $[a,b]$, 得

$$m_*(I_k \cap A_1) + m_*(I_k \cap A_2) \leqslant m_*\left(I_k \cap (A_1 \cap A_2)\right) + m_*\left(I_k \cap (A_1 \cup A_2)\right)$$
$$\leqslant m_*(A_1 \cap A_2) + m_*(A_1 \cup A_2).$$

由于对于任意 E, 都有 $m_*(E) = \lim\limits_{k \to \infty} m_*(E \cap [-k,k])$, 因此

$$m_*(A_1) + m_*(A_2) \leqslant m_*(A_1 \cup A_2) + m_*(A_1 \cap A_2). \qquad \blacksquare$$

例题 2.3.1　设 A_1 和 A_2 为实数 $(-\infty, +\infty)$ 的有界子集, 若 A_1 是 Lebesgue 可测集, $A_1 \subseteq A_2$, 并且 $m(A_1) = m^*(A_2)$, 试证明 A_2 也是 Lebesgue 可测集.

证明　由于 $A_1 \subseteq A_2$, 因此, 根据 Lebesgue 内测度的定义, 有 $m_*(A_1) = \sup\{m(K) \mid K$ 是包含在 A_1 内的有界闭集$\} \leqslant \sup\{m(K) \mid K$ 是包含在 A_2 内的有界闭集$\} = m_*(A_2)$.

由于 A_1 是 Lebesgue 可测集, 因此, $m(A_1) = m_*(A_1) = m^*(A_1)$. 由 $m(A_1) = m^*(A_2)$ 可知, $m^*(A_2) = m(A_1) = m_*(A_1)$, 故 $m^*(A_2) = m_*(A_1) \leqslant m_*(A_2) \leqslant m^*(A_2)$. 因此, $m_*(A_2) = m^*(A_2)$, 所以, A_2 是 Lebesgue 可测集. $\qquad \blacksquare$

5. Lebesgue 可测集的性质

容易知道, 对于 $A_1 = [0,2], A_2 = (1,3)$, 有 $m(A_1) + m(A_2) = 2 + 2 = 4$, 并且 $m(A_1 \cup A_2) + m(A_1 \cap A_2) = m([0,3)) + m((1,2]) = 3 + 1 = 4$.

性质 2.3.10　若 A_1 和 A_2 是 Lebesgue 可测集, 则 $A_1 \cap A_2$ 和 $A_1 \cup A_2$ 都是 Lebesgue 可测集, 并且

$$m(A_1) + m(A_2) = m(A_1 \cup A_2) + m(A_1 \cap A_2).$$

证明   分两种情形来讨论:

(1) 若 A_1 和 A_2 是有界的 Lebesgue 可测集, 则 $A_1 \cap A_2$ 和 $A_1 \cup A_2$ 都是有界集. 由于对 $i = 1, 2$, 都有

$$m(A_i) = m_*(A_i) = m^*(A_i).$$

因此, 由性质 2.3.9 可知

$$
\begin{aligned}
m(A_1) + m(A_2) &= m_*(A_1) + m_*(A_2) \\
&\leqslant m_*(A_1 \cap A_2) + m_*(A_1 \cup A_2) \\
&\leqslant m^*(A_1 \cap A_2) + m^*(A_1 \cup A_2) \\
&\leqslant m(A_1) + m(A_2).
\end{aligned}
$$

故

$$m_*(A_1 \cap A_2) + m_*(A_1 \cup A_2) = m^*(A_1 \cap A_2) + m^*(A_1 \cup A_2).$$

因而

$$m_*(A_1 \cup A_2) - m^*(A_1 \cup A_2) = m^*(A_1 \cap A_2) - m_*(A_1 \cap A_2).$$

既然对于任意子集 A, 都一定有 $m^*(A) - m_*(A) \geqslant 0$, 因此, 只有左右两边都等于 0, 上面式子才会成立.

故

$$m_*(A_1 \cup A_2) = m^*(A_1 \cup A_2),$$

并且 $m^*(A_1 \cap A_2) = m_*(A_1 \cap A_2)$. 所以, $A_1 \cap A_2$ 和 $A_1 \cup A_2$ 都是 Lebesgue 可测集, 并且

$$m(A_1) + m(A_2) = m(A_1 \cup A_2) + m(A_1 \cap A_2).$$

(2) 若 A_1 和 A_2 有一个是无界的, 或者两个都是无界的 Lebesgue 可测集, 令 I 为区间 $[a, b]$. 若 A_1 和 A_2 都是无界的, 则 $A_1 \cap I$ 和 $A_2 \cap I$ 都是 Lebesgue 可测集. 若 A_1 是有界的, 则由上面的 (1) 可知 $A_1 \cap I$ 是 Lebesgue 可测集. 因此, 无论哪种情形, $A_1 \cap I$ 和 $A_2 \cap I$ 都是 Lebesgue 可测集. 故对于每个有界闭区间 I, $(A_1 \cap A_2) \cap I$ 和 $(A_1 \cup A_2) \cap I$ 都是 Lebesgue 可测集, 并且

$$m(A_1 \cap I) + m(A_2 \cap I) = m\left((A_1 \cap A_2) \cap I\right) + m\left((A_1 \cup A_2) \cap I\right).$$

既然 $A_1 \cup A_2$ 是无界的, 因此, 由可测的定义可知 $A_1 \cup A_2$ 是 Lebesgue 可测集. 另外, 若 $A_1 \cap A_2$ 是无界的, 则由可测的定义可知 $A_1 \cap A_2$ 是 Lebesgue 可测集.

此外, 若 $A_1 \cap A_2$ 是有界的, 则可以选择足够大的闭区间 I, 使得 $A_1 \cap A_2 \subseteq I$, 这样就有 $(A_1 \cap A_2) \cap I = A_1 \cap A_2$, 故 $A_1 \cap A_2$ 是 Lebesgue 可测的. 令 $I_k = [-k, k]$, 由

$$m(A_1 \cap I_k) + m(A_2 \cap I_k) = m((A_1 \cap A_2) \cap I_k) + m((A_1 \cup A_2) \cap I_k)$$

可知 $k \to \infty$ 时, 有

$$m(A_1) + m(A_2) = m(A_1 \cup A_2) + m(A_1 \cap A_2).$$ ∎

推论 2.3.2 若 A_1 和 A_2 是 Lebesgue 可测集, 并且 $A_1 \cap A_2$ 是空集, 则

$$m(A_1 \cup A_2) = m(A_1) + m(A_2).$$

从上面推论可以看出, 若 A_1 和 A_2 是 Lebesgue 可测集, 并且 $A_1 \subseteq A_2$, 则 $A_2 = A_1 \cup (A_2 \backslash A_1)$, 故 $m(A_2) = m(A_1) + m(A_2 \backslash A_1)$, 因此, $m(A_2 \backslash A_1) = m(A_2) - m(A_1)$.

例题 2.3.2 试证明 Cantor 集 C 的 Lebesgue 测度是 0.

证明 从 Cantor 的构造过程可以看出 C 的补集是开区间的并集, 因此, C^C 是 Lebesgue 可测集, 故 Cantor 集 C 是 Lebesgue 可测的. 另外, 由于 $m(C^C) = \sum_{n=1}^{\infty} \frac{2^{n-1}}{3^n} = 1$, 因此, 由 $m([0,1]) = m(C) + m(C^C)$ 可知 $m(C) = m([0,1]) - m(C^C) = 1 - 1 = 0$. ∎

例题 2.3.3 设 $[a, b]$ 是有界闭区间, 并且 $[a, b]$ 包含闭集 F, 若 $m(F) = b - a$, 试证明 $F = [a, b]$.

证明 实际上, 若 $[a, b]$ 真包含闭集 F, 则 $G = (a, b) \backslash F$ 是非空开集. 这是由于 $(a, b) \backslash F$ 是空集的话, 则 $(a, b) \subseteq F$. 令 $x_n = a + \frac{1}{n}$, 则 $x_n \in (a, b)$, 并且 x_n 收敛到 a, 由 F 是闭集可知 $a \in F$. 类似可证 $b \in F$, 因而, $[a, b] \subseteq F$, 但这与 $[a, b]$ 真包含闭集 F 矛盾. 所以, $G = (a, b) \backslash F$ 一定是非空开集.

既然 G 是非空开集, 因此, 存在内点 $x_0 \in G$, 故一定存在某个开区间 $(x_0 - \varepsilon, x_0 + \varepsilon) \subseteq G$, 因而, $m(G) > 2\varepsilon > 0$.

由于 $m([a,b] \backslash F) = m([(a,b) \backslash F] \cup \{a\} \cup \{b\}) = m((a,b) \backslash F) + m(\{a\}) + m(\{b\}) = m(G)$, 因此, $m(G) = m([a,b] \backslash F) = (b - a) - m(F) = 0$, 矛盾. ∎

一个子集 A 是不是 Lebesgue 可测集, 还可以用下面的方法来判断.

性质 2.3.11 子集 A 是 Lebesgue 可测集的充要条件为对任意实数 a 和 b, 都有

$$m^*(A \cap [a, b]) + m^*(A^C \cap [a, b]) = b - a.$$

证明 (1) 对于 A, 由于

$$m^*(A \cap [a, b]) + m_*(A^C \cap [a, b]) = b - a,$$

因此, 将 A 与 A^C 交换, 有

$$m^*(A^C \cap [a,b]) + m_*(A \cap [a,b]) = b - a$$

对任意 a 和 b 都成立.

若 A 是 Lebesgue 可测集, 则 $A \cap [a,b]$ 是 Lebesgue 可测集, 故

$$m_*(A \cap [a,b]) = m^*(A \cap [a,b]).$$

因此, 当 A 是 Lebesgue 可测集时, 有

$$m^*(A \cap [a,b]) + m^*(A^C \cap [a,b]) = b - a.$$

(2) 反过来, 若 A 使得

$$m^*(A \cap [a,b]) + m^*(A^C \cap [a,b]) = b - a$$

对任意 a 和 b 都成立.

既然对于任意 A 都有

$$m^*(A^C \cap [a,b]) + m_*(A \cap [a,b]) = b - a,$$

因而

$$m^*(A \cap [a,b]) - m_*(A \cap [a,b]) = 0.$$

由于

$$m_*(A \cap [a,b]) = m^*(A \cap [a,b]),$$

因此

$$m_*(A \cap [a,b]) = m^*(A \cap [a,b]).$$

故 $A \cap [a,b]$ 对任意 a 和 b 都是 Lebesgue 可测的, 所以, A 是 Lebesgue 可测集. ∎

由于子集 A 和 A^C 满足 $m^*(A \cap [a,b]) + m^*(A^C \cap [a,b]) = b - a$ 是等价的, 因此, 下面结论显然成立.

推论 2.3.3 子集 A 是 Lebesgue 可测的当且仅当 A^C 是 Lebesgue 可测集.

不难验证, 若 $\{A_n\}$ 是一列实数子集, 则 $m^*\left(\bigcup\limits_{n=1}^{\infty} A_n\right) \leqslant \sum\limits_{n=1}^{\infty} m^*(A_n)$.

若 $\{A_n\}$ 是一列互不相交的实数子集, 则 $m_*\left(\bigcup\limits_{n=1}^{\infty} A_n\right) \geqslant \sum\limits_{n=1}^{\infty} m_*(A_n)$. 实际上, 对于任意小的 $\varepsilon > 0$, 对于每个 A_n, 都存在有界闭集 F_n, 使得 $F_n \subseteq A_n$, 并且 $\sum\limits_{n=1}^{\infty} m(F_n) > \sum\limits_{n=1}^{\infty} m_*(A_n) - \varepsilon$. 对于任意正整数 k, 由 $\bigcup\limits_{n=1}^{k} F_n$ 是包含在 $\bigcup\limits_{n=1}^{\infty} A_n$ 的有

界闭集可知 $m_* \left(\overset{\infty}{\underset{n=1}{\cup}} A_n \right) \geqslant \overset{k}{\underset{n=1}{\sum}} m(F_n)$, 因而, $m_* \left(\overset{\infty}{\underset{n=1}{\cup}} A_n \right) \geqslant \overset{\infty}{\underset{n=1}{\sum}} m(F_n)$, 由 ε 的任意性可知一定有 $m_* \left(\overset{\infty}{\underset{n=1}{\cup}} A_n \right) \geqslant \overset{\infty}{\underset{n=1}{\sum}} m_*(A_n)$.

性质 2.3.12　若 $\{A_n\}$ 是一列实数 Lebesgue 可测子集, 则

(1) $\overset{\infty}{\underset{n=1}{\cup}} A_n$ 和 $\overset{\infty}{\underset{n=1}{\cap}} A_n$ 都是 Lebesgue 可测集.

(2) $m \left(\overset{\infty}{\underset{n=1}{\cup}} A_n \right) \leqslant \overset{\infty}{\underset{n=1}{\sum}} m(A_n)$.

(3) 若 $\{A_n\}$ 是互不相交的, 则 $m \left(\overset{\infty}{\underset{n=1}{\cup}} A_n \right) = \overset{\infty}{\underset{n=1}{\sum}} m(A_n)$.

证明　(1) 令 $A = \overset{\infty}{\underset{n=1}{\cup}} A_n$, 不失一般性, 不妨假设 A 是有界的. (实际上, 若 A 是无界的, 则对于任意 a 和 b, 可以考虑 $A \cap [a, b] = \overset{\infty}{\underset{n=1}{\cup}} (A_n \cap [a, b])$.)

取 $B_1 = A_1$, 对于 $n \geqslant 2$, 令

$$B_n = A_n \backslash \left(\overset{n-1}{\underset{i=1}{\cup}} A_i \right) = A_n \cap \left(\overset{n-1}{\underset{i=1}{\cup}} A_i \right)^C.$$

既然有限个 Lebesgue 可测集的交集、并集和可测集的补集都是 Lebesgue 可测集, 因此, B_n $(n \in \mathbb{N})$ 都是 Lebesgue 可测集. 另外, 容易知道 $\{B_n\}$ 是互不相交的, 并且 $\overset{\infty}{\underset{n=1}{\cup}} B_n = A$. 故

$$\overset{\infty}{\underset{n=1}{\sum}} m(B_n) \leqslant m_*(A) \leqslant m^*(A) \leqslant \overset{\infty}{\underset{n=1}{\sum}} m(B_n).$$

因此, $m_*(A) = m^*(A)$. 由于 A 是有界的, 因此, $A = \overset{\infty}{\underset{n=1}{\cup}} A_n$ 是可测的.

另外, 由于 A_n^C 是可测的, 因此, $\overset{\infty}{\underset{n=1}{\cup}} A_n^C$ 是可测的, 故 $\left(\overset{\infty}{\underset{n=1}{\cup}} A_n^C \right)^C$ 是可测的, 所以, $\overset{\infty}{\underset{n=1}{\cap}} A_n = \left(\overset{\infty}{\underset{n=1}{\cup}} A_n^C \right)^C$ 是可测的.

(2) 由于 A 是有界的可测集, 因此, $m(A) = m^*(A) \leqslant \overset{\infty}{\underset{n=1}{\sum}} m^*(A_n) = \overset{\infty}{\underset{n=1}{\sum}} m(A_n)$.

(3) 若 $\{A_n\}$ 是互不相交的, 则 $m(A) = m_*(A) \geqslant \overset{\infty}{\underset{n=1}{\sum}} m_*(A_n) = \overset{\infty}{\underset{n=1}{\sum}} m(A_n)$. 所以, $m(A) = \overset{\infty}{\underset{n=1}{\sum}} m(A_n)$. ∎

问题 2.3.4　若 $\{E_n\}$ 是 $(-\infty, +\infty)$ 的 Lebesgue 可测集列, 则 $m \left(\underset{n \to \infty}{\underline{\lim}} E_n \right) = \underset{n \to \infty}{\underline{\lim}} m(E_n)$ 和 $m \left(\overline{\underset{n \to \infty}{\lim}} E_n \right) = \overline{\underset{n \to \infty}{\lim}} m(E_n)$ 一定成立吗?

不一定. 根据定义, 有 $\overline{\underset{n \to \infty}{\lim}} E_n = \overset{\infty}{\underset{n=1}{\cap}} \overset{\infty}{\underset{m=n}{\cup}} E_m$, $\underline{\underset{n \to \infty}{\lim}} E_n = \overset{\infty}{\underset{n=1}{\cup}} \overset{\infty}{\underset{m=n}{\cap}} E_m$. 下面来

构造 E_n, 取

$$
E_n = \begin{cases}
\left(-1 - \dfrac{1}{n}, 0\right), & n = 1, 3, 5, \cdots, \\[2mm]
\left[0, 1 + \dfrac{1}{n}\right), & n = 2, 4, 6, \cdots.
\end{cases}
$$

则不难验证 $\varlimsup\limits_{n\to\infty} E_n = [-1, 1]$, 并且 $\varliminf\limits_{n\to\infty} E_n = \bigcup\limits_{n=1}^{\infty} \bigcap\limits_{m=n}^{\infty} E_m = \bigcup\limits_{n=1}^{\infty} \varnothing = \varnothing$. 故 $m\left(\varliminf\limits_{n\to\infty} E_n\right) = 0$ 和 $m\left(\varlimsup\limits_{n\to\infty} E_n\right) = 2$, 但 $\lim\limits_{n\to\infty} m(E_n) = \lim\limits_{n\to\infty}\left(1 + \dfrac{1}{n}\right) = 1$.

问题 2.3.5 若 $\{A_\alpha\}$ 是一列不可数的实数 Lebesgue 可测子集, 则 $m\left(\bigcup\limits_{\alpha\in\Lambda} A_\alpha\right) \leqslant \sum\limits_{\alpha\in\Lambda} m(A_\alpha)$ 成立吗?

不一定. 由于单点集的 Lebesgue 测度为 0, 因此, $\sum\limits_{x\in(-\infty,+\infty)} m(\{x\}) = 0$, 但 $m((-\infty, +\infty)) = \infty$. 因此, $m((-\infty, +\infty)) = m\left(\bigcup\limits_{x\in(-\infty,+\infty)} \{x\}\right) \leqslant \sum\limits_{\alpha\in\Lambda} m(A_\alpha)$ 不成立.

问题 2.3.6 Lebesgue 外测度和 Lebesgue 测度有什么主要差别?

对于实数 $(-\infty, +\infty)$ 的任意子集 A, A 的外测度一定存在, 但由于 A 不一定是可测集, 因此, A 的测度就不一定存在. 另外, 若 A_1 和 A_2 是 Lebesgue 可测集, 并且 $A_1 \cap A_2$ 是空集, 则

$$
m(A_1 \cup A_2) = m(A_1) + m(A_2).
$$

但对于外测度, 就不一定成立. 实际上, 可以证明存在 A_1 和 A_2 是实数 $(-\infty, +\infty)$ 的子集, 并且 $A_1 \cap A_2$ 是空集, 满足

$$
m^*(A_1 \cup A_2) < m^*(A_1) + m^*(A_2).
$$

6. Lebesgue 可测集构成的 σ-代数

用 $\mathscr{M}$ 记所有 Lebesgue 可测集构成的集合, 则容易知道所有的开集、闭集等都属于 $\mathscr{M}$. 不难验证 $\mathscr{M}$ 是一个 σ-代数.

定理 2.3.4 若 $\mathscr{M}$ 是所有 Lebesgue 可测集构成的集合, 则 $\mathscr{M}$ 是一个 σ-代数, 并且

(1) 若 $A \in \mathscr{M}$, 则 $A^C \in \mathscr{M}$.

(2) 空集和 $(-\infty, +\infty)$ 都属于 $\mathscr{M}$.

(3) 若 $A_n \in \mathscr{M}, n = 1, 2, \cdots$, 则 $\bigcup\limits_{n=1}^{\infty} A_n \in \mathscr{M}, \bigcap\limits_{n=1}^{\infty} A_n \in \mathscr{M}$.

(4) 任意区间 I 都属于 $\mathscr{M}$, 并且 $m(I)$ 就是区间的长度.

(5) 若 $A \in \mathscr{M}$, 则对于任意 $x \in (-\infty, +\infty)$, 有 $A + x \in \mathscr{M}$, 并且 $m(A + x) = m(A)$.

上面定理说明: 若 A 是 Lebesgue 可测集, 则对于任意 $x \in (-\infty, +\infty), A + x$ 也是 Lebesgue 可测集, 并且 $m(A + x) = m(A)$. **这个性质称为 Lebesgue 测度的平移不变性**. 平移不变性是建立调和分析的基础. 实际上, 不难证明下面结论成立.

定理 2.3.5   对于任意实数集 $A \subseteq (-\infty, +\infty)$, 有 $m^*(A + x) = m^*(A)$ 对于任意 $x \in (-\infty, +\infty)$ 都成立.

若子集 A 可以写成可数个开集的交集, 则称 A 是 G_δ 型集. 由于开集是 Lebesgue 可测集, 因此, **容易证明 G_δ 型集一定是 Lebesgue 可测集**.

若子集 A 可以写成可数个闭集的并集, 则称 A 是 F_σ 型集. 由于闭集是 Lebesgue 可测集, Lebesgue 可测集全体 $\mathscr{M}$ 是一个 σ-代数, 因此, **F_σ 型集一定是 Lebesgue 可测集.**

问题 2.3.7   实数单点集 $\{x_0\}$ 是 Lebesgue 可测集吗?

是的. 由于 $I_n = \left(x_0 - \dfrac{1}{n}, x_0 + \dfrac{1}{n}\right)$ 都是 Lebesgue 可测集, Lebesgue 可测集全体 $\mathscr{M}$ 是一个 σ-代数, 因此, $\{x_0\} = \bigcap\limits_{n=1}^{\infty} I_n$ 是 Lebesgue 可测集.

问题 2.3.8   实数可数集一定是 Lebesgue 可测集吗?

是的. 容易知道可数集可以写成可数个单点集的并集.

由于 $(-\infty, +\infty)$ 上的所有单点集都是 Lebesgue 可测集, 因此, $\mathscr{M}$ 的基数大于等于 $\aleph$.

问题 2.3.9 $(-\infty, +\infty)$ 的所有子集都是 Lebesgue 可测集吗?

不是. 存在 $(-\infty, +\infty)$ 的子集不是 Lebesgue 可测集. 实际上, 可以证明, 若 A 是实数的测度大于 0 的 Lebesgue 可测集, 则 A 一定有子集不是 Lebesgue 可测的.

* 扩展阅读: 无穷维的 Banach 空间上的平移不变测度

可以证明, 在有限维线性空间 X 中, 对一切平移都不变的正则测度一定是 Lebesgue 测度乘以一个常数因子, 调和分析就是建立在 Lebesgue 测度这种平移不变性上的. 但是无穷维 Banach 空间无法建立类似的平移不变测度理论的, 可以证明无穷维的 Hilbert 空间上的平移不变测度使得任意球都是可测集, 则很多球的测度一定是 0 或者无穷大. 因此, Hilbert 空间上是不可能存在性质较好的平移不变测度的.

命题 2.3.1   设 X 是无穷维的可分 Banach 空间, 则 X 上任意具有平移不变性的 Lebesgue 测度 m, 要么对于每个开集 U, 都有 $m(U) = +\infty$; 要么, 对于每个开集 U, 都有 $m(U) = 0$.

证明 (1) 先证明在任意开球 $U(x,r)$ 内, 一定包含无穷多个互不相交的开球 $U(x_i,s)$, 这里半径 s 是比 r 还小的某个固定数.

根据 Riesz 引理, 对于任意给定的 X 的真闭子空间 E, 存在 $\|x\|=1$, 使得 $d(x,E)>\dfrac{1}{2}$. 不失一般性, 不妨考虑以 0 为球心, 2 为半径的开球 $U(0,2)$, 利用归纳法, 可以找到 $x_1,x_2,\cdots$, 满足 $E_n=\mathrm{span}\{x_1,x_2,\cdots,x_n\}$. 由 Riesz 引理存在 $\|x_{n+1}\|=1$, 使得 $d(x_{n+1},E_n)>\dfrac{1}{2}$. 故对于 $i\leqslant n$, 都有 $d(x_{n+1},x_i)>\dfrac{1}{2}$. 这样就可以找到序列 $\{x_n\}$, 满足 $\|x_i-x_j\|>\dfrac{1}{2}$ 对任意 $i\neq j$ 都成立. 从而, 开球 $U\left(x_i,\dfrac{1}{4}\right)$ 是互不相交的, 并且包含在 $U(0,2)$ 内.

(2) 既然每个开球 $U(x,r)$ 内, 一定包含无穷多个互不相交的开球 $U(x_i,s)$, 而且 Lebesgue 测度 m 具有平移不变性, 因此, 每个小球的测度都相等. 假如 $m(U(x_i,s))>0$, 则 $m(B(x,r))=+\infty$. 假如 $m(U(x_i,s))=0$, 则由 X 的可分性可知 X 可由可列个半径为 s 的小球覆盖, 因此, X 的测度是 0. 所以, 每个开球的测度一定是 0. ∎

* 扩展阅读: 如何构造一个 Lebesgue 不可测的子集?

Vitali 在 1905 年第一次证明了 Lebesgue 不可测的子集的存在.

构造思路 在实数集 $(-\infty,+\infty)$ 上构造一个集合 E, 对于任意有理数 $q_n\in\mathbb{Q}$, 记 $E_n=E+q_n$, 若 E 具有下面性质:

(1) $\bigcup\limits_{n=1}^{\infty}E_n$ 包含某个区间, 如 $[0,1]$.

(2) $\{E_n\}$ 是互不相交的子集, 并且 $\bigcup\limits_{n=1}^{\infty}E_n$ 是有界的, 如 $\bigcup\limits_{n=1}^{\infty}E_n\subseteq[-1,2]$, 则可以证明 E 不是 Lebesgue 可测集.

实际上, 假如 E 是 Lebesgue 可测的, 则每个 E_n 都是 Lebesgue 可测集, 并且 $m(E_n)=m(E)$, 故

$$m\left(\bigcup\limits_{n=1}^{\infty}E_n\right)=\sum_{n=1}^{\infty}m(E_n).$$

由 $\bigcup\limits_{n=1}^{\infty}E_n$ 包含区间 $[0,1]$ 可知 $m\left(\bigcup\limits_{n=1}^{\infty}E_n\right)\geqslant 1$, 另外, 由 $\bigcup\limits_{n=1}^{\infty}E_n\subseteq[-1,2]$ 可知 $m\left(\bigcup\limits_{n=1}^{\infty}E_n\right)\leqslant 3$, 从而

$$1\leqslant\sum_{n=1}^{\infty}m(E_n)\leqslant 3.$$

既然每个 $m(E_n)$ 都等于固定的 $m(E)$, 因此, 这是不可能的.

构造方法 设 $X=[0,1]$, 按照下面的方法建立一种等价关系 $\sim$:

对于 $x_1,x_2\in X, x_1\sim x_2$ 当且仅当 $x_1-x_2\in\mathbb{Q}$, 根据这个等价关系, 可以将 X 做一个划分, 即 $X=\bigcup\limits_{n=1}^{\infty}\{[x]\mid x\in X\}$, 这里 $[x]=\{y\in X\mid x\sim y\}$ 是所有 X 中

与 x 等价的元素. 利用选择公理, 可以构造集合 E, 它刚好由每个等价类中的一个元素构成, 则 E 就是 Lebesgue 不可测集.

不可测的原因

(1) 对于任意有理数 $q_n \in \mathbb{Q}$, 令 $E_n = E + q_n$, 则 $\{E_n\}$ 是互不相交的.

实际上, 假如存在某个 $q_1 \neq q_2$, 满足 $s \in (E+q_1) \cap (E+q_2)$, 则存在 $y, z \in E$, 使得 $y + q_1 = z + q_2$, 故 $y - z = q_2 - q_1$ 是有理数, 但这与 y 和 z 属于不同的等价类矛盾, 所以, $\{E_n\}$ 是互不相交的.

(2) $[0,1] \subseteq \bigcup\limits_{n=1}^{\infty} E_n$.

这是由于对于任意 $x \in [0,1]$, 有 $x_0 \in [x_0]$. 若 $E \cap [x_0] = \{z_0\}$, 则意味着 $r_0 = x_0 - z_0 \in \mathbb{Q}$, 因此, $x_0 \in E + r_0$, 所以, $x_0 \subseteq \bigcup\limits_{n=1}^{\infty} E_n$.

(3) 明显地, 有 $\bigcup\limits_{n=1}^{\infty} E_n \subseteq [-1, 2]$.

综合上述, 由构造思路可知, E 不是 Lebesgue 可测集.　■

7. Lebesgue 可测的 Carathéodory 条件

Carathéodory(1873—1950)

对于可测集, 也可以利用 Carathéodory 条件来定义, 这样的好处是不用内测度就可以讨论可测集了.

Carathéodory(卡拉泰奥多里) 是希腊数学家, 1873 年 9 月 13 日生于柏林, 1875 年随父到比利时, 1891—1895 年在比利时军事学校学习, 毕业后被英政府聘为艾斯尤特水坝助理工程师. 1900 年到柏林学习数学, 1902 年到哥廷根, 在 Hermann Minkowski (闵科夫斯基) 指导下于 1904 年取得 Göttingen 大学的博士学位, 博士论文题目是 *über die diskontinuierlichen Lösungen in der Variationsrechnung.*

后来, Carathéodory 先后在哥廷根、波恩、汉诺威、布雷斯劳、柏林等地任教. 1920 年他被希腊政府召回到士麦那 (Smyrna) 筹建 Ionian 大学, 并成为新大学的数学教授. 1922 年 9 月土耳其攻击了士麦那, 他将学校图书馆移至雅典, 并在雅典大学任教. 1924 年应邀到慕尼黑大学接替退休的 Lindemann 任教授. 1928 年成为 *American Mathematical Society* 的客座讲师 (visiting lecturer), Carathéodory 在数学上作出了多方面的贡献. 他发展了变分法、测度论、实变函数论等. 他出版了许多很好的书, 如 *Lectures on Real Functions* (1918), *Conformal Representation* (1932), *Calculus of Variations and Partial Differential Equations* (1935), *Geometric Optics* (1937), *Real Functions Vol. 1: Numbers, Point Sets, Functions* (1939) 等.

定义 2.3.8 设 A 为实数集, 对于任意子集 T, 条件

$$m^*(T \cap A) + m^*(T \cap A^C) = m^*(T)$$

为 Carathéodory 条件, 这里的 T 称为试验集 (test set).

直观上来看, Carathéodory 条件是什么呢? 实际上就是 $m^*(T \cap A) = m^*(T) - m^*(T \setminus A)$.

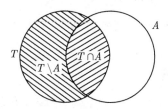

Carathéodory 这个想法的依据是性质 2.3.11, 即 A 是 Lebesgue 可测集的充要条件为对于任意有界区间 $[a, b]$, 都有 $m^*([a, b]) = m^*([a, b] \cap A) + m^*([a, b] \cap A^C)$.

定理 2.3.6 设 A 为实数集, 则 A 是 Lebesgue 可测集当且仅当对于任意子集 T, Carathéodory 条件

$$m^*(T \cap A) + m^*(T \cap A^C) = m^*(T)$$

成立.

实际上, 设 A 为实数集, 若对于任意子集 T, 由于 $T = (A \cap T) \cup (A^C \cap T)$, 因此, 由外测度的次可加性可知

$$m^*(T) \leqslant m^*(A \cap T) + m^*(A^C \cap T).$$

故 Carathéodory 条件成立等价于

$$m^*(A \cap T) + m^*(A^C \cap T) \leqslant m^*(T).$$

证明 若集合 A 满足对于任意 T 都有

$$m^*(A \cap T) + m^*(A^C \cap T) = m^*(T).$$

令 $T = [a, b]$, 则

$$m^*(A \cap [a, b]) + m^*(A^C \cap [a, b]) = m^*([a, b]) = b - a.$$

所以, A 是 Lebesgue 可测集.

反过来, 设 A 是 Lebesgue 可测集, 对于任意 T, 若 $m^*(T) = \infty$, 则明显地, 有

$$m^*(A \cap T) + m^*(A^C \cap T) \leqslant m^*(T) = \infty.$$

故结论成立.

若 $m^*(T) < \infty$, 则对于任意 $\varepsilon > 0$, 存在开集 $U, T \subseteq U$, 使得 $m(U) < m^*(T)+\varepsilon$. 由于 A 和 U 都是 Lebesgue 可测集, 因此, $A \cap U$ 和 $A^C \cap U$ 都是 Lebesgue 可测集, 并且 $U = (A \cap U) \cup (A^C \cap U)$. 另外, $A \cap U \supseteq A \cap T$ 和 $A^C \cap U \supseteq A^C \cap T$. 故

$$m^*(T) \leqslant m^*(A \cap T) + m^*(A^C \cap T) \leqslant m^*(A \cap U) + m^*(A^C \cap U)$$

$$= m(A \cap U) + m(A^C \cap U) = m(U) < m^*(T)+\varepsilon.$$

因为上面不等式对于任意的 $\varepsilon > 0$ 都成立, 所以, $m^*(A \cap T) + m^*(A^C \cap T) = m^*(T)$. ■

8. $\mathbb{R}^n$ 的 Lebesgue 可测集

在 $\mathbb{R}^n$ 中, 称 $I = \{(x_1, x_2, \cdots, x_n) \mid a_k < x_k < b_k, k = 1, 2, \cdots, n\}$ 为开矩体. 记 $|I| = (b_1 - a_1)(b_2 - a_2) \cdots (b_n - a_n)$, 当 $n = 1$ 时, $|I|$ 就是区间 (a_1, b_1) 的长度. 当 $n = 2$ 时, $|I|$ 就是矩形 $(a_1, b_1) \times (a_2, b_2)$ 的面积. 对于 $n \geqslant 3$, 一般称 $|I|$ 为 I 的体积.

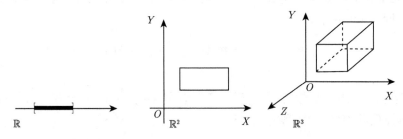

为了考虑 $\mathbb{R}^n$ 子集的测度, 类似于实数集的外测度, 可以引入外测度的定义.

定义 2.3.9 设 E 是 $\mathbb{R}^n$ 的子集, 称 $m^*(E) = \inf \left\{ \sum\limits_{k=1}^{\infty} |I_k| \,\middle|\, I_k \text{ 是可数个开矩体},\right.$ 并且它们的并集包含 $E \Big\}$ 为 E 的 Lebesgue 外测度, 记 E 的 Lebesgue 外测度为 $m^*(E)$.

容易验证, 开矩体的 Lebesgue 外测度等于它的体积. 不难证明, $\mathbb{R}^n$ 的 Lebesgue 外测度与 $\mathbb{R}$ 的 Lebesgue 外测度一样, 都具有非负性、单调性和次可加性.

例 2.3.5 设 $E = \{(x, 1) \mid x \in \mathbb{R}, x \geqslant 0\}$ 为 $\mathbb{R}^2$ 的直线段, 则对于 $E_n = \{(x, 1) \mid x \in [n-1, n)\}$, 有 $E = \bigcup\limits_{n=1}^{\infty} E_n$. 容易知道 $m^*(E_n) = 0$, 故 $m^*(E) \leqslant \sum\limits_{n=1}^{\infty} m^*(E_n) = 0$.

从上面例子容易知道, $\mathbb{R}^2$ 中的任意直线的 Lebesgue 外测度等于 0.

定义 2.3.10 设 E 是 $\mathbb{R}^n$ 的子集, 若对于任意子集 T, 有

$$m^*(T \cap E) + m^*(T \cap E^C) = m^*(T),$$

则称 E 是 Lebesgue 可测集, 记 E 的 Lebesgue 测度为 $m(E)$, 则 $m(E) = m^*(E)$.

下面结论是判别一个子集是不是 Lebesgue 可测集的比较简明的办法.

性质 2.3.13 $\mathbb{R}^n$ 的子集 E 是 Lebesgue 可测集当且仅当对于任意 $A \subseteq E$ 和 $B \subseteq E^C$, 有

$$m^*(A \cup B) = m^*(A) + m^*(B).$$

证明 (1) 若 E 是 Lebesgue 可测集, 则对于任意子集 T, 有

$$m^*(T \cap E) + m^*(T \cap E^C) = m^*(T).$$

令 $T = A \cup B$, 则

$$
\begin{aligned}
m^*(T) &= m^*(A \cup B) \\
&= m^*((A \cup B) \cap E) + m^*((A \cup B) \cap E^C) \\
&= m^*(A) + m^*(B).
\end{aligned}
$$

(2) 反过来, 若对于任意 $A \subseteq E$ 和 $B \subseteq E^C$, 有 $m^*(A \cup B) = m^*(A) + m^*(B)$, 则对于任意子集 T, 令 $A = T \cap E, B = T \cap E^C$, 故

$$
\begin{aligned}
m^*(T) &= m^*(A \cup B) = m^*(A) + m^*(B) \\
&= m^*(T \cap E) + m^*(T \cap E^C).
\end{aligned}
$$

所以, E 是 Lebesgue 可测集. ∎

类似于实数集的 Lebesgue 可测, 由于 $m^*(T) = m^*((T \cap E) \cup (T \cap E^C)) \leqslant m^*(T \cap E) + m^*(T \cap E^C)$, 因此可以证明下面性质成立.

性质 2.3.14 (1) 设 E 是 $\mathbb{R}^n$ 的子集, 则 E 是 Lebesgue 可测集的充要条件为对于任意子集 T, 有 $m^*(T \cap E) + m^*(T \cap E^C) \leqslant m^*(T)$.

(2) 设 E 是 $\mathbb{R}^n$ 的子集, 则 E 是 Lebesgue 可测集的充要条件为对于任意开矩体 I, 有 $m^*(I \cap E) + m^*(I \cap E^C) \leqslant |I|$.

$\mathbb{R}^n$ 的所有 Lebesgue 可测集全体 $\mathscr{M}$ 构成了一个 σ-代数. 因此, 若 $E_1, E_2 \in \mathscr{M}$, 则 $E_1 \cup E_2, {}_1 \cap E_2, E_1 \backslash E_2, E_1^C \in \mathscr{M}$, 并且对于 $E_i \in \mathscr{M}$, 有 $\overset{\infty}{\underset{i=1}{\cup}} E_i \in \mathscr{M}$. 若它们是互不相交的, 则 $m\left(\overset{\infty}{\underset{i=1}{\cup}} E_i\right) = \overset{\infty}{\underset{i=1}{\sum}} m(E_i)$.

$\mathbb{R}^n$ **的子集 E 是 Lebesgue 可测集的证明技巧与 $\mathbb{R}$ 的子集 E 是 Lebesgue 可测集是类似的**, 因此, 可以证明下面结论都成立.

性质 2.3.15 $\mathbb{R}^n$ 的子集 E 是 Lebesgue 可测集当且仅当下列条件之一成立:

(1) 对于任意 $\varepsilon > 0$, 存在开集 G, 使得 $G \supseteq E$, 并且 $m(G \backslash E) < \varepsilon$;

(2) 对于任意 $\varepsilon > 0$, 存在闭集 F, 使得 $F \subseteq E$, 并且 $m(E \backslash F) < \varepsilon$.

性质 2.3.16　$\mathbb{R}^n$ 的子集 E 是 Lebesgue 可测集当且仅当下列条件之一成立:

(1) 存在 G_δ 型集 H, 使得 $H \supseteq E$, 并且 $m(H \backslash E) = 0$;

(2) 存在 F_σ 型集 K, 使得 $E \supseteq K$, 并且 $m(E \backslash K) = 0$.

证明　(1) 由于对于任意 $\varepsilon_n = \dfrac{1}{n} > 0$, 存在开集 G_n, 使得 $G_n \supseteq E$, 并且 $m(G_n \backslash E) < \varepsilon_n$, 令 $H = \bigcap\limits_{n=1}^{\infty} G_n$, 则 H 是 G_δ 型集, 并且 $m(H \backslash E) < \dfrac{1}{n}$ 对任意 n 都成立, 所以, $m(H \backslash E) = 0$. 反过来, 若 $m(H \backslash E) = 0$, 则 $H \cap E^C$ 是可测集, 因此, $H^C \cup E$ 是可测集, 故由 G_δ 型集 H 是可测集可知 H^C 是可测集, 所以, $E = (H^C \cup E) \backslash H^C$ 是可测集.

(2) 由于对于任意 $\varepsilon_n = \dfrac{1}{n} > 0$, 存在闭集 F_n, 使得 $E \supseteq F_n$, 并且 $m(E \backslash F_n) < \varepsilon_n$, 令 $K = \bigcup\limits_{n=1}^{\infty} G_n$, 则 K 是 F_σ 型集, 并且 $m(E \backslash K) < \dfrac{1}{n}$ 对任意 n 都成立, 所以, $m(E \backslash K) = 0$. 反过来, 若 $m(E \backslash K) = 0$, 则 $E \backslash K$ 是可测集. 由 F_σ 型集 K 是可测集可知 $E = (E \backslash K) \cup K$ 一定是可测集. ∎

由于 G_δ 型集和 F_σ 型集都是 Borel 集, 因此, **任何 Lebesgue 测度集都是一个 Borel 集和一个 Lebesgue 零测集的并集**. 实际上, Borel 就说过 Lebesgue 的贡献只不过在于引入了零测集, 但 Lebesgue 对 Borel 的这一说法很伤心, 两个人的关系也因此不和.

可以证明, 若 E 和 F 都是实数集 $\mathbb{R}$ 的 Lebesgue 可测子集, 则 E 和 F 的笛卡儿乘积 $E \times F = \{(x, y) \mid x \in E, F \in F\}$ 一定是 $\mathbb{R}^2$ 的 Lebesgue 可测集, 并且 $m(E \times F) = m(E) \cdot m(F)$. 另外, 若 E 是 $\mathbb{R}^2$ 的可测集, 则存在 $\mathbb{R}$ 的子集 $E_0, m(E_0) = 0$, 并且对于任意 $x_0 \in \mathbb{R} \backslash E_0, E$ 在 x_0 处的截口 $E_{x_0} = \{y \mid (x_0, y) \in E\}$ 都是 $\mathbb{R}$ 的可测集, 即几乎对于所有的 x_0, E_{x_0} 都是 $\mathbb{R}$ 的可测集. 不过 Sierpínski 在 $\mathbb{R}^2$ 上构造了一个子集 E, 它在任意 x 处的截口和在任意 y 的截口都是可测的, 但 E 不是 $\mathbb{R}^2$ 的可测集.

问题 2.3.10　$\mathbb{R}^2$ 存在 Lebesgue 不可测集吗?

是的. 前面已经知道 $\mathbb{R}$ 存在 Lebesgue 不可测集 E, 可以验证, 若 E 是 $\mathbb{R}$ 的 Lebesgue 不可测集, 则集合 $F = \{(x, y) \mid x \in E, y \in (0, 1)\}$ 是 $\mathbb{R}^2$ 的 Lebesgue 不可测集.

* 扩展阅读: Jordan 测度是什么?

Jordan(若尔当) 于 1892 年在 $\mathbb{R}$ 中发展了 Peano 可测集的概念, Peano 定义外测度时要用多边形去覆盖点集, 他规范为用有限个开区间去覆盖. Jordan 的改进使测度概念前进了一大步, 蕴涵了 Lebesgue 测度的萌芽, 但仍有明显的缺点. Jordan 测度具有有限可加性导致有些看起来很简单的点集也不是 Jordan 可测的. 如记

[0, 1] 中所有的有理数为 E, 容易知道 E 的 Jordan 内测度为 0, 但外测度为 1, 因此 E 不是 Jordan 可测集. Jordan 测度只能适合于 Riemann 积分. Jordan 可测集是 Jordan 在 1892 年引进的.

定义 2.3.11 设 E 是实数 $(-\infty, +\infty)$ 的子集, 称

$$J^*(E) = \inf \left\{ \sum_{i=1}^{n} |I_i| \;\middle|\; E \subseteq \bigcup_{i=1}^{n} I_i \right\}$$

为 E 的 **Jordan 外测度**或 **Jordan 外容量** (outer Jordan measure, outer Jordan content), 这里 $\{I_i\}$ 为覆盖 E 的开区间, 即 $E \subseteq \bigcup_{i=1}^{n} I_i$.

$$J_*(E) = \sup \left\{ \sum_{i=1}^{n} |I_i| \;\middle|\; E \supseteq \bigcup_{i=1}^{n} I_i \right\}$$

称为 E 的 **Jordan 内测度**或 **Jordan 内容量** (inner Jordan measure, inner Jordan content), 这里 $E \supseteq \bigcup_{i=1}^{n} I_i$.

若 $J^*(E) = J_*(E)$, 则称 E 是 **Jordan 可测的** (Jordan measurable).

容易验证, 对于 $-\infty < a < b < +\infty$, 开区间 (a, b) 和闭区间 $[a, b]$ 都是 Jordan 可测的, 并且 $J((a, b)) = J([a, b]) = b - a$.

性质 2.3.17 对于任意实数子集 E, 都有 $J^*(E) = J^*(\overline{E})$, 这里 $\overline{E}$ 是 E 的闭包.

证明 既然 $E \subseteq \overline{E}$, 因此, 若开区间 $\{I_i \,|\, i = 1, 2, \cdots, n\}$ 覆盖 $\overline{E}$, 则它一定覆盖 E, 因此, $J^*(\overline{E}) \geqslant J^*(E)$.

反过来, 若开区间 $\{I_i \,|\, i = 1, 2, \cdots, n\}$ 覆盖 E, 则闭区间 $\{\overline{I}_i \,|\, i = 1, 2, \cdots, n\}$ 覆盖 $\overline{E}$, 按照 J^* 的定义, 容易验证, $J^*(\overline{E}) \leqslant \sum_{i=1}^{n} |\overline{I}_i| = \sum_{i=1}^{n} |I_i|$, 故 $J^*(\overline{E}) \leqslant J^*(E)$. 所以, $J^*(E) = J^*(\overline{E})$. ■

问题 2.3.11 Jordan 测度具有次可列可加性吗?

没有. 设 $E = \{q_1, q_2, \cdots, q_n, \cdots\}$ 为 $[0, 1]$ 中所有的有理数, 则 E 在 $[0, 1]$ 稠密, 即 $\overline{E} = [0, 1]$, 故 $J^*(E) = J^*(\overline{E}) = J^*([0, 1]) = 1$. 但对于每个有理数 $\{q_n\}$, 有 $J^*(\{q_n\}) = 0$, 因此, $J^*(E) \leqslant \sum_{n=1}^{\infty} J^*(\{q_n\})$ 不成立.

问题 2.3.12 $[0, 1]$ 中所有的有理数 E 是 Jordan 测度集吗?

不是. 容易知道 $J^*(E) = 1$, 但 $J_*(E) = 0$, 所以, E 不是 Jordan 测度集.

对于 Jordan 测度, 还有下面结论成立.

性质 2.3.18 对于 Jordan 外测度, 下面结论成立:

(1) $J^*(\varnothing) = 0$.

(2) 对任意区间 I, 有 $J^*(I) = |I|$, 这里 $|I|$ 是区间的长度.

(3) 对于任意实数子集 E, 都有 $J^*(E) \geqslant m^*(E)$.

(4) 对于任意实数有界闭集 E, 都有 $J^*(E) = m^*(E)$.

(5) 对于任意实数子集 E 和实数 a, 都有 $J^*(E) = m^*(E+a)$.

(6) 若 $E \subseteq F$, 则 $J^*(E) \leqslant J^*(F)$.

(7) 若 E 与 F 不相交, 则 $J^*(E \cup F) = J^*(E) + J^*(F)$.

(8) 对于任意有限个 $\{E_n\}$, 都有 $J^*\left(\bigcup\limits_{i=1}^{n} E_i\right) \leqslant \sum\limits_{i=1}^{n} J^*(E_i)$.

* 扩展阅读: Borel 测度是什么?

Borel 从区间的长度出发, 考虑了区间的可数个并集和它们的补集, 然后考虑新得到的集合的可数个并集和补集, 如此继续, 最终得到现在称为 Borel 集的集类, 他认为可以在 Borel 集类上构造出一个完全可加的测度, 不过他并没有完全建立这样的测度. Borel 利用 Cantor 证明的开集构造定理, 将开集的测度定义为该开集的所有构成区间的长度之和, 并且可数个不相交的可测集的并集的测度为各个可测集的测度的和.

设 X 是一个拓扑空间, 若 X 的每个点都有一个紧的邻域, 则称 X 是局部紧的拓扑空间. X 是 Hausdorff 空间是指拓扑空间 X 的任意两个不同点 x 和 y 都一定有两个邻域 U_x 和 U_y, 使得 $x \in U_x, y \in U_y$, 并且 U_x 和 U_y 不相交.

定义 2.3.12　设 X 是局部紧的 Hausdorff 空间, $\mathcal{B}(X)$ 是包含 X 所有开集的最小的 σ-代数, 此时 $\mathcal{B}(X)$ 也称为 Borel 集生成的 σ-代数. 若 μ 是定义在 $\mathcal{B}(X)$ 上的一个测度, 则称 μ 是一个 Borel 测度. 有时候, 会要求对于 X 的任意紧集 C, 都有 $\mu(C) < \infty$.

由于实数 $\mathbb{R}$ 在一般的拓扑下是一个局部紧的 Hausdorff 空间, 因此, 可以在 $\mathbb{R}$ 上考虑 Borel 测度. 一般来说, $\mathbb{R}$ 上的 Borel 测度是指满足上面定义外, 还满足 $\mu((a,b]) = b - a$ 的测度.

容易知道, $\mathbb{R}$ 上的 Lebesgue 测度就是 Borel 测度的扩展. 不过, 它们的差异在于 Lebesgue 测度是完备的, 即若 A 的 Lebesgue 测度等于 0, 则 A 的任意子集都是 Lebesgue 可测的, 但 Borel 测度不具备这种性质.

* 扩展阅读: 测度论在其他数学学科的应用

在概率统计中测度论有着非常广泛的应用, 如果把事件看成一个集合, 那么事件发生的概率就是一种测度, 这种测度就被称作概率测度, 测度论使得离散和连续的概率分布得到了统一. 在抽象代数, 特别是连续群的研究中, Haar 引入了 Haar 测度, Haar 测度马上就被 Neumann 用来解决紧群情形的 Hilbert 第五问题, Haar 测度是拓扑群研究中的基本工具. Wiener 还在物理中引入了 Wiener 测度, 用来研究布朗运动.

什么是 Haar 测度呢? 可以先回顾一下群和拓扑群的概念.

若集合 G 具有乘法运算, 满足下面条件:

(1) 对于任意 $a, b, c \in G$, 都有 $(ab)c = a(bc)$. (结合律)

(2) 存在 $e \in G$, 使得对于所有 $a \in G$, 都有 $ea = ae = a$. (存在单位元)

(3) 对于任意 $a \in G$, 都存在 $a^{-1} \in G$, 使得 $aa^{-1} = a^{-1}a = e$, (逆元的存在性)

则称 G 是一个群.

若群 G 具有一个拓扑 τ, 使得 G 的乘法运算 $(a, b) \mapsto ab$ 和逆运算 $a \mapsto a^{-1}$ 都在拓扑 τ 下是连续的, 则称 (G, τ) 是一个拓扑群.

定义 2.3.13 设 G 是一个拓扑群, Σ 是包含 G 的所有 Borel 集的 σ-代数. 若 $\mu : \Sigma \to [0, \infty)$ 是 G 上的一个测度, 满足

(1) $\mu(G) = 1$;

(2) $\mu(aS) = \mu(S)$ 对所有的 $a \in G$ 和 $S \in \Sigma$ 都成立, 这里 $aS = \{ab \mid b \in S\}$,

则称 μ 为 G 上的 Haar 测度.

9. Lebesgue 可测的解题技巧

例题 2.3.4 若 A 是实数的开子集, 并且 A 的 Lebesgue 测度是 0, 试证明 A 一定是空集.

证明 反证法. 假如 A 不是空集, 由于开集可以写成构成区间的并集, 因此, 存在某个 $x_0 \in (\alpha, \beta) \subseteq A$, 这里 (α, β) 是 A 的一个构成区间, 故 A 的 Lebesgue 测度大于等于 $\beta - \alpha > 0$, 矛盾. 所以, A 一定是空集. ∎

例题 2.3.5 若 A 是 Lebesgue 测度大于 0 的有界实数集, 试证明一定存在 $x, y \in A$, 使得 $x \neq y$, 并且 $x - y$ 是有理数.

证明 反证法. 记 $[0, 1]$ 中的有理数全体为 $\{q_n \mid n \in \mathbb{N}\}$, $A_n = A + q_n$. 假如不存在 $x, y \in A$, 使得 $x \neq y$, 并且 $x - y \in \mathbb{Q}$, 则 A_n 一定是互不相交的. 实际上, 若存在 $m \neq n$, 使得 $A_m \cap A_n \neq \varnothing$, 则存在 $x, y \in A$, 满足 $x + q_m = y + q_n$, 故 $x - y = q_n - q_m$ 是有理数, 与假设矛盾.

由于 A_n 互不相交, 因此, $m\left(\bigcup\limits_{n=1}^{\infty} A_n\right) = \sum\limits_{n=1}^{\infty} m(A_n) = \sum\limits_{n=1}^{\infty} m(A) = +\infty$. 由 A 是有界集可知, 存在区间 $[a, b]$, 使得对于任意 n, 都有 $A_n = A + q_n \subseteq [a, b] + 1 \subseteq [a, b+1]$, 故 $\bigcup\limits_{n=1}^{\infty} A_n \subseteq [a, b+1]$, 因而, $m\left(\bigcup\limits_{n=1}^{\infty} A_n\right) \leqslant b + 1 - a$, 但这与 $m\left(\bigcup\limits_{n=1}^{\infty} A_n\right) = +\infty$ 矛盾, 由反证法原理可知结论成立. ∎

例题 2.3.6 对于任意 $\varepsilon > 0$, 试构造 $[0, 1]$ 内的开集 U, 使得 U 的闭包等于 $[0, 1]$, 并且 $m(U) \leqslant \varepsilon$.

解 将 $(0, 1)$ 内的所有有理数记为 $\{q_n\}$, 对于任意 $\varepsilon > 0$, 作开区间 $I_n =$

$\left(q_n - \dfrac{\varepsilon}{2^{n+1}}, q_n + \dfrac{\varepsilon}{2^{n+1}}\right) \cap (0,1)$, 容易知道 $I_n \subseteq (0,1)$. 令 $U = \bigcup\limits_{n=1}^{\infty} I_n$, 则

$$m(U) \leqslant \sum_{n=1}^{\infty} m(I_n) \leqslant \sum_{n=1}^{\infty} \frac{\varepsilon}{2^n} = \varepsilon.$$

由于 $U \subseteq [0,1]$, 因此, 明显地有 U 的闭包 $\overline{U} \subseteq [0,1]$. 另外, 由 U 包含所有 $(0,1)$ 内的有理数可知, $\overline{U} \supseteq [0,1]$. 所以, $\overline{U} = [0,1]$. ■

上面例子说明, 对于可测集 E, E 的闭包的测度不一定等于 E 的测度, 有时候可以相差很大.

例题 2.3.7　试证明在 $[0,1]$ 的所有无理数中存在一个不可数的闭子集 F.

证明　将 $(0,1)$ 内的所有有理数记为 $\{q_n\}$, 对于任意 $\varepsilon > 0$, 作开区间 $I_n = \left(q_n - \dfrac{\varepsilon_n}{2^n}, q_n + \dfrac{\varepsilon_n}{2^n}\right) \subseteq (0,1)$, 这里 ε_n 取小于 $\dfrac{\varepsilon}{2}$, 并保证 $I_n \subseteq (0,1)$. 令 $U = \bigcup\limits_{n=1}^{\infty} I_n$, 则 $F = [0,1] \backslash U$ 是闭集, 并且 $F = [0,1] \backslash U \subseteq [0,1] \backslash \{q_1, q_2, \cdots, q_n, \cdots\} = H$, 明显地 H 是 $[0,1]$ 中的所有无理数.

另外, 由 $F = [0,1] \backslash U$ 可知, $m(F) = m([0,1]) - m(U) = 1 - m(U) \geqslant 1 - \sum\limits_{n=1}^{\infty} \dfrac{2\varepsilon}{2^{n+1}} = 1 - \varepsilon > 0$. 因为, 可数集的 Lebesgue 测度为 0, 所以, F 是不可数集, 并且是闭集. ■

例题 2.3.8　试构造一个闭集 $F \subseteq [0,1]$, 使得 F 不包含任何开区间, 并且 F 的 Lebesgue 测度为 $\dfrac{1}{2}$.

解　(1) 在区间 $[0,1]$ 的中间挖去长度为 $\dfrac{1}{4}$ 的开区间 $\left(\dfrac{3}{8}, \dfrac{5}{8}\right)$.

(2) 在剩下的区间的中间挖去长度为 $\dfrac{1}{4^2}$ 的开区间 $\left(\dfrac{5}{32}, \dfrac{7}{32}\right)$ 和 $\left(\dfrac{25}{32}, \dfrac{27}{32}\right)$.

(3) 一般地, 第 n 次, 在剩下的区间的中间挖去长度为 $\dfrac{1}{4^n}$ 的开区间, 一共有 2^{n-1} 个开区间.

(4) 这样继续下去, 就可以得到一列开区间, 它们的并集为

$$U = \left(\frac{3}{8}, \frac{5}{8}\right) \cup \left(\frac{5}{32}, \frac{7}{32}\right) \cup \left(\frac{25}{32}, \frac{27}{32}\right) \cup \cdots.$$

(5) 容易知道, U 的测度为

$$m(U) = \frac{1}{4} + 2 \cdot \frac{1}{4^2} + \cdots + 2^{n-1} \cdot \frac{1}{4^n} + \cdots$$
$$= \frac{1}{4} + \frac{1}{8} + \cdots + \frac{1}{2^{n+1}} + \cdots = \frac{1}{2}.$$

(6) 令 $F = [0,1]\backslash U$, 则 F 为不含任何开区间的闭集, 并且 $m(F) = m([0,1]) - m(U) = 1 - \dfrac{1}{2} = \dfrac{1}{2}$. ∎

在抽象代数中, 设 E 是实数集 $\mathbb{R}$ 的非空子集, 若对于任意 $x, y \in E$, 都有 $x + y \in E$, 并且 $-x \in E$, 则称 E 是 $\mathbb{R}$ 的一个加法子群. 有意思的是: 利用习题 2.18 的结论, 即 E 为 $\mathbb{R}$ 的可测集, 并且 $m(E) > 0$ 时, 0 一定是 $E - E = \{x - y \mid x, y \in E\}$ 的内点, 可以证明下面结论成立.

例题 2.3.9 设 E 是实数集 $\mathbb{R}$ 的真子集, 若 E 是加法子群, 并且是可测集, 试证明 $m(E) = 0$.

证明 反证法. 假设 $m(E) > 0$, 则由习题 2.18 可知 0 是 $E - E = \{x - y \mid x, y \in E\}$, 故存在开区间 $(-\varepsilon, \varepsilon) \subseteq E - E$. 由于 E 是加法子群, 因此, $E - E = E$. 故 $(-\varepsilon, \varepsilon) \subseteq E$, 从而对于任意 $x \in \mathbb{R}$, 存在正整数 n, 使得 $\left|\dfrac{x}{n}\right| < \varepsilon$, 因此, $\dfrac{x}{n} \in E$, 因而, $x = \dfrac{x}{n} + \dfrac{x}{n} + \cdots + \dfrac{x}{n} \in E$, 故 $\mathbb{R} = E$. 但这与 E 是实数集 $\mathbb{R}$ 的真子集矛盾. 所以, 由反证法原理可知 $m(E) = 0$. ∎

在解题的过程中, 应该注意的主要结论有下面几点:

(1) $\mathbb{R}$ 的开集的 Lebesgue 测度是它的构成区间长度的和.

(2) 可数集的 Lebesgue 测度一定是零.

(3) 有理数集的 Lebesgue 测度是零.

(4) Lebesgue 测度是零的开集一定是空集.

习 题 2

习题 2.1 设 S 是 $(-\infty, +\infty)$ 的所有形如 $[a, b)$ 的有限半开半闭区间生成的环, 试证明 S 不是 σ-环, 并且 S 不是代数.

习题 2.2 设 f 是集合 X 到集合 Y 的映射, 若 S 是 Y 的子集构成的 σ-代数, 试证明 $\{f^{-1}(E) \mid E \in S\}$ 是一个 σ-代数.

习题 2.3 设 S 是 $(-\infty, +\infty)$ 中可数子集和补集是可数的子集的全体, 试证明 S 是 σ-代数.

习题 2.4 设 S 是集合 X 的子集构成的 σ-代数, Y 是 X 的子集, 试证明 $T = \{A \cap Y \mid A \in S\}$ 是 Y 的子集构成的 σ-代数.

习题 2.5 设 S 是集合 X 的某些子集构成的集合, 若 $X \in S$, 并且 $E_1, E_2 \in S$ 时, 有 $E_1 \backslash E_2 \in S$, 试证明 S 是一个代数.

习题 2.6 设 S 是集合 X 的某些子集构成的代数, 若 $E_n \in S$, 并且 $E_1 \subseteq E_2 \subseteq E_3 \subseteq \cdots \subseteq E_n \subseteq E_{n+1} \subseteq \cdots$ 时, 有 $\bigcup\limits_{n=1}^{\infty} E_n \in S$, 试证明 S 是 σ-代数.

习题 2.7　设 $X = (0, +\infty), T = \{I_k \mid$ 这里 $I_k = (k-1, k]\}$, 若 S 是 T 的任意多个 I_k 的并集构成的集合, 对于每个 $A \in S$, 定义 $\mu(A)$ 为构成 A 的 I_k 的个数, 试证明:

(1) S 是一个 σ-代数.

(2) μ 是 σ-代数 S 的一个测度.

(3) 若 $A_n = (n, +\infty)$, 则 $\lim\limits_{n \to \infty} \mu(A_n) \neq \mu\left(\lim\limits_{n \to \infty} A_n\right)$.

习题 2.8　设 S 是集合 X 的子集构成的 σ-环, μ 是 σ-环 S 上的测度, $\mu(X) < \infty$, 若 $T = \{E_\alpha \mid \alpha \in \Lambda\}$ 是 S 中互不相交的具有正测度的元素构成的集合, 即 $E_\alpha \in T$ 时, 有 $\mu(E_\alpha) > 0$, 试证明 T 一定是可数集.

习题 2.9　设 X 是可列集, S 是 X 的所有子集构成的 σ-代数, 定义函数如下:

$$\mu(E) = \begin{cases} 0, & E \text{ 是有限集,} \\ \infty, & \text{其他.} \end{cases}$$

试证明: (1) μ 是可加的, 但不是可数可加的.

(2) 存在 $E_1 \subseteq E_2 \subseteq \cdots \subseteq E_n \subseteq E_{n+1} \subseteq \cdots$, 使得 $X = \lim\limits_{n \to \infty} E_n, \mu(E_n) = 0$, 但 $\mu(X) = \infty$.

习题 2.10　设 S 是集合 X 的子集构成的 σ-环, μ 是 σ-环 S 上的测度, 若 $E_\alpha, E_\beta \in S$ $(\alpha \neq \beta)$, 满足 $\mu(E_\alpha \cap E_\beta) = 0$, 则称 E_α 和 E_β 是几乎不相交的. 若 $\{E_n \mid n \in \mathbb{N}\}$ 是 S 的一列几乎互不相交的集合列, 试证明 $\mu\left(\bigcup\limits_{n=1}^{\infty} E_n\right) = \sum\limits_{n=1}^{\infty} \mu(E_n)$.

习题 2.11　设 S 是集合 X 的子集构成的环, μ 是环 S 上的测度, 试证明对于任意 $A, B, C \in S$, 都有

(1) $\mu(A \Delta B) \leqslant \mu(A \Delta C) + \mu(B \Delta C)$.

(2) $\mu(A \cup B) = \mu(A \cap B) + \mu(A \Delta B)$.

习题 2.12　若 A 是 Lebesgue 测度大于 0 的实数集, 试证明一定存在 $x, y \in A$, 使得 $x \neq y$, 并且 $x - y$ 是无理数.

习题 2.13　若 A 是 Lebesgue 测度等于 0 的实数集, E 是 $(-\infty, +\infty)$ 的不可测集, 试证明 $E \cap A^C$ 一定是不可测集.

习题 2.14　若 A 是 Lebesgue 可测的实数集, 试证明一定存在 G_δ 型集 B, 满足 $A \subseteq B$, 并且 $m^*(A) = m(B)$.

习题 2.15　设实数集 E 是 $(-\infty, +\infty)$ 的 Lebesgue 可测集, 并且 $m(E) > 0$, 试证明对于任意 $0 < c < 1$, 存在开区间 (a, b), 使得

$$\frac{m(E \cap (a, b))}{b - a} > c.$$

习题 2.16 设 $A = (a,b)$ 和 $B = (c,d)$ 是实数集 $(-\infty, +\infty)$ 的有限开区间, 试证明 $f(x) = m(A \cap (B+x))$ 是连续函数.

习题 2.17 设 E 是实数集 $(-\infty, +\infty)$ 的子集, 并且它的 Lebesgue 外测度大于 0, 对于任意 $x \in [0, +\infty)$, 定义 $f(x) = m^*(E \cap (-x, x))$, 试证明 $f(x)$ 是连续函数.

习题 2.18 设 E 是实数集 $(-\infty, +\infty)$ 的 Lebesgue 可测集, 并且它的测度 $m(E)$ 大于 0, 试证明 $E - E = \{x - y \mid x, y \in E\}$ 一定包含某个开区间 $(-\delta, \delta)$.

习题 2.19 设实数集 $\{E_n\}$ 是满足 $E_1 \subseteq E_2 \subseteq \cdots \subseteq E_n \subseteq E_{n+1} \subseteq \cdots$ 的 Lebesgue 可测集, 试证明 $m\left(\bigcup\limits_{n=1}^{\infty} E_n\right) = \lim\limits_{n \to \infty} m(E_n)$.

习题 2.20 设实数集 $\{E_n\}$ 是满足 $E_1 \supseteq E_2 \supseteq \cdots \supseteq E_n \supseteq E_{n+1} \supseteq \cdots$ 的 Lebesgue 可测集, 若 $m(E_1) < \infty$, 试证明 $m\left(\bigcap\limits_{n=1}^{\infty} E_n\right) = \lim\limits_{n \to \infty} m(E_n)$. 若没有条件 $m(E_1) < \infty$, 结论也成立吗?

习题 2.21 设 A 是 Lebesgue 可测集, 并且 $m((A\backslash B) \cup (B\backslash A)) = 0$, 试证明 B 是 Lebesgue 可测集, 并且 $m(B) = m(A)$.

习题 2.22 设 E 是 $(-\infty, +\infty)$ 的子集, 试证明对于任意 $a \in (-\infty, +\infty)$, 都有下面性质成立.

(1) $m^*(E) = m^*(E+a)$.

(2) E 是 Lebesgue 可测集的充要条件是 $E + a$ 是 Lebesgue 可测集.

习题 2.23 设 E_1 和 E_2 都是 $\mathbb{R}^n$ 的 Lebesgue 可测集, 试用 Carathéodory 条件证明 $E_1 \cup E_2$ 是 Lebesgue 可测的.

习题 2.24 设 E 是 Lebesgue 可测集, $m(E) = 1$, $\{E_n\}$ 是 E 的一列 Lebesgue 可测子集, 并且对于任意 $\varepsilon > 0$, 都存在某个 E_n, 使得 $m(E_n) > 1 - \varepsilon$, 试证明 $m\left(\bigcup\limits_{n=1}^{\infty} E_n\right) = 1$.

习题 2.25 设 A 和 B 都是 $(-\infty, +\infty)$ 的子集, 若 $\overline{A} \cap B$ 是空集, 试证明 $m^*(A \cup B) = m^*(A) + m^*(B)$.

习题 2.26 设 A_i $(i = 1, 2, \cdots, n)$ 是 $[0,1]$ 中的可测集, 若 $\sum\limits_{i=1}^{n} m(A_i) > n - 1$, 证明 $m\left(\bigcap\limits_{i=1}^{n} A_i\right) > 0$.

习题 2.27 设 $\{q_n\}$ 是 $(-\infty, +\infty)$ 中所有的有理数, $G = \bigcup\limits_{n=1}^{\infty} \left(q_n - \dfrac{1}{n^2}, q_n + \dfrac{1}{n^2}\right)$, 试证明对于 $(-\infty, +\infty)$ 的任意闭集 F, 都有 $m(G\Delta F) > 0$.

学习指导

本章重点

1. 测度的定义.

(1) 内测度.

(2) 外测度.

2. 外测度的性质.

3. 测度的性质.

4. Carathéodory 条件, 主要是要掌握利用 Carathéodory 条件来判断一个集合是否可测.

释疑解难

1. 存在零测集映成非零测集的映射吗?

是的. Cantor 集 C 的 Lebesgue 测度为零, 存在 C 到实数全体 $(-\infty, +\infty)$ 的一一对应.

2. 空集的测度是 0.

3. 若 E_1 和 E_2 是 $(-\infty, +\infty)$ 中互不相交的子集, 则 $m^*(E_1 \cup E_2) = m^*(E_1) + m^*(E_2)$ 不一定成立.

4. 实数 $(-\infty, +\infty)$ 上的 Lebesgue 测度具有平移不变性.

5. 实数 $(-\infty, +\infty)$ 上的 Lebesgue 测度具有仿射不变性.

6. 外测度为零的集合都是可测集, 零测集的任意子集都是可测集.

7. 利用零测集可以建立几乎处处收敛等重要概念.

8. 实数 $(-\infty, +\infty)$ 的子集不一定是 Lebesgue 可测的, 存在不可测集.

9. 若 $(-\infty, +\infty)$ 的子集 E 没有任何极限点, 则 E 一定是可测集吗?

是的. 若 E 没有任何极限点, 则 E 的任意点都一定是孤立点, 因此, E 是可数集, 所以, E 一定是可测集.

10. 若 G 是 $(-\infty, +\infty)$ 的开集, $\overline{G}$ 是 G 的闭包, 则 $m(G) = m(\overline{G})$ 一定成立吗?

不一定. 将 $[0, 1]$ 中所有的有理数记为 $\{q_1, q_2, \cdots, q_n, \cdots\}$, 作开集如下:

$$G = \bigcup_{n=1}^{\infty} \left(q_n - \frac{1}{2^{n+2}}, q_n + \frac{1}{2^{n+2}} \right).$$

则容易知道 G 是开集, 并且

$$m(G) = m^*(G) \leqslant \sum_{n=1}^{\infty} \frac{1}{2^{n+1}} = \frac{1}{2}.$$

但由于 $\overline{G} \supseteq [0, 1]$, 因此, $m(\overline{G}) \geqslant 1$, 所以, $m(G) = m(\overline{G})$ 不成立.

11. 若 E 是 $(-\infty, +\infty)$ 的真子集, 并且 $m^*(E) > 0$, 则 E 一定包含某个区间吗?

不一定. 令 E 为 $[0,1]$ 中的所有无理数, 则 $m^*(E) = 1$, 但不包含任何区间.

12. 若 E 是 $(-\infty, +\infty)$ 的有界集, 则一定有 $m^*(E) < +\infty$ 吗?

是的. 实际上, 由于 E 有界, 因此, 存在常数 $M > 0$, 使得对于任意 $x \in E$, 都有 $|x| \leqslant M$, 故 $E \subseteq (-M - 1, M + 1)$, 因而, $m^*(E) \leqslant m((-M - 1, M + 1)) = 2M + 2 < +\infty$.

13. 若 E 是 $(-\infty, +\infty)$ 的无界可测集, 则一定有 $m(E) = +\infty$ 吗?

不一定. 若 E 是所有有理数, 则 E 是 $(-\infty, +\infty)$ 的无界可测集, 但 $m(E) = 0$.

14. 若 E 是 $(-\infty, +\infty)$ 的非空闭集, 并且 $m(E) = 0$, 则 E 一定是疏朗集吗?

是的. 若 E 不是疏朗集, 则 E 的闭包一定包含某个区间 $[a,b]$, 因此, $m(E) \geqslant b - a$, 但这与 $m(E) = 0$ 矛盾.

15. 若 E_n $(n = 1, 2, \cdots)$ 是 $(-\infty, +\infty)$ 的可测集, 并且 $m(E_n) = 0$ 对任意 n 都成立, 则 $E = \bigcup\limits_{n=1}^{\infty} E_n$ 一定是可测集吗?

是的. 容易知道 $m(E) \leqslant \sum\limits_{n=1}^{\infty} m(E_n) = 0$.

16. 若 E_n $(n = 1, 2, \cdots)$ 是 $(-\infty, +\infty)$ 中互不相交的子集, 则

$$m^* \left(\bigcup_{n=1}^{\infty} E_n \right) = \sum_{n=1}^{\infty} m^*(E_n)$$

一定成立吗?

不一定. 外测度没有可列可加性.

17. 若 $\{A_n\}$ 是一列互不相交的实数子集, 则 $m_* \left(\bigcup\limits_{n=1}^{\infty} A_n \right) \leqslant \sum\limits_{n=1}^{\infty} m_*(A_n)$ 一定成立吗?

实际上, 若 $\{A_n\}$ 是一列互不相交的实数子集, 则 $m_* \left(\bigcup\limits_{n=1}^{\infty} A_n \right) \geqslant \sum\limits_{n=1}^{\infty} m_*(A_n)$.

18. 外测度与测度的主要区别是什么?

(1) 对于任意子集 $E \subseteq \mathbb{R}$, E 的外测度 $m^*(E)$ 一定存在, 测度 $m(E)$ 就不一定存在.

(2) 对于互不相交的 E_1 和 E_2, $m^*(E_1 \cup E_2) = m^*(E_1) + m^*(E_2)$ 不一定成立. 若 E_1 和 E_2 是互不相交的可测集, 则 $m(E_1 \cup E_2) = m(E_1) + m(E_2)$ 一定成立.

19. 在 $[0,1]$ 的所有无理数中, 能不能构造一个不可列的闭子集呢?

能. 实际上, 记 $[0,1]$ 的所有有理数为 $\{q_n\}$, 令 $I_n = \left(q_n - \dfrac{1}{2^{n+2}}, q_n + \dfrac{1}{2^{n+2}} \right)$, 则 $G = \bigcup\limits_{n=1}^{\infty} I_n$ 是开集, 并且 $F = [0,1] \backslash G \subseteq [0,1] \backslash \{q_n\}$, 故 F 是 $[0,1]$ 的所有无理数

的一个闭子集. 由于 $F = [0,1] \backslash ([0,1] \cap G)$, 因此

$$m(F) = 1 - m([0,1] \cap G) \geqslant 1 - m(G)$$
$$\geqslant 1 - \sum_{n=1}^{\infty} m(I_n) = 1 - \frac{1}{2} = \frac{1}{2}.$$

由 F 的测度大于 0 可知 F 一定不是可列集, 所以, F 是 $[0,1]$ 的所有无理数中一个不可列的闭子集.

20. 若 E 是可列集, 则一定有 $m(E) = 0$. 若 $m(E) = 0$, 则 E 一定是可列集吗?

不一定. 对于 Cantor 集 C, 有 $m(C) = 0$, 但 C 不是可列集.

知识点联系图

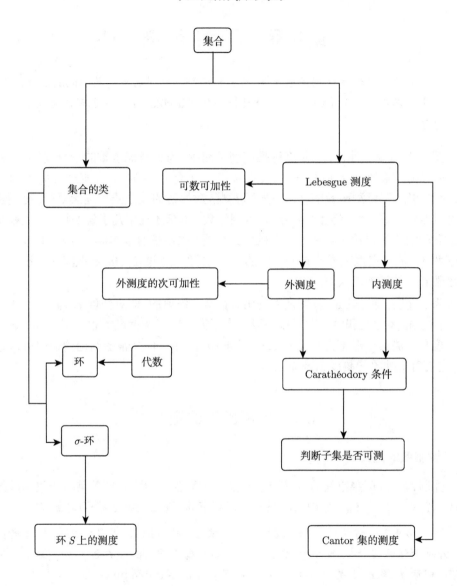

第3章 可测函数

有些奇怪的不规则函数在 Y 轴上的频繁而剧烈的振荡将 Riemann 搞得坐立不安 $\cdots$, Lebesgue 成功地让怪异的 Dirichlet 函数等也可以定义积分了.

第 2 章讨论了测度, 将长度等推广到了测度. 为了考虑函数的积分, 要讨论对于函数 $f(x)$, 哪些函数使得对任意实数 a 和 b, 集合 $\{x \in E \mid a \leqslant f(x) < b\}$ 是可测的. 本章引入了可测函数的概念, 研究可测函数的目的就是推广连续函数, 可测函数经过四则运算后所得到的函数还是可测函数. 本章还利用几乎处处收敛、依测度收敛和一致收敛讨论了可测函数列的收敛问题, 主要是通过 Riesz 定理、Lebesgue 定理和 Egorov 定理来弄清它们之间的联系. 另外, 通过 Lusin 定理深入讨论了可测函数和连续函数的关系.

为了简明, 除非特别说明, 所有的函数都是有限值的, 即对任意 x, 都有 $|f(x)| < \infty$. 不过, 很多定义和性质对于取值可能为无穷的广义实值函数也是成立的. 这里的测度和可测集一般都是指 Lebesgue 测度和可测集, 但从很多结论的证明可以看出, 它们对于抽象的测度也是成立的.

3.1 可测函数的定义

1. 可测函数的定义

先回顾一下可测空间的定义, 设 X 是一个集合, S 是由 X 的某些子集构成的 σ-环, 若 $X = \bigcup_{E_\alpha \in S} E_\alpha$, 则 (X, S) 是一个可测空间, 任意 $E \in S$ 称为可测集.

定义 3.1.1 设 (X, S) 是可测空间, E 是 X 的可测集, f 是定义在 E 上的函数, 若对于任意实数 c, 集合 $\{x \in E \mid f(x) \geqslant c\}$ 属于 S, 即 $\{x \in E \mid f(x) \geqslant c\}$ 是可测集, 则称 f 是 E 上关于 σ-环 S 的可测函数 (measurable function).

例 3.1.1 设 X 是非空集合, S 是 X 的所有子集构成的 σ-环, 则对于任意 X 的子集 E 和 E 上的函数 f, f 都是 E 上关于 σ-环 S 的可测函数.

定义 3.1.2 设 E 是实数集 $\mathbb{R}$ 的可测集, f 是定义在 E 上的函数, 若对于任意实数 c, 集合 $\{x \in E \mid f(x) \geqslant c\}$ 是 Lebesgue 可测集, 则称 f 是 E 上的 Lebesgue 可测函数.

例 3.1.2 设 $I = (a, b)$ 是实数集 $\mathbb{R}$ 的开区间, $f(x)$ 为 I 的特征函数, 即

$$f(x) = \begin{cases} 1, & x \in (a, b), \\ 0, & x \notin (a, b). \end{cases}$$

则当 $c \leqslant 0$ 时, 有 $\{x \in \mathbb{R} \mid f(x) \geqslant c\} = (-\infty, +\infty)$. 当 $0 < c \leqslant 1$ 时, 有 $\{x \in \mathbb{R} \mid f(x) \geqslant c\} = (a, b)$. 当 $c > 1$ 时, 有 $\{x \in \mathbb{R} \mid f(x) \geqslant c\} = \varnothing$. 因此, f 是实数集 $\mathbb{R}$ 上的 Lebesgue 可测函数.

问题 3.1.1 实数集 $\mathbb{R}$ 上存在不可测的函数 $f(x)$ 吗?

是的. 若 E 为实数集 $\mathbb{R}$ 的一个不可测集, $f(x)$ 为 $\mathbb{R}$ 上的函数:

$$f(x) = \begin{cases} 3, & x \in E, \\ 1, & x \notin E, \end{cases}$$

则 $\{x \in \mathbb{R} \mid f(x) \geqslant 2\} = E$, 因此, 由 E 不是可测集可知, f 不是实数集 $\mathbb{R}$ 上的 Lebesgue 可测函数.

问题 3.1.2 存在可测集 E, 使得 E 上的任意函数 f 都是可测函数吗?

是的. 例如, E 为实数集 $\mathbb{R}$ 上的 Lebesgue 测度为 0 的子集, 则 E 上的任意函数 f 都是可测函数.

2. 可测函数的判别方法

性质 3.1.1 函数 f 是可测函数的充要条件是对于任意实数 c 和 d, 集合 $\{x \in E \mid c \leqslant f(x) < d\}$ 是可测集.

证明 若 f 是可测函数, 则 $\{x \in E \mid f(x) \geqslant c\}$ 和 $\{x \in E \mid f(x) \geqslant d\}$ 都是可测集. 故 $\{x \in E \mid f(x) \geqslant c\} \setminus \{x \in E \mid f(x) \geqslant d\}$ 是可测集, 因此, $\{x \in E \mid c \leqslant f(x) < d\}$ 是可测集.

反过来, 若对于任意实数 c 和 d, 集合 $\{x \in E \mid c \leqslant f(x) < d\}$ 是可测集, 则由

$$\{x \in E \mid f(x) \geqslant c\} = \bigcup_{n=1}^{\infty} \{x \in E \mid c \leqslant f(x) < c + n\}$$

可知对于任意实数 $c, \{x \in E \mid f(x) \geqslant c\}$ 都是可测集, 所以, f 是可测函数. ■

问题 3.1.3 函数 f 是可测函数的充要条件是对于任意实数 c, 集合 $\{x \in E \mid f(x) = c\}$ 是可测集吗?

不是. 若 f 是可测函数, 则对于任意实数 c, 集合 $\left\{x \in E \ \middle| \ c \leqslant f(x) < c + \dfrac{1}{n}\right\}$ 是可测集, 因此, $\{x \in E \mid f(x) = c\} = \bigcap_{n=1}^{\infty} \left\{x \in E \ \middle| \ c \leqslant f(x) < c + \dfrac{1}{n}\right\}$ 是可测集.

若 E 为 $(0, +\infty)$ 上的一个不可测集, $f(x)$ 为 $\mathbb{R}$ 上的函数:

$$f(x) = \begin{cases} x, & x \in E, \\ -x, & x \notin E, \end{cases}$$

则 f 不是实数集 $\mathbb{R}$ 上的 Lebesgue 可测函数. 实际上, 假如 f 是可测函数, 则 $\{x \mid f(x) > 0\}$ 是可测集, 因此, $\{x \in \mathbb{R} \mid f(x) > 0\}$ 与开区间 $(0, +\infty)$ 的交集也是可测集. 但是 $\{x \in \mathbb{R} \mid f(x) > 0\} \cap (0, +\infty) = \{x \in \mathbb{R} \mid f(x) > 0, x > 0\} = E$, 这与 E 是不可测集矛盾.

对于任意实数 c, 若 $c \in E$, 则 $f(c) = c$. 由于 $-c < 0$, 因此, $-c \notin E$, 故 $f(-c) = -(-c) = c$, 因而, 集合 $\{x \in \mathbb{R} \mid f(x) = c\} = \{\pm c\}$. 若 $c \notin E$, 并且 $-c \in E$, 则 $f(c) = -c, f(-c) = -c$, 故 $\{x \in \mathbb{R} \mid f(x) = c\}$ 是空集. 若 $c \notin E$, 并且 $-c \notin E$, 则 $f(c) = -c, f(-c) = -(-c) = c$, 故 $\{x \in \mathbb{R} \mid f(x) = c\} = \{-c\}$.

由此可见, $\{x \in \mathbb{R} \mid f(x) = c\}$ 一定是 $\{\pm c\}, \{-c\}$ 或者空集. 因为有限个点的子集和空集都是可测集, 所以, $\{x \in \mathbb{R} \mid f(x) = c\}$ 一定是可测集.

不难验证, f 是连续函数的充要条件是对于任意实数 c, 集合 $\{x \in E \mid f(x) \leqslant c\}$ 和 $\{x \in E \mid f(x) \geqslant c\}$ 都是闭集, 因此, $\{x \in E \mid f(x) \leqslant c\}$ 和 $\{x \in E \mid f(x) \geqslant c\}$ 都是 Lebesgue 可测集. 对于可测函数, 可以得到类似的刻画.

性质 3.1.2 函数 f 是可测函数的充要条件是下面条件之一成立:

(1) 对于任意实数 c, 集合 $\{x \in E \mid f(x) > c\}$ 都是可测集.

(2) 对于任意实数 c, 集合 $\{x \in E \mid f(x) \leqslant c\}$ 都是可测集.

(3) 对于任意实数 c, 集合 $\{x \in E \mid f(x) < c\}$ 都是可测集.

证明 由于 $\{x \in E \mid f(x) > c\} = \bigcup\limits_{n=1}^{\infty} \left\{ x \in E \;\middle|\; f(x) \geqslant c + \dfrac{1}{n} \right\}$, 因此, f 是可测函数时, $\left\{ x \in E \;\middle|\; f(x) \geqslant c + \dfrac{1}{n} \right\}$ 都是可测集, 故结论 (1) 成立.

由于 $\{x \in E \mid f(x) \leqslant c\} = E \backslash \{x \in E \mid f(x) > c\}$, 因此, 若 (1) 成立, 则 $\{x \in E \mid f(x) > c\}$ 是可测集. 故 $\{x \in E \mid f(x) \leqslant c\}$ 是可测集. 所以, (1) $\Rightarrow$ (2) 成立.

由于 $\{x \in E \mid f(x) < c\} = \bigcap\limits_{n=1}^{\infty} \left\{ x \in E \;\middle|\; f(x) \leqslant c - \dfrac{1}{n} \right\}$, 因此, (2) $\Rightarrow$ (3) 成立.

由于 $\{x \in E \mid f(x) \geqslant c\} = E \backslash \{x \in E \mid f(x) < c\}$, 因此, (3) 成立时, f 是可测函数. ∎

进一步, 还可以证明下面结论.

性质 3.1.3 函数 f 是可测函数的充要条件是对于任意开集 U, 集合 $f^{-1}(U) = \{x \in E \mid f(x) \in U\}$ 都是可测集.

证明 明显地, 若对于任意开集 U, 集合 $f^{-1}(U) = \{x \in E \mid f(x) \in U\}$ 都是可测集, 则对于任意实数 c, 集合 $(c, +\infty)$ 是开集, 因此, $\{x \in E \mid f(x) > c\} = f^{-1}(U) = $ 是可测集, 所以, f 是可测函数.

反过来, 由于任意开集 U 都是可数个互不相交的构成区间 $\{(a_n, b_n)\}$ 的并集; 另外, 由 f 是可测函数可知, 对于 $a_n < b_n, \{x \in E \mid a_n < f(x) < b_n\}$ 是可测集, 因此, $f^{-1}(U) = \bigcup_{n=1}^{\infty} \{x \in E \mid a_n < f(x) < b_n\}$ 是可测集, 所以, 结论成立. ∎

由于函数 f 是连续函数的充要条件是对于任意开集 $U, f^{-1}(U)$ 都是开集. 因此, 容易知道可测集上的连续函数一定是可测函数, 可测函数就是连续函数的推广.

好奇的人都会考虑下面看起来更加合情合理的刻画是否成立.

问题 3.1.4 函数 f 是可测函数的充要条件是对于任意可测集 K, 集合 $f^{-1}(K) = \{x \in E \mid f(x) \in K\}$ 是可测集吗?

不一定. 若对于任意可测集 K, 集合 $f^{-1}(K) = \{x \in E \mid f(x) \in K\}$ 是可测集, 则由于开集都是可测集, 因此, f 是可测函数. 但 f 是连续函数时, 也不一定能够保证对于任意可测集 K, 集合 $f^{-1}(K) = \{x \in E \mid f(x) \in K\}$ 是可测集.

实际上, 设 A 是测度大于零的可测集, C 是测度为零的子集, f 是 A 到 C 的一一对应连续函数. 由于 A 一定存在不可测子集 E, 因此, $F = f(E)$ 是 C 的子集. 由 C 的测度为 0 可知 F 是可测集, 但 $f^{-1}(F) = E$ 是不可测的.

例如, 设 $g(x)$ 为 $[0,1]$ 到 $[0,2]$ 的函数, $g(x) = x + h(x)$, 这里 $h(x)$ 是 Cantor 函数: $h(x) = P(C \cap [0,x]), h$ 是 Cantor 集 C 上的标准均匀的硬币概率测度 (fair-coin probability measure). 则 g 是连续的, 并且严格单调上升, 因此, g 是一一对应的, 并且是连续的. 另外, $A = g(C)$ 的测度大于零, 并且 Cantor 集 C 的测度为零, 所以, A 一定存在不可测子集 E, 令 $f = g^{-1}$, 则 $F = f(E)$ 是 C 的子集. 由 C 的测度为 0 可知 F 是可测集, 但 $f^{-1}(F) = E$ 是不可测的. 所以, 当 f 是连续函数时, f 也不一定能够保证对于任意可测集 F, 集合 $f^{-1}(F)$ 是可测集.

例题 3.1.1 试证明 $(-\infty, +\infty)$ 上的连续函数 $f(x)$ 是 Lebesgue 可测函数. 反过来, 若 $f(x)$ 是 $(-\infty, +\infty)$ 上的 Lebesgue 可测函数, 则 $f(x)$ 一定是连续函数吗?

证明 若 $f(x)$ 是连续函数, 则对于任意 c, 集合 $\{x \in E \mid f(x) \geqslant c\}$ 是闭集 $[c, +\infty)$ 的原像, 因此, $\{x \in E \mid f(x) \geqslant c\}$ 是闭集, 故它是 Lebesgue 可测集, 所以, $f(x)$ 是 Lebesgue 可测函数.

反过来, Lebesgue 可测函数不一定是连续函数. 例如

$$f(x) = \begin{cases} 1, & x \in [0,1] \cup [3,5] \cup [7,8], \\ 0, & \text{其他}. \end{cases}$$

容易验证 $f(x)$ 是 Lebesgue 可测函数, 但 $f(x)$ 在 $x_0 = 0$ 点不连续, 所以, $f(x)$ 不是连续函数. ∎

3. 可测函数的运算

对于可测函数的运算, 有下面结论成立.

性质 3.1.4   设函数 f 和 g 都是 E 的可测函数, 则

(1) 对于任意实数 a, $a \cdot f$ 和 $a+f$ 是可测函数.

(2) $f+g$ 是可测函数.

(3) $f \cdot g$ 是可测函数.

(4) 当 $g \neq 0$ 时, $\dfrac{1}{g}$ 是可测函数.

(5) $\max\{f,g\}$ 和 $\min\{f,g\}$ 都是可测函数.

证明   (1) 对于任意实数 a, 明显地, $a+f$ 是可测函数. 若 $a=0$, 则 $a \cdot f = 0$ 是可测函数. 若 $a \neq 0$, 则不妨设 $a>0$, 由于 $\{x \in E \mid af(x) \geqslant c\} = \left\{x \in E \mid f(x) \geqslant \dfrac{c}{a}\right\}$,

因此, $a \cdot f$ 是可测函数.

(2) 对于任意实数 c, 容易知道 $f(x)+g(x)>c$ 当且仅当 $f(x)>c-g(x)$, 故存在有理数 r, 使得 $f(x)>r>c-g(x)$. 设 $r_1, r_2, \cdots, r_n, \cdots$ 是所有的有理数, 则

$$\{x \mid f(x)+g(x)>c\} = \bigcup_{n=1}^{\infty} \left(\{x \mid f(x)>r_n\} \cap \{x \mid r_n > c-g(x)\}\right).$$

既然 f 和 g 都是 E 的可测函数, 因此, $\{x \mid f(x)>r_n\}$ 和 $\{x \mid r_n > c-g(x)\}$ 都是可测集, 故 $\{x \mid f(x)+g(x)>c\}$ 是可测集, 所以, $f+g$ 是可测函数.

(3) 先证明若函数 h 是可测的, 则 h^2 一定是可测的. 实际上, 若 $c<0$, 则 $\{x \mid h^2(x) \geqslant c\} = E$, 因此, $\{x \mid h^2(x) \geqslant c\}$ 是可测的. 若 $c \geqslant 0$, 则

$$\{x \mid h^2(x) \geqslant c\} = \{x \mid h(x) \geqslant \sqrt{c}\} \cup \{x \mid h(x) \leqslant -\sqrt{c}\},$$

因此, $\{x \in E \mid h^2(x) \geqslant c\}$ 是可测集, 所以, h^2 一定是可测的.

由于 f 和 g 都是可测的函数, 因此, $f+g$ 和 $f-g$ 都是可测函数, 故 $(f+g)^2$ 和 $(f-g)^2$ 都是可测函数, 所以, $f \cdot g = \dfrac{1}{4}[(f+g)^2 - (f-g)^2]$ 是可测函数.

(4) 当 $c>0$ 时, 有 $\left\{x \in E \mid \dfrac{1}{g(x)}>c\right\} = \left\{x \in E \mid g(x)<\dfrac{1}{c}\right\} \cap \{x \in E \mid g(x)>0\}$.

当 $c=0$ 时, 有 $\left\{x \in E \mid \dfrac{1}{g(x)}>c\right\} = \{x \in E \mid g(x)>c\}$.

当 $c<0$ 时, 有 $\left\{x \in E \mid \dfrac{1}{g(x)}>c\right\} = \{x \in E \mid g(x)>0\} \cup \left(\{x \in E \mid g(x)<0\} \cap \left\{x \in E \mid g(x)<\dfrac{1}{c}\right\}\right)$.

因此, 容易知道, 对于任意实数 c, $\left\{x \in E \mid \dfrac{1}{g(x)} > c\right\}$ 都一定是可测集. 所以, $\dfrac{1}{g}$ 是可测函数.

(5) 对于任意 c, 由于

$$\{x \in E \mid \max\{f(x), g(x)\} \geqslant c\} = \{x \in E \mid f(x) \geqslant c\} \cup \{x \in E \mid g(x) \geqslant c\},$$

因此, 当 f 和 g 都是可测函数时, $\max\{f, g\}$ 是可测函数.

根据 f 和 g 都是可测函数和 (1) 可知, $-f = (-1) \cdot f$ 和 $-g$ 都是可测函数, 故 $\max\{-f, -g\}$ 是可测函数. 由于 $\min\{f, g\} = -\max\{-f, -g\}$, 因此, $\min\{f, g\}$ 都是可测函数. ∎

推论 3.1.1 设函数 f 是 E 上的可测函数, 则它的绝对值 $|f|$ 是 E 上的可测函数.

证明 这是由于 $|f| = \max\{f, -f\}$. ∎

例题 3.1.2 设 f 为实数集 $\mathbb{R}$ 上的函数, 若 f^2 在 $\mathbb{R}$ 上是 Lebesgue 可测的, 并且 $\{x \in \mathbb{R} \mid f(x) > 0\}$ 是 Lebesgue 可测集, 试证明 f 是 $\mathbb{R}$ 上的 Lebesgue 可测函数.

证明 由于 f^2 在 $\mathbb{R}$ 上是 Lebesgue 可测的, 因此, 对于任意 c, 子集 $\{x \in \mathbb{R} \mid f^2(x) \geqslant c^2\}$ 和 $\{x \in \mathbb{R} \mid f^2(x) \leqslant c^2\}$ 都是 Lebesgue 可测的, 若 $c > 0$, 则

$$\{x \in \mathbb{R} \mid f(x) \geqslant c\} = \{x \in \mathbb{R} \mid f^2(x) \geqslant c^2\} \cap \{x \in \mathbb{R} \mid f(x) > 0\}.$$

若 $c \leqslant 0$, 则

$$\{x \in \mathbb{R} \mid f(x) \geqslant c\} = \{x \in \mathbb{R} \mid f(x) > 0\} \cup (\{x \in \mathbb{R} \mid f^2(x) \leqslant c^2\} \cap \{x \in \mathbb{R} \mid f(x) \leqslant 0\}).$$

容易知道上面两个式子右边中出现的子集都是 Lebesgue 可测集, 因此, 对于任意 c, 子集 $\{x \in \mathbb{R} \mid f(x) \geqslant c\}$ 都是 Lebesgue 可测集, 所以, f 是 $\mathbb{R}$ 上的 Lebesgue 可测函数. ∎

问题 3.1.5 函数 f 是实数集 $\mathbb{R}$ 的可测子集 E 上的 Lebesgue 可测函数, g 是 $\mathbb{R}$ 上的 Lebesgue 可测函数, 则复合函数 $g \circ f$ 一定是 Lebesgue 可测函数吗?

不一定. 由于连续函数一定是 Lebesgue 可测函数, 因此, 由下面问题的例子可以知道原因.

问题 3.1.6 设 f 为可测集 E 上的 Lebesgue 可测函数, 若 g 在 $\mathbb{R}$ 上是连续函数, 则 $f(g(x))$ 是可测集 E 上的 Lebesgue 可测函数吗?

不一定. 设 C 是 $[0,1]$ 上的 Cantor 集, $\phi(x)$ 是 $[0,1]$ 上的 Cantor 函数, 定义 $\psi(x) = \dfrac{x + \phi(x)}{2}$, 则 $\psi(x)$ 是 $[0,1]$ 上的严格单调上升的连续函数, 因而, $\psi^{-1}(x)$ 存

在并且是严格单调上升的连续函数.

不难验证 $m(\psi(C)) = \frac{1}{2}$, 因此, $\psi(C)$ 中存在不可测集 $E \subseteq \psi(C)$. 由 $\psi^{-1}(E) \subseteq C$ 和 $m(C) = 0$ 可知 $m^*(\psi^{-1}(E)) = 0$, 故 $\psi^{-1}(E)$ 是可测集.

记 $\psi^{-1}(E)$ 的特征函数为 $f(x)$, 不难验证, $f(x)$ 几乎处处等于 0, 故 f 是可测函数. 令 $g(x) = \psi^{-1}(x)$, 则 $g(x)$ 是连续函数, 但 $f(g(x))$ 在 $[0,1]$ 上不是 Lebesgue 可测函数.

问题 3.1.7   可以取值无穷大的广义实值可测函数与有限值可测函数有什么区别?

设 E 是 $\mathbb{R}$ 的可测集, f 是 E 到 $\mathbb{R} \cup \{-\infty, +\infty\}$ 的广义实值函数, 若对于任意实数 c, 集合 $\{x \in E \mid f(x) \geqslant c\}$ 是 Lebesgue 可测集, 则称 f 是 E 上的 Lebesgue 可测函数.

令 $E_0 = E \backslash (\{x \in E \mid f(x) = -\infty\} \cup \{x \in E \mid f(x) = +\infty\})$, 则广义实值函数 f 是可测函数的充要条件为 f 是 E_0 到 $\mathbb{R}$ 的可测函数, 并且 $\{x \in E \mid f(x) = -\infty\}$ 和 $\{x \in E \mid f(x) = +\infty\}$ 都是可测集.

容易验证, 广义实值可测函数与可测函数具有类似的性质, 证明方法也是几乎一样的, 只是有时需要对取值为 ∞ 的点集做一些处理.

例题 3.1.3   设 f 为实数集 $\mathbb{R}$ 上的连续函数, 若 g 在 $\mathbb{R}$ 上是 Lebesgue 可测函数, 试证明 $f(g(x))$ 是 $\mathbb{R}$ 上的 Lebesgue 可测函数.

证明   由于 f 为实数集 $\mathbb{R}$ 上的连续函数, 因此, 对于任意 c, 记 $U_c = \{x \in \mathbb{R} \mid f(x) > c\}$, 则 U_c 是开集.

设 $U_c = \bigcup\limits_{n=1}^{\infty} (a_n, b_n)$, 这里 (a_n, b_n) 是 U_c 的构成区间, 它们是互不相交的, 并且构成区间的个数是可数的. 由于

$$\{x \in \mathbb{R} \mid f(g(x)) > c\} = \{x \in \mathbb{R} \mid g(x) \in U_c\} = \bigcup\limits_{n=1}^{\infty} \{x \in \mathbb{R} \mid a_n < g(x) < b_n\},$$

再由 g 在 $\mathbb{R}$ 上是 Lebesgue 可测函数, 可得 $\{x \in \mathbb{R} \mid a_\alpha < g(x) < b_\alpha\}$ 都是可测集, 因此, 对于任意 $c, \{x \in \mathbb{R} \mid f(g(x)) > c\}$ 是可测集, 所以, $f(g(x))$ 是 $\mathbb{R}$ 上的 Lebesgue 可测函数. ∎

利用 $\mathbb{R}^2$ 上的可测函数的性质, 还可以证明下面的结论.

性质 3.1.5   设 E 是 $\mathbb{R}$ 的 Lebesgue 可测集, f 是 E 上的非负可测函数, 则 f 的下方图形

$$R(E, f) = \{(x, y) \mid x \in E, 0 \leqslant y \leqslant f(x)\}$$

一定是 $\mathbb{R}^2$ 的 Lebesgue 可测集.

容易知道, 函数 $y = f(x)$ 的图形就是 $\mathbb{R}^2$ 的一条曲线, 因此, f 的图形在 $\mathbb{R}^2$ 的 Lebesgue 测度为 0.

性质 3.1.6 设 E 是 $\mathbb{R}$ 的 Lebesgue 可测集, f 是 E 上的非负可测函数, 则 f 的图形

$$G(E,f) = \{(x,y) \mid x \in E, y = f(x)\}$$

一定是 $\mathbb{R}^2$ 的 Lebesgue 可测集, 并且 $m(G(E,f)) = 0$.

证明 情形一. 若 $m(E) < \infty$, 对于任意小的 $\varepsilon > 0$, 令

$$E_n = \{x \in E \mid (n-1)\varepsilon \leqslant f(x) \leqslant n\varepsilon\} \quad (n = 1, 2, \cdots, n, \cdots).$$

由 f 是可测函数可知 E_n 是可测集, 并且对于 $G(E_n, f) = \{(x,y) \mid x \in E_n, y = f(x)\} \subseteq \mathbb{R}^2$, 有 $m(G(E_n, f)) \leqslant m(E_n) \cdot \varepsilon$.

由于 $G(E,f) = \bigcup\limits_{n=1}^{\infty} G(E_n, f)$, 因此

$$m^*(G(E,f)) \leqslant \sum_{n=1}^{\infty} m^*(E_n, f) \leqslant \sum_{n=1}^{\infty} m(E_n) \cdot \varepsilon = m^*(E)\varepsilon.$$

由 ε 的任意性可知 $m^*(G(E,f)) = 0$, 因此, $m(G(E,f)) = 0$.

情形二. 若 $m(E) = \infty$, 令 $E_i = E \cap [i, i+1]$ (i 为正负整数), 则 $m(E_i) < \infty$, 并且 $E = \bigcup\limits_{i=-\infty}^{+\infty} E_i$. 由情形一的讨论可知 $m(G(E_i, f)) = 0$, 因此

$$m(G(E,f)) = \sum_{i=-\infty}^{+\infty} m(G(E_i, f)) = 0. \qquad \blacksquare$$

3.2 几乎处处收敛

几乎处处是测度和积分理论中的重要概念.

1. 几乎处处收敛的定义

定义 3.2.1 若使得性质 P 不成立的点全体只是一个测度为零的集合, 则称性质 P 几乎处处成立 (almost everywhere), 简记为 a.e..

例 3.2.1 设 f 和 g 都是 E 上的函数, 若 $\{x \in E \mid f(x) \neq g\}$ 的 μ 测度是零, 则称 f 和 g 在 E 上是关于测度 μ 几乎处处相等的. 例如, $f(x)$ 在 $(-\infty, +\infty)$ 上的所有有理数点取值为 0, 在所有无理数点取值为 1, $g(x)$ 为恒等于 1 的函数, 则 $\{x \in \mathbb{R} \mid f(x) \neq g(x)\}$ 为所有有理数点, 它的 Lebesgue 测度是零, 因此, 函数 f 与 g 是关于 Lebesgue 测度几乎处处相等的.

例 3.2.2 设 f 是 E 上的函数, 若 f 在 E 上的不连续点全体的 μ 测度是零, 则称 f 在 E 上是关于测度 μ 几乎处处连续的. 例如, $f(x)$ 为开区间 $(0,1)$ 内的函数, 在 $\bigcup\limits_{n=1}^{\infty} \left(\frac{1}{n+1}, \frac{1}{n}\right)$ 上取值为 1, 在 $x_n = \frac{1}{n}$ ($n \in \mathbb{N}$) 取值为 0, 则 f 在 $(0,1)$ 上

是关于 Lebesgue 测度几乎处处连续的.

例 3.2.3 设 f_n, f 是 $[a,b]$ 上的函数, 若 $\{x \in [a,b] \mid f_n(x)$ 不收敛到 $f(x)\}$ 的测度为零, 则称 f_n 在 $[a,b]$ 上关于 Lebesgue 测度几乎处处收敛到 f. 例如, 由于 $[0,1]$ 上所有有理数是可列集, 因此可记为 $A = \{q_1, q_2, \cdots, q_n, \cdots\}$, 定义

$$f_n(x) = \begin{cases} 0, & x = q_n, \\ 1, & \text{其他}. \end{cases}$$

则函数列 $\{f_n\}$ 在 $[0,1]$ 上关于 Lebesgue 测度几乎处处收敛到 f, 这里

$$f(x) = \begin{cases} 0, & x \text{ 是有理数}, \\ 1, & x \text{ 是无理数}. \end{cases}$$

实际上, 若 x 是无理数, 则 $f_n(x) = 1$, 因此, $f_n(x)$ 收敛到 $f(x) = 1$. 但对于任意 $[0,1]$ 中的有理数 x, 一定存在某个 N, 使得 $n > N$ 时, 都有 $f_n(x) = 1$, 故 $f_n(x)$ 收敛到 1, 因此, $f_n(x)$ 收敛到 $f(x)$ 在所有 $[0,1]$ 中的有理数点都不成立. 容易知道所有 $[0,1]$ 中的有理数点的 Lebesgue 测度为 0, 所以, f_n 在 $[0,1]$ 上关于 Lebesgue 测度几乎处处收敛到 f.

下面定理说明 **在零测度集上改变函数 f 的取值不影响该函数的可测性.**

定理 3.2.1 设 f 和 g 是定义在 Lebesgue 可测集 E 上的实值函数, 若 f 是 Lebesgue 可测函数, 并且 f 与 g 在 E 上几乎处处相等, 则 g 一定是 Lebesgue 可测函数.

证明 设 $A = \{x \in E \mid f(x) \neq g(x)\}$, 则 A 的 Lebesgue 测度为零. 令 $B = E \setminus A$, 则由 A 是可测的可知 B 是可测集, 并且 f 和 g 在 B 上是相等的. 对于任意 c, 由 $E = B \cup A$ 可得

$$\begin{aligned} \{x \in E \mid g(x) > c\} &= \{x \in B \mid g(x) > c\} \cup \{x \in A \mid g(x) > c\} \\ &= \{x \in B \mid f(x) > c\} \cup \{x \in A \mid g(x) > c\}. \end{aligned}$$

由于 A 的测度为零, 并且 $\{x \in A \mid g(x) > c\}$ 是 A 的子集, 因此, $\{x \in A \mid g(x) > c\}$ 的测度为零, 因而它是可测的. 由 f 是可测函数可知 $\{x \in B \mid f(x) > c\}$ 是可测集, 所以, $\{x \in E \mid g(x) > c\}$ 是可测集, 即 g 是可测函数. ∎

2. 可测函数列的极限

定理 3.2.2 设 $\{f_n\}$ 是 Lebesgue 可测集 E 上的实值 Lebesgue 可测函数列, 并且对于任意 $x \in E, \{f_n(x)\}$ 都是有限的, 则 $\varphi(x) = \sup\{f_n(x) \mid n \in \mathbb{N}\}$ 和 $\psi(x) = \inf\{f_n(x) \mid n \in \mathbb{N}\}$ 都是 E 上的 Lebesgue 可测函数.

证明 对于任意 c, 有

$$\{x \in E \mid \varphi(x) > c\} = \bigcup_{n=1}^{\infty} \{x \in E \mid f_n(x) > c\},$$

并且

$$\{x \in E \mid \psi(x) < c\} = \bigcup_{n=1}^{\infty} \{x \in E \mid f_n(x) < c\}.$$

故 $\{x \in E \mid \varphi(x) > c\}$ 和 $\{x \in E \mid \psi(x) < c\}$ 都是可测集, 所以, $\varphi(x)$ 和 $\psi(x)$ 都是 E 上的 Lebesgue 可测函数. ∎

虽然连续函数列的极限函数不一定为连续函数, 但可测函数列的极限函数一定是可测函数.

推论 3.2.1 设 $\{f_n\}$ 是 Lebesgue 可测集 E 上的实值 Lebesgue 可测函数列, f 是 E 上的实值函数, 若 f_n 几乎处处收敛到 f, 则 f 是 E 上的 Lebesgue 可测函数.

证明 令 $A = \{x \mid f_n(x) \text{ 不收敛到 } f(x)\}$, 则 A 的 Lebesgue 测度是零. 定义

$$g_n(x) = \begin{cases} f_n(x), & x \in E \backslash A, \\ 0, & x \in A. \end{cases}$$

则 g_n 几乎处处等于 f_n, 因此, g_n 都是 Lebesgue 可测函数, 并且对于所有的 $x \in E$, $g_n(x)$ 都收敛, 记 $g(x) = \lim\limits_{n \to \infty} g_n(x)$.

由于

$$g(x) = \lim_{n \to \infty} g_n(x) = \varlimsup_{n \to \infty} g_n(x) = \inf_n \sup\{g_k(x) \mid k \geqslant n\},$$

由上面定理可知, $F_n(x) = \sup\{g_k(x) \mid k \geqslant n\}$ 和 $g(x) = \inf\{F_n(x) \mid n \in \mathbb{N}\}$ 都是 Lebesgue 可测函数, 因此, g 是 Lebesgue 可测函数. 因为 f 和 g 在 $E \backslash A$ 上是相等的, 故它们几乎处处相等. 所以, f 是 Lebesgue 可测函数. ∎

3.3 可测函数的结构

虽然可测函数是连续函数的推广, 但是它们的差别还是比较大的, 连续函数有很好的几何直观性质. 如果能用连续函数来刻画可测函数, 那么就可以用比较熟悉的连续函数来讨论不太直观的可测函数. 下面是 Lusin 的 Lebesgue 可测函数构造定理, 它说明每个 Lebesgue 可测函数都几乎是连续的.

定义 3.3.1 设 E 是 $\mathbb{R}$ 的 Lebesgue 可测集, f 是在 E 上只取有限个不同值 $a_1, a_2, \cdots, a_n$, 并且 $E_i = \{x \in E \mid f(x) = a_i\}$ $(i = 1, 2, \cdots, n)$ 都是 Lebesgue 可测集, 则称 f 为 E 上的简单函数.

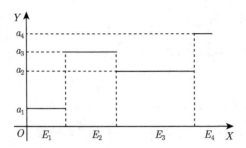

例如, 在有理数取值为 0, 在无理数取值为 1 的 Dirichlet 函数 $D(x)$ 就是一个实数集 $\mathbb{R}$ 上的简单函数.

明显地, f 是 E 上的简单函数, 则存在有限个可测集 $\{E_i\}$, $\{E_i\}$ 是互不相交的, 并且 $\overset{n}{\underset{i=1}{\cup}} E_i = E$, 使得 $f(x) = \sum\limits_{i=1}^{n} a_i\, \chi_{E_i}(x)$, 这里 χ_{E_i} 是 E_i 的特征函数. 可测函数总是可表示成简单函数列的极限.

定理 3.3.1 设 E 是 $\mathbb{R}$ 的 Lebesgue 可测集, f 是 E 上的 Lebesgue 可测函数, 则一定存在简单函数列 $\{f_n\}$, 使得 $\{f_n\}$ 在 E 上点点收敛到 f.

证明 对于任意 $n \in \mathbb{N}$, 令

$$E_j^{(n)} = \left\{ x \in E \ \middle| \ \frac{j}{n} \leqslant f(x) < \frac{j+1}{n} \right\},$$

这里 $j = -n^2, -n^2 + 1, \cdots, 0, 1, \cdots, n^2 - 1$.

构造函数列 $\{f_n\}$ 如下:

$$f_n(x) = \sum_{j=-n^2}^{n^2-1} \frac{j}{n}\, \chi_{E_j^{(n)}}(x),$$

则 f_n 是 E 上的简单函数.

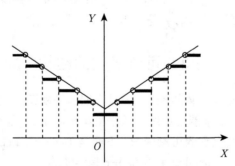

任取 $x_0 \in E$, 由于 $|f(x_0)| < \infty$, 因此, 存在 N, 使得 $|f(x_0)| < N$. 故对于任意 $n \geqslant N$, 都有整数 $j, -n^2 \leqslant j < n^2 - 1$, 使得

$$\frac{j}{n} \leqslant f(x_0) < \frac{j+1}{n},$$

故 $x_0 \in E_j^{(n)}$. 因而 $f_n(x_0) = \dfrac{j}{n}$, 因此, 当 $n \geqslant N$ 时, 有

$$|f_n(x_0) - f(x_0)| < \frac{1}{n}.$$

因为 x_0 是 E 中的任意点, 所以, $\{f_n\}$ 在 E 上收敛到 f. ■

注意: 这里证明中用到 $f(x)$ 在每个 x 都有 $|f(x)| < \infty$. 如果 f 不是有限值的 可以用截取 $f(x)$ 的值的办法来证明.

进一步, 还可以证明下面结论成立.

定理 3.3.2 设 E 是 $\mathbb{R}^n$ 的 Lebesgue 可测集, 则

(1) 若 f 是 E 上的非负 Lebesgue 可测函数, 则一定存在递增的简单函数列 $0 \leqslant \varphi_1(x) \leqslant \varphi_2(x) \leqslant \cdots \leqslant \varphi_n(x) \leqslant \varphi_{n+1}(x) \leqslant \cdots$, 使得 $\{\varphi_n\}$ 在 E 上点点收敛 到 f.

(2) 若 f 是 E 上的 Lebesgue 可测函数, 则一定存在简单函数列 $\{\varphi_n(x)\}$, 使得 $|\varphi_n(x)| \leqslant |\varphi_{n+1}(x)|$, 并且 $\{\varphi_n\}$ 在 E 上点点收敛到 f. 若 $f(x)$ 是有界的, 则上述收 敛是一致收敛.

证明 (1) 对于任意自然数 $k \in \mathbb{N}$, 将闭区间 $[0, k]$ 分成 $k \cdot 2^k$ 等份, 记

$$E_{k,j} = \left\{ x \in E \;\middle|\; \frac{j-1}{2^k} \leqslant f(x) < \frac{j}{2^k} \right\},$$

$$E_k = \{x \in E \mid f(x) \geqslant k\}.$$

这里 $j = 1, 2, \cdots, k \cdot 2^k$, $k = 1, 2, \cdots$.

构造函数列

$$\varphi_k(x) = \begin{cases} \dfrac{j-1}{2^k}, & x \in E_{k,j}, \\ k, & x \in E_k \end{cases}$$

$$(j = 1, 2, \cdots, k \cdot 2^k, \quad k = 1, 2, \cdots).$$

明显地, 若将 $\varphi_k(x)$ 用特征函数来表示, 则

$$\varphi_k(x) = k \cdot \chi_{E_k}(x) + \sum_{j=1}^{k \cdot 2^k} \frac{j-1}{2^k} \chi_{E_{k,j}}(x), \quad x \in E.$$

容易验证, $\varphi_k(x)$ 是非负的可测简单函数, 并且

$$\varphi_k(x) \leqslant \varphi_{k+1}(x) \leqslant f(x), \quad |\varphi_k(x)| \leqslant k,$$

对任意 $x \in E$ 和 $k = 1, 2, \cdots$ 都成立.

对于任意 $x \in E$, 若 $f(x)$ 有上界, 即存在某个 M, 使得 $f(x) \leqslant M$, 则 $k > M$ 时, 有

$$0 \leqslant f(x) - \varphi_k(x) \leqslant \frac{1}{2^k}.$$

因此, $\lim_{k \to \infty} \varphi_k(x) = f(x)$. 若 $f(x) = +\infty$, 则由 $\varphi_k(x)$ 的定义可知 $\varphi_k(x) = k$, 故 $\lim_{k \to \infty} \varphi_k(x) = f(x)$. 所以, 对于任意 $x \in E$, 都有 $\{\varphi_k\}$ 收敛到 f.

(2) 若 f 是 E 上的 Lebesgue 可测函数, 但不一定是非负的, 则记 $f(x) = f^+(x) - f^-(x)$. 根据 (1) 可知, 存在可测的简单函数列 $\{\varphi_k^{(1)}\}$ 和 $\{\varphi_k^{(2)}\}$, 满足

$$\lim_{k \to \infty} \varphi_k^{(1)}(x) = f^+(x) \quad \text{并且} \quad \lim_{k \to \infty} \varphi_k^{(2)}(x) = f^-(x).$$

明显地, $\varphi_k^{(1)} - \varphi_k^{(2)}$ 是可测的简单函数, 并且

$$\lim_{k \to \infty} [\varphi_k^{(1)}(x) - \varphi_k^{(2)}(x)] = f^+(x) - f^-(x) = f(x).$$

所以, $\{\varphi_k^{(1)} - \varphi_k^{(2)}\}$ 在 E 上点点收敛到 f.

另外, 若 $f(x)$ 在 E 上是有界的, 则存在某个常数 M, 使得 $|f(x)| \leqslant M$, 故当 $k > M$ 时, 有

$$\sup |f^+(x) - \varphi_k^{(1)}(x)| \leqslant \frac{1}{2^k},$$

$$\sup |f^-(x) - \varphi_k^{(2)}(x)| \leqslant \frac{1}{2^k}$$

对所有 $x \in E$ 都成立, 所以, $\{\varphi_k^{(1)} - \varphi_k^{(2)}\}$ 在 E 上一致收敛到 f. ∎

对于 $E \subseteq \mathbb{R}^n$ 上的函数 f, 点集 $S = \{x \in E \mid f(x) \neq 0\}$ 的闭包称为 f 的支撑集, 记为 $\operatorname{supp}(f)$. 若 $\operatorname{supp}(f)$ 是紧集, 则称 f 是具有紧支撑集的函数. 下面结论在很多证明中都会用到, 是一种比较重要的证明技巧.

推论 3.3.1 定理 3.3.2 中的简单函数都可以取为有紧支撑集的简单函数.

证明 对于任意 n, 只需将 $\varphi_n(x)$ 限制在以 0 为球心, n 为半径的闭球 $B(0, n)$ 上, 令 $g_n(x) = \varphi_n(x) \chi_{B(0,n)}(x)$, 则 g_n 是具有紧支撑集的可测函数.

明显地, 对于 $x \in E$, 一定存在某个 n_0, 使得 $n \geqslant n_0$ 时, 有 $x \in B(0, n)$, 因此

$$\lim_{n \to \infty} g_n(x) = \lim_{n \to \infty} \varphi_n(x) = f(x).$$ ∎

可测函数 Dirichlet 函数在 $[0, 1]$ 上处处不连续, 但这是否意味着这么多不连续点的函数与连续函数没有任何关系呢? Lusin 定理揭示了可测函数与连续函数的密切关系, 使得可测函数的结果更加清楚, 这样就可以将有关可测函数的问题转化为连续函数的问题, 使问题变得简单和容易处理.

设 E 是 $\mathbb{R}$ 的子集, f 为 E 上的函数, f 在 E 上连续是指: 将 E 看成在度量 $d(x,y) = |x-y|$ 下的度量空间, f 是度量空间 (E,d) 的连续函数. 明显地, f 是 E 上的连续函数的充要条件为对于 $x \in E$, 当 $x_n \in E, x_n \to x$ 时, 一定有 $f(x_n) \to f(x)$.

定理 3.3.3 (Lusin 定理) 设 E 是 $\mathbb{R}$ 的 Lebesgue 可测集, $m(E) < \infty$, 若 f 是 E 上的 Lebesgue 可测函数, 则对于任意 $\varepsilon > 0$, 都存在 E 的闭子集 F_ε, 使得 $m(E \backslash F_\varepsilon) < \varepsilon$, 并且 f 是 F_ε 上的连续函数.

证明 (1) 对于任意 $k \in \mathbb{N}$, 令

$$E_{n,k} = \left\{ x \in E \ \middle| \ \frac{n}{k} \leqslant f(x) < \frac{n+1}{k} \right\}, \quad n = 0, \pm 1, \pm 2, \cdots,$$

则容易验证 $E = \bigcup\limits_{n=-\infty}^{\infty} E_{n,k}$, 并且对于 $m \neq n$, 都有 $E_{n,k} \cap E_{m,k} = \varnothing$. 故 $m(E) = \sum\limits_{n=-\infty}^{\infty} m(E_{n,k})$.

(2) 由于 $m(E) < \infty$, 因此, 由级数 $\sum\limits_{n=-\infty}^{\infty} m(E_{n,k})$ 收敛可知, 对于任意 $\varepsilon > 0$, 存在自然数 n_k, 使得级数余项

$$\sum_{n=-\infty}^{-n_k-1} m(E_{n,k}) + \sum_{n=n_k+1}^{\infty} m(E_{n,k}) < \frac{\varepsilon}{2^{k+1}}.$$

(3) 对于 $|n| \leqslant n_k$, 根据测度的定义, 存在闭集 $F_{n,k} \subseteq E_{n,k}$, 使得

$$\sum_{n=-n_k}^{n_k} m(E_{n,k} \backslash F_{n,k}) < \frac{\varepsilon}{2^{k+1}}.$$

(4) 令 $F_k = \bigcup\limits_{n=-n_k}^{n_k} F_{n,k}$, 则

$$E \backslash F_k = \left(\bigcup_{n=-\infty}^{-n_k-1} E_{n,k} \right) \cup \left(\bigcup_{n=n_k+1}^{\infty} E_{n,k} \right) \cup \left(\bigcup_{n=-n_k}^{n_k} (E_{n,k} \backslash F_{n,k}) \right).$$

故

$$m(E \backslash F_k) < \frac{\varepsilon}{2^k}.$$

(5) 构造 F_k 上的连续函数列为: 当 $x \in F_{n,k}$ 时, 有 $f_k(x) = \dfrac{n}{k}$, 则 f_k 为 F_k 上的连续函数, 并且 $x \in F_k$ 时, 有

$$0 \leqslant f(x) - f_k(x) \leqslant \frac{1}{k}.$$

因而, f_k 在 $F_\varepsilon = \bigcap\limits_{k=1}^{\infty} F_k$ 上一致收敛到 f.

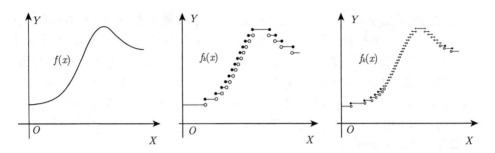

(6) 由于 $E \backslash F_\varepsilon = \overset{\infty}{\underset{k=1}{\cup}}(E \backslash F_k)$, 并且 $m(E \backslash F_k) < \dfrac{\varepsilon}{2^k}$, 因此, $m(E \backslash F_\varepsilon) < \varepsilon$. 所以, 定理结论成立. ■

可以证明, 若上面定理中的 $m(E) = \infty$, 则结论也是成立的.

由于 Dirichlet 函数 $D(x)$ 是在有理数等于 0, 在无理数等于 1 的可测函数. 将 Lusin 定理应用到 Dirichlet 函数的时候, 好像有些奇怪. 为了简明, 只考虑在有限闭区间 $[0,1]$ 上的 Dirichlet 函数 $D(x)$, 对于任意 $\varepsilon > 0$, 如何找到一个闭集 $F_\varepsilon \subseteq [0,1]$, 使得 $D(x)$ 在 F_ε 上连续, 并且 $m([0,1] \backslash F_\varepsilon) < \varepsilon$ 呢?

实际上, 由于 $[0,1]$ 内所有的无理数 E 是可测集, 并且测度是 1, 因此, 由内测度的定义, 有 $m_*(E) = \inf\{m(F) \mid F$ 是包含在 E 的闭集$\} = m(E) = 1$, 故对于任意 $\varepsilon > 0$, 存在 $F_\varepsilon \subseteq E$, 使得 $m(F_\varepsilon) > 1 - \varepsilon$. 由于 $[0,1]$ 内所有的有理数是可测集, 并且测度是 0, 因此, $m([0,1] \backslash F_\varepsilon)) < \varepsilon$. 另外, 由 F_ε 中的元素都是无理数可知, $D(x)$ 在 F_ε 上恒等于 1, 所以, $D(x)$ 在 F_ε 上连续.

这里觉得奇怪的根源在于 $[0,1]$ 的所有无理数 E, 对于任意 $\varepsilon > 0$, 都可以找到闭集 $F_\varepsilon \subseteq E$, 使得 $m(E \backslash F_\varepsilon) < \varepsilon$. 其实, 是可以将上面讨论中的闭集 F_ε 构造出来的. 由于 $[0,1]$ 的所有有理数是可数的, 因此, 可将它们排列为 $q_1, q_2, \cdots, q_n, \cdots$, 作开集

$$G_\varepsilon = \overset{\infty}{\underset{n=1}{\cup}}\left(q_n - \frac{\varepsilon}{2^{n+1}}, q_n + \frac{\varepsilon}{2^{n+1}}\right),$$

则 G_ε 的测度 $m(G_\varepsilon) < \varepsilon$. 令 $F_\varepsilon = [0,1] \backslash G_\varepsilon$, 则 F_ε 是闭集, 由于 F_ε 中没有有理数, 因此, 它是 $[0,1]$ 的所有无理数 E 的闭子集, 并且 $m(E \backslash F_\varepsilon) \leqslant m(G_\varepsilon) < \varepsilon$.

例题 3.3.1 设 E 是 $\mathbb{R}$ 的 Lebesgue 可测集, $m(E) < \infty$, f 是 E 上的函数, 若对于任意 $\varepsilon > 0$, 都存在 E 的闭子集 F_ε, 使得 $m(E \backslash F_\varepsilon) < \varepsilon$, 并且 f 是 F_ε 上的可测函数, 试证明 f 是 E 上的可测函数.

证明 (1) 若对于任意 $\varepsilon_n = \dfrac{1}{n}$, 都存在 E 的闭子集 F_n, 使得 $m(E \backslash F_n) < \dfrac{1}{n}$, 并且 f 是 F_n 上的可测函数. 令 $H_0 = \overset{\infty}{\underset{n=1}{\cup}} F_n$, $H_1 = E \backslash H_0$, 则 $E = H_0 \cup H_1$, 并且

$$m(H_1) = m(E \backslash H_0) = m\left(\overset{\infty}{\underset{n=1}{\cap}}(E \backslash F_n)\right) \leqslant m(E \backslash F_n) < \frac{1}{n}.$$

令 $n \to \infty$, 则 $m(H_1) = 0$.

(2) 由于对于任意实数 c, 有 $\{x \in H_1 \mid f(x) > c\}$ 是零测集 H_1 的子集, 因此, $\{x \in H_1 \mid f(x) > c\}$ 的测度是零, 所以, 它是可测集.

(3) 另外, 由于 f 在 F_n 上是可测函数, 故 $\{x \in F_n \mid f(x) > c\}$ 是可测集, 因此, $\{x \in H_0 \mid f(x) > c\} = \bigcup\limits_{n=1}^{\infty} \{x \in F_n \mid f(x) > c\}$ 是可测集, 因而, $\{x \in E \mid f(x) > c\} = \{x \in H_0 \cup H_1 \mid f(x) > c\} = \{x \in H_0 \mid f(x) > c\} \cup \{x \in H_1 \mid f(x) > c\}$ 是可测集. 所以, f 是 E 上的可测函数.

问题 3.3.1 Lusin 定理的逆定理成立吗?

成立. Lusin 定理的逆定理为: 设 E 是 $\mathbb{R}$ 的 Lebesgue 可测集, $m(E) < \infty$, f 是 E 上的函数, 若对于任意 $\varepsilon > 0$, 都存在 E 的闭子集 F_ε, 使得 $m(E \backslash F_\varepsilon) < \varepsilon$, 并且 f 是 F_ε 上的连续函数, 则 f 是 E 上的可测函数. 由于连续函数一定是可测函数, 因此由上面的例题可以看出, 结论成立.

由于 Lusin 定理给出了可测函数的刻画, 因此, **在 $m(E) < \infty$ 时, Lusin 定理可以作为可测函数的定义, 它说明了可测函数就是具有某种连续性的函数**.

问题 3.3.2 设 E 是 $\mathbb{R}$ 的 Lebesgue 可测集, $m(E) < \infty$, 若 f 是 E 上的 Lebesgue 可测函数, 则一定存在 E 的闭子集 F, 使得 $m(E \backslash F) = 0$, 并且 f 是 F 上的连续函数吗?

不一定. 设 $E = [-1, 1]$, 令

$$f(x) = \begin{cases} 0, & x \in [-1, 0), \\ 1, & x \in [0, 1]. \end{cases}$$

则明显地, E 是 $\mathbb{R}$ 的 Lebesgue 可测集, $m(E) = 2 < \infty$, 并且 f 是 E 上的 Lebesgue 可测函数. 假如存在 $\mathbb{R}$ 上的连续函数 g, 使得 $\{x \in E \mid f(x) \neq g(x)\}$ 的测度为零.

由于 $g(x)$ 是连续函数, 故 $g(x)$ 在 0 点连续, 因此, 对于 $\frac{1}{4}$, 存在 $\delta > 0$, 使得 $|x| < \delta$ 时, 有 $|g(x) - g(0)| < \frac{1}{4}$.

如果 $|g(0)| \geqslant \frac{1}{2}$, 则由 $|g(x) - g(0)| < \frac{1}{4}$ 可知 $|g(0)| - |g(x)| \leqslant |g(x) - g(0)| < \frac{1}{4}$, 故 $|g(x)| > \frac{1}{4}$. 但当 $x \in (-\delta, 0)$ 时, 有 $f(x) = 0$, 因此, 对于任意 $x \in (-\delta, 0)$, 都有 $x \in \{x \in E \mid f(x) \neq g(x)\}$, 故 $\{x \in E \mid f(x) \neq g(x)\}$ 包含区间 $(-\delta, 0)$, 但这与 $\{x \in E \mid f(x) \neq g(x)\}$ 的测度为零矛盾.

如果 $|g(0)| < \frac{1}{2}$, 则由 $|g(x) - g(0)| < \frac{1}{4}$ 可知 $|g(x)| - |g(0)| \leqslant |g(x) - g(0)| < \frac{1}{4}$, 故 $|g(x)| < \frac{3}{4}$. 但当 $x \in (0, \delta)$ 时, 有 $f(x) = 1$, 因此, 对于任意 $x \in (0, \delta)$, 都有 $x \in \{x \in E \mid f(x) \neq g(x)\}$, 故 $\{x \in E \mid f(x) \neq g(x)\}$ 包含区间 $(0, \delta)$, 故

$\{x \in E \mid f(x) \neq g(x)\}$ 的测度大于等于 δ, 但这与 $\{x \in E \mid f(x) \neq g(x)\}$ 的测度为零矛盾.

综合上述, 不存在 E 的闭子集 F, 使得 $m(E \backslash F) = 0$, 并且 f 是 F 上的连续函数.

问题 3.3.3 $\mathbb{R}$ 的任何闭集 F 上的连续函数 f, 一定可以延拓成 $\mathbb{R}$ 的连续函数 g, 使得 $x \in F$ 时, 有 $f(x) = g(x)$ 吗?

是的. 实际上, 由于 F 是闭集, 因此, $G = F^C$ 是开集, 记 G 的构成区间为 $\{(a_n, b_n)\}$, 则 $G = \overset{\infty}{\underset{n=1}{\cup}} (a_n, b_n)$.

若构成区间 (a_n, b_n) 是有限的, 则它的端点 $a_n, b_n \in F$, 在 (a_n, b_n) 内定义

$$g(x) = f(a_n) \frac{b_n - x}{b_n - a_n} + f(b_n) \frac{x - a_n}{b_n - a_n}.$$

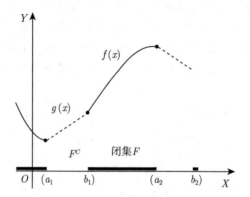

若构成区间 (a_n, b_n) 是无限的, 假如 $(a_n, b_n) = (-\infty, b_n)$, 则在 $(-\infty, b_n)$ 内定义 $g(x) = f(b_n)$. 假如 $(a_n, b_n) = (a_n, +\infty)$, 则在 $(a_n, +\infty)$ 内定义 $g(x) = f(a_n)$.

明显地, 从上面函数 g 的定义可以看出, 对于任意 $x_0 \in G, g(x)$ 在 x_0 都是连续的.

下面再证明对于任意 $x_0 \in F, g(x)$ 在 x_0 点连续. 由于 f 在 F 上连续, 因此, 对于 $x_0 \in F$ 和任意 $\varepsilon > 0$, 一定存在 $\delta > 0$, 使得 $x \in (x_0 - \delta, x_0 + \delta) \cap F$ 时, 有

$$|f(x) - f(x_0)| < \varepsilon.$$

情形一. 若 $(x_0 - \delta, x_0)$ 中没有 F 的点, 则 x_0 一定是 $G = F^C$ 的某个构成区间 (a, b) 的右端点, 由于 g 在 $(x_0 - \delta, x_0)$ 中是线性函数, 因此, 一定存在 η, 使得 $x \in (\eta, x_0)$ 时, 有

$$|g(x) - g(x_0)| < \varepsilon.$$

情形二. 若 $(x_0 - \delta, x_0)$ 中含有 F 的点 τ, 则 $x \in [\tau, x_0) \cap F$ 时, 有 $g(x) = f(x), g(x_0) = f(x_0)$, 故

$$|g(x) - g(x_0)| < \varepsilon.$$

若 $x \in [\tau, x_0)$, 但 $x \notin F$, 则一定有 G 的构成区间 (a_n, b_n), 使得 $x \in (a_n, b_n) \subseteq (\tau, x_0)$. 由于 $a_n, b_n \in [\tau, x_0) \cap F$, 因此, 由上面讨论可知

$$|g(a_n) - g(x_0)| < \varepsilon, \quad |g(b_n) - g(x_0)| < \varepsilon.$$

由 g 的构造可知 $g(x)$ 的值在 $g(a_n)$ 和 $g(b_n)$ 之间, 因此, $|g(x) - g(x_0)| < \varepsilon$. 故 x_0 是函数 g 的左连续点.

同样可证, x_0 是 g 的右连续点, 所以, g 在 x_0 点连续.

实际上, 还可以证明在度量空间中, 有一样的结论成立.

定理 3.3.4　度量空间 (X, d) 的任何闭集 F 上的连续函数 f, 一定可以延拓成 X 的连续函数 g, 使得 $x \in F$ 时, 有 $f(x) = g(x)$.

利用实数集 E 上的连续函数可以拓展到 $\mathbb{R}$ 的结果, 可以得到 Lusin 定理的更好形式.

定理 3.3.5　设 E 是 $\mathbb{R}$ 的 Lebesgue 可测集, 若 f 是 E 上的 Lebesgue 可测函数, 则对于任意 $\varepsilon > 0$, 都存在 $\mathbb{R}$ 上的连续函数 g, 使得 $m(\{x \in E \mid f(x) \neq g(x)\}) < \varepsilon$.

证明　由于对于任意 $\varepsilon > 0$, 都存在闭集 $F_\varepsilon \subseteq E$, 使得 $m(E \backslash F_\varepsilon) < \varepsilon$, 并且 f 在 F_ε 上是连续函数.

将 f 延拓成 $\mathbb{R}$ 的连续函数 g, 则 $\{x \in E \mid f(x) \neq g(x)\} \subseteq E \backslash F_\varepsilon$, 所以, $m(\{x \in E \mid f(x) \neq g(x)\}) < \varepsilon$. ■

问题 3.3.4　Lusin 定理能不能加强为: 设 E 是 $\mathbb{R}$ 的 Lebesgue 可测集, 若 f 是 E 上的 Lebesgue 可测函数, 则对于任意 $\varepsilon > 0$, 都存在 $\mathbb{R}$ 上的多项式函数 g, 使得 $m(\{x \in E \mid f(x) \neq g(x)\}) < \varepsilon$ 吗?

不能. 设 $E = [0, 1]$, $f(x) = e^x$, 假如对于 $0 < \varepsilon < 1$, 存在闭集 $F_\varepsilon \subseteq E$ 和 $\mathbb{R}$ 上的多项式函数 g, 使得 $m(\{x \in E \mid f(x) \neq g(x)\}) < \varepsilon$. 则 $f(x)$ 在 F_ε 上等于多项式 $g(x) = a_n x^n + \cdots + a_1 x + a_0$, 则由 $m(F_\varepsilon) = 1 - \varepsilon > 0$ 可知它一定不是可数集, 因此, 它包含无数个点, 这样 $f(x) - g(x)$ 就有无数个零点, 但由 $f(x) - g(x)$ 的 $n + 1$ 阶导数是 e^x 可知 $f(x) - g(x)$ 最多只有有限个零点, 故 $f(x) - g(x)$ 就有无数个零点是不可能的, 矛盾. 所以, Lusin 定理不能加强到将连续函数换成多项式.

Lusin 定理有广泛的应用, 下面看看如何利用它来证明一些题目.

例题 3.3.2　设 E 是 $\mathbb{R}$ 的 Lebesgue 可测集, $m(E) < \infty$, 若 f 是 E 上的有限值 Lebesgue 可测函数, 试证明一定存在 $\mathbb{R}$ 上的连续函数列 $\{f_n\}$, 使得 $\{f_n\}$ 几乎处处收敛到 f.

思路分析　对于无论多大的 n, 由 Lusin 定理可知, 都存在闭集 $F_n \subseteq E$, 使得 $m(E \backslash F_n) \leqslant \frac{1}{n}$, 并且 f 在 F_n 上是连续函数. 若令 $F = \bigcup\limits_{n=1}^{\infty} F_n$, 则 F 几乎与 E 相等, 即 $m(E \backslash F) = 0$, 不过 f 在 F 上不一定是连续函数. 容易发现一个关键的地方就是 f 在 $E_n = \bigcup\limits_{i=1}^{n} F_i$ 上是连续函数.

证明　(1) 对于任意 n, 由 Lusin 定理可知, 存在闭集 $F_n \subseteq E$, 使得 $m(E \backslash F_n) \leqslant \frac{1}{n}$, 并且 f 在 F_n 上是连续函数.

(2) 对于每个 n, 令 $E_n = \bigcup\limits_{i=1}^{n} F_i$, 由于 f 在每个 F_n 上是连续函数, 因此, f 在 E_n 上是连续函数.

定义 g_n 为 f 在 E_n 的限制, 即 $g_n = f|_{E_n}$, 则 g_n 是 E_n 上的连续函数. 既然 E_n 是闭集, 因此, 存在 $\mathbb{R}$ 上的连续函数 f_n 为 g_n 的扩张, 即当 $x \in E_n$ 时, 都有 $f_n(x) = g_n(x)$ 成立.

(3) 下面证明 f_n 几乎处处收敛到 f. 实际上, 令 $F = \bigcup\limits_{i=1}^{\infty} E_i$, 则对于任意 $x \in F$, 由于 $E_n \subseteq E_{n+1}$, 因此一定存在某个 N, 使得 $n > N$ 时, 都有 $x \in E_n$, 故 $\lim\limits_{n \to \infty} f_n(x) = f(x)$. 因此, 在 F 上, 有 $f_n \to f$ 成立. 并且 $m(E \backslash F) = m\left(\bigcap\limits_{n=1}^{\infty}(E \backslash E_n)\right) \leqslant m\left(\bigcap\limits_{n=1}^{\infty}(E \backslash F_n)\right) = 0$. 所以, $\{f_n\}$ 几乎处处收敛到 f. ∎

Lusin 定理可以用来证明实数集 $\mathbb{R}$ 上具有可加性的 Lebesgue 可测函数一定是连续函数.

例题 3.3.3　设 $f(x)$ 是 $\mathbb{R}$ 上的有限值 Lebesgue 可测函数, 对于任意 $x, y \in \mathbb{R}$, 有 $f(x + y) = f(x) + f(y)$, 试证明 $f(x)$ 是连续函数.

证明　(1) 容易知道, 由 $f(0 + 0) = f(0) + f(0)$ 可知 $f(0) = 0$, 并且 $f(x + h) = f(x) + f(h)$, 故 $f(x + h) - f(x) = f(h)$.

(2) 由于 f 在 $[0, 1]$ 上可测, 故由 Lusin 定理可知, 存在闭集 $F \subseteq [0, 1]$, 使得 f 在 F 上连续.

(3) 由于 F 是有界闭集, 故 $f(x)$ 在 F 上一致连续. 故对于任意 $\varepsilon > 0$, 存在 $\delta_1 > 0$, 使得当 $x, y \in F, |x - y| < \delta_1$ 时, 有

$$|f(x) - f(y)| < \varepsilon.$$

(4) 由于可以证明一定存在 $\delta_2 > 0$ 使得, 闭区间 $[-\delta_2, \delta_2] \subseteq F - F = \{x - y \mid x, y \in F\}$. 令 $\delta = \min\{\delta_1, \delta_2\}$, 则当 $z \in (-\delta, \delta)$ 时, 有 $x, y \in F$, 使得 $z = x - y$, 因此

$$|f(z) - f(0)| = |f(x - y) - 0| = |f(x) - f(y)| < \varepsilon.$$

因而, $f(x)$ 在 $x_0 = 0$ 连续. 所以, 由 $f(x+h) - f(x) = f(h)$ 可知 $\lim\limits_{h \to 0}[f(x+h) - f(x)] = \lim\limits_{h \to 0} f(h) = f(0) = 0$, 故 $\lim\limits_{h \to 0} f(x+h) = f(x)$, 即 $f(x)$ 在任意点都连续.

注 (4) 用到了引理: 设 E 是 $\mathbb{R}$ 的可测集, 并且 $m(E) > 0$, 则一定存在 $\delta > 0$, 使得 $[-\delta, \delta] \subseteq E - E = \{x - y \mid x, y \in E\}$. ∎

3.4 依测度收敛

可测函数列可以定义几种收敛性, 如几乎处处收敛、依测度收敛和几乎一致收敛, 这些收敛性之间存在一些蕴涵关系. 依测度收敛与比较熟悉的处处收敛有很大的差异. Egorov 定理和 Riesz 定理等揭示了这几种收敛之间的一些关系.

设 $\{f_n\}$ 是 E 上的可测函数列, 若存在函数 f, 使得 $\{f_n\}$ 在 E 上一致收敛到 f, 则对于任意 $\varepsilon > 0$, 存在 N, 使得 $n > N$ 时, 有

$$\{x \in E \mid |f_n(x) - f(x)| \geqslant \varepsilon\} = \varnothing,$$

故 $n > N$ 时, 有

$$\mu(\{x \in E \mid |f_n(x) - f(x)| \geqslant \varepsilon\}) = 0,$$

但这个要求太高了, 因此, 可以考虑弱一点的收敛性.

定义 3.4.1 设 $\{f_n\}$ 是 E 上的可测函数列, 若存在函数 f, 使得对于任意 $\varepsilon > 0$, 有

$$\lim_{n \to \infty} \mu(\{x \in E \mid |f_n(x) - f(x)| \geqslant \varepsilon\}) = 0,$$

则称 $\{f_n\}$ 依测度 μ 收敛到 f, 记为 $f_n \underset{\mu}{\Longrightarrow} f$.

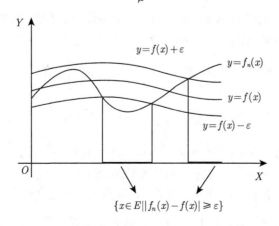

$$\{x \in E \mid |f_n(x) - f(x)| \geqslant \varepsilon\}$$

明显地, $\{f_n\}$ 依测度 μ 收敛到 f 也就是 $\lim\limits_{n\to\infty} \mu(E\backslash\{x \in E \mid |f_n(x) - f(x)| < \varepsilon\}) = 0$. 并且当且仅当 $\lim\limits_{n\to\infty} \mu(\{x \in E \mid |f_n(x) - f(x)| > \varepsilon\}) = 0$.

问题 3.4.1 设 $\{f_n\}$ 是可测集 E 上的可测函数列, 若 $\{f_n\}$ 依 Lebesgue 测度收敛到 f, 则 $\{f_n\}$ 点点收敛到 f 吗?

不一定. 存在依 Lebesgue 测度收敛的函数列 $\{f_n\}$, 但点点都不收敛.

设 $E = (0, 1]$, 则 E 是 $\mathbb{R}$ 的 Lebesgue 可测集, 先将 $(0, 1]$ 分成二等份, 定义两个函数如下:

$$f_1^{(1)}(x) = \begin{cases} 1, & x \in \left(0, \dfrac{1}{2}\right], \\ 0, & x \in \left(\dfrac{1}{2}, 1\right]. \end{cases}$$

$$f_2^{(1)}(x) = \begin{cases} 0, & x \in \left(0, \dfrac{1}{2}\right], \\ 1, & x \in \left(\dfrac{1}{2}, 1\right]. \end{cases}$$

然后, 将 $(0, 1]$ 分成四等份, 定义四个函数与上面类似. 再用同样的方法, 将 $(0, 1]$ 分成八等份, 定义八个函数. 对于 n, 将 $(0, 1]$ 分成 2^n 等份, 定义 2^n 个函数:

$$f_j^{(n)}(x) = \begin{cases} 1, & x \in \left(\dfrac{j-1}{2^n}, \dfrac{j}{2^n}\right], \\ 0, & x \notin \left(\dfrac{j-1}{2^n}, \dfrac{j}{2^n}\right]. \end{cases}$$

这里 $j = 1, 2, \cdots, 2^n$. 将 $\{f_j^{(n)} \mid j = 1, 2, \cdots, 2^n\}$ 按照先 n 后 j 的顺序将它们排成函数列:

$$f_1^{(1)}, f_2^{(1)}, f_1^{(2)}, f_2^{(2)}, f_3^{(2)}, f_4^{(2)}, \cdots, f_1^{(n)}, f_2^{(n)}, \cdots, f_{2^n}^{(n)}, \cdots,$$

则 $f_j^{(n)}$ 在上面函数列中是第 $k = 2^n - 2 + j$ 个函数, 故可以将该函数列记为 $\{f_k\}$.

对于任意 $\varepsilon > 0$, 若 $\varepsilon > 1$, 则集合 $\{x \in E \mid |f_j^{(n)}(x) - 0| > \varepsilon\}$ 是空集. 若 $0 < \varepsilon < 1$, 则 $\{x \in E \mid |f_j^{(n)}(x) - 0| > \varepsilon\} = \left(\dfrac{j-1}{2^n}, \dfrac{j}{2^n}\right]$, 故

$$m(\{x \in E \mid |f_j^{(n)}(x) - 0| > \varepsilon\}) \leqslant \frac{1}{2^n}.$$

由于 $k = 2^n - 2 + j \to \infty$ 时, $n \to \infty$, 因此, $\lim\limits_{k\to\infty} m(\{x \in E \mid |f_j^{(n)}(x) - 0| > \varepsilon\}) = 0$, 所以, 函数列 $\{f_k\}$ $(k = 2^n - 2 + j)$ 依测度收敛到 0.

另外, 对于任意 $x_0 \in (0, 1]$, 无论 n 取多大, 一定存在某个 j, 使得 $x_0 \in \left(\dfrac{j-1}{2^n}, \dfrac{j}{2^n}\right]$, 因此, $f_j^{(n)}(x_0) = 1$, 但 $f_{j+1}^{(n)}(x_0) = 0$ 或者 $f_{j-1}^{(n)}(x_0) = 0$. 因而, 函数列

$\{f_k(x_0)\}$ 中有两个收敛子列: 一个恒等于 1 和一个恒等于 0, 故函数列 $\{f_k(x_0)\}$ 不是收敛列, 所以, 函数列 $\{f_k\}$ 点点都不收敛.

问题 3.4.2 设 $\{f_n\}$ 是可测集 E 上的可测函数列, 若 $\{f_n\}$ 点点收敛到 f, 则 $\{f_n\}$ 依 Lebesgue 测度收敛到 f 吗?

不一定. 设 $E = (0, +\infty)$, 定义

$$f_n(x) = \begin{cases} 1, & x \in (0, n], \\ 0, & x \in (n, +\infty). \end{cases}$$

这里 $n \in \mathbb{N}$. 则对于任意 $x_0 \in E$, 存在 N, 使得 $x_0 \in (0, N]$, 故当 $n > N$ 时, 有 $f_n(x_0) = 1$, 因此, $\{f_n(x_0)\}$ 收敛到 1, 即 $\{f_n\}$ 在 E 上点点收敛到 1.

对于任意 $0 < \varepsilon < 1$, 有

$$\{x \in E \mid |f_n(x) - 1| > \varepsilon\} = (n, +\infty),$$

因此, $m(\{x \in E \mid |f_n(x) - 1| > \varepsilon\}) = \infty$, 所以, $\{f_n\}$ 不依 Lebesgue 测度收敛到 1.

从上面两个问题可以看出, $\{f_n\}$ 依 Lebesgue 测度收敛与几乎处处收敛是互不包含的.

定理 3.4.1 若 $\{f_n\}$ 是 E 上依 Lebesgue 测度收敛的可测函数列, 则在几乎处处相等的意义下, 极限函数是唯一的.

证明 设 $\{f_n\}$ 依 Lebesgue 测度收敛到 f 和 g, 由于 $|f(x) - g(x)| \leqslant |f(x) - f_n(x)| + |g(x) - f_n(x)|$, 因此, 对于任意 $\varepsilon > 0$, 有 $\{x \in E \mid |f(x) - g(x)| > 2\varepsilon\} \subseteq \{x \in E \mid |f(x) - f_n(x)| > \varepsilon\} \cup \{x \in E \mid |g(x) - f_n(x)| > \varepsilon\}$. 由 $\{f_n\}$ 是依 Lebesgue 测度收敛到 f 和 g 可知, 当 $n \to \infty$ 时, 有 $m(\{x \in E \mid |f(x) - f_n(x)| > \varepsilon\}) \to 0$, 并且 $m(\{x \in E \mid |g(x) - f_n(x)| > \varepsilon\}) \to 0$. 故 $m(\{x \in E \mid |f(x) - g(x)| > 2\varepsilon\}) \to 0$, 所以, f 和 g 是几乎处处相等的. ■

Riesz (里斯) 出生于匈牙利的犹太人家庭, 1911 年到 1919 年任 Franz Joseph 大学的教授, 后来任 Szeged 大学的教授和校长. 另外, 他的弟弟 Marcel Riesz 也是数学家. Riesz 在泛函分析领域做了很多基础性的工作, 他的工作在物理方面也有很多应用. 他还和 Haar 创办了数学刊物 *Acta Scientiarum Mathematicarum*. 虽然依 Lebesgue 测度收敛和点点收敛有很大的区别, 但它们还是有着密切的联系. Riesz 证明了下面的结论.

Riesz(1880—1956)

定理 3.4.2 (Riesz 定理) 若 $\{f_n\}$ 是 E 上依 Lebesgue 测度收敛到 f 的可测函数列, 则 $\{f_n\}$ 一定有几乎处处收敛到 f 的子序列 $\{f_{n_k}\}$.

证明　(1) 对于任意自然数 k, 取 $\varepsilon = \dfrac{1}{2^k}, \delta = \dfrac{1}{2^k}$. 由于 $\{f_n\}$ 依 Lebesgue 测度收敛到 f, 因此, 存在 $n_k \in \mathbb{N}$, 使得 $n \geqslant n_k$ 时, 有

$$m\left(\left\{x \in E \;\middle|\; |f_n(x) - f(x)| > \frac{1}{2^k}\right\}\right) < \frac{1}{2^k}, \quad k = 1, 2, \cdots .$$

明显地, 在选取时, 可以选择 n_k 足够大, 使得 $n_1 < n_2 < \cdots < n_k < n_{k+1} < \cdots$. 记

$$E_k = \left\{x \in E \;\middle|\; |f_{n_k}(x) - f(x)| > \frac{1}{2^k}\right\}.$$

(2) 令 $F_i = \bigcap\limits_{k=i}^{\infty}(E \backslash E_k)$, 由于 $E \backslash E_k = \left\{x \in E \;\middle|\; |f_{n_k}(x) - f(x)| \leqslant \dfrac{1}{2^k}\right\}$, 因此,

$$F_i = \left\{x \in E \;\middle|\; |f_{n_k}(x) - f(x)| \leqslant \frac{1}{2^k}, k = i, i+1, \cdots \right\}.$$ 故函数列 $\{f_{n_k}\}$ 在 F_i 上点点收敛到 f. 令 $F = \bigcup\limits_{i=1}^{\infty} F_i$, 则函数列 $\{f_{n_k}\}$ 在 F 上点点收敛到 f.

(3) 最后证明 $m(E \backslash F) = 0$. 由于

$$E \backslash F = \bigcap_{i=1}^{\infty}(E \backslash F_i) = \bigcap_{i=1}^{\infty} \bigcup_{k=i}^{\infty} E_k = \varlimsup_{k \to \infty} E_k,$$

并且 $\sum\limits_{k=1}^{\infty} m(E_k) \leqslant \sum\limits_{k=1}^{\infty} \dfrac{1}{2^k} = 1$. 对于任意自然数 m, 由 $\varlimsup\limits_{k \to \infty} E_k \subseteq \bigcup\limits_{k=m}^{\infty} E_k$ 可知 $m\left(\varlimsup\limits_{k \to \infty} E_k\right) \leqslant m\left(\bigcup\limits_{k=m}^{\infty} E_k\right) \leqslant \sum\limits_{k=m}^{\infty} m(E_k) \to 0$, 因此, $m(E \backslash F) = m\left(\varlimsup\limits_{k \to \infty} E_k\right) = 0$. 所以, $\{f_n\}$ 的子序列 $\{f_{n_k}\}$ 几乎处处收敛到 f. ∎

定理 3.4.3　若 $\{f_n\}$ 是 E 上几乎处处收敛到有限函数 f 的可测函数列, 并且 $m(E) < \infty$, 则 $\{f_n\}$ 一定在 E 上依 Lebesgue 测度收敛到 f.

证明　(1) 设 $E_1 = \left\{x \in E \;\middle|\; \lim\limits_{n \to \infty} f_n = f\right\}$, 由 $\{f_n\}$ 在 E 上几乎处处收敛 f 可知 $m(E \backslash E_1) = 0$.

(2) 对于任意 $x_0 \in E_1$, 存在 N_{x_0}, 使得当 $n \geqslant N_{x_0}$ 时, 有

$$|f_n(x_0) - f(x_0)| \leqslant \varepsilon.$$

因此, $x_0 \in \bigcap\limits_{n=N_{x_0}}^{\infty} \{x \in E_1 \mid |f_n(x) - f(x)| \leqslant \varepsilon\}$. 由于 x_0 是任意的, 因此

$$E_1 \subseteq \bigcup_{k=1}^{\infty} \bigcap_{n=k}^{\infty} \{x \in E_1 \mid |f_n(x) - f(x)| \leqslant \varepsilon\}.$$

另外, 明显地, 有

$$\bigcup_{k=1}^{\infty} \bigcap_{n=k}^{\infty} \{x \in E_1 \mid |f_n(x) - f(x)| \leqslant \varepsilon\} \subseteq E_1,$$

故

$$E_1 = \bigcup_{k=1}^{\infty} \bigcap_{n=k}^{\infty} \{x \in E_1 \mid |f_n(x) - f(x)| \leqslant \varepsilon\}$$
$$= \varliminf_{n \to \infty} \{x \in E_1 \mid |f_n(x) - f(x)| \leqslant \varepsilon\}.$$

因此

$$m(E) = m(E_1) \leqslant m\left(\varliminf_{n \to \infty} \{x \in E_1 \mid |f_n(x) - f(x)| \leqslant \varepsilon\}\right),$$

从而

$$\varlimsup_{n \to \infty} m(\{x \in E_1 \mid |f_n(x) - f(x)| > \varepsilon\})$$
$$= \varlimsup_{n \to \infty} [m(E_1) - m(\{x \in E_1 \mid |f_n(x) - f(x)| \leqslant \varepsilon\})] = 0.$$

因为

$$\{x \in E \mid |f_n(x) - f(x)| > \varepsilon\} \subseteq \{x \in E_1 \mid |f_n(x) - f(x)| > \varepsilon\} \cup (E \backslash E_1),$$

所以

$$\lim_{n \to \infty} m(\{x \in E \mid |f_n(x) - f(x)| > \varepsilon\}) = 0. \qquad \blacksquare$$

推论 3.4.1 设 $m(E) < \infty, \{f_n\}$ 是 E 上的可测函数列, 则 $\{f_n\}$ 一定在 E 上依 Lebesgue 测度收敛到有限函数 f 当且仅当对于 $\{f_n\}$ 的任意子序列 $\{f_{n_k}\}$, 都可以找到一个子序列 $\{f_{n_{k_l}}\}$ 几乎处处收敛到 f.

证明 (1) 必要性: 若 $\{f_n\}$ 一定在 E 上依 Lebesgue 测度收敛到 f, 则 $\{f_n\}$ 的任意子序列 $\{f_{n_k}\}$ 一定依测度收敛到 f, 因此, 由 Riesz 定理可知 $\{f_{n_k}\}$ 子序列 $\{f_{n_{k_l}}\}$ 几乎处处收敛到 f.

(2) 充分性: 若对于 $\{f_n\}$ 的任意子序列 $\{f_{n_k}\}$, 都可以找到一个子序列 $\{f_{n_{k_l}}\}$ 几乎处处收敛到 f.

可以用反证法来证明 $\{f_n\}$ 一定在 E 上依 Lebesgue 测度收敛到 f. 假如 $\{f_n\}$ 不依 Lebesgue 测度收敛到 f, 则存在 $\varepsilon > 0$, 使得 $m(\{x \in E \mid |f_n(x) - f(x)| > \varepsilon\})$ 不收敛到 0. 故存在子序列 $\{f_{n_k}\}$, 满足

$$\lim_{k \to \infty} m(\{x \in E \mid |f_{n_k}(x) - f(x)| > \varepsilon\}) > 0,$$

但这样就可知道 $\{f_{n_k}\}$ 不存在子序列几乎处处收敛到 f.

否则, 如果 $\{f_{n_k}\}$ 存在子序列 $\{f_{n_{k_l}}\}$ 几乎处处收敛到 f, 那么由定理 3.4.3 就知道 $\{f_{n_{k_l}}\}$ 依 Lebesgue 测度收敛到 f, 这与 $\lim\limits_{k \to \infty} m(\{x \in E \mid |f_{n_k}(x) - f(x)| > \varepsilon\}) > 0$ 矛盾. 所以, 结论成立. $\qquad \blacksquare$

例题 3.4.1　设 $\{f_n\}$ 在有限闭区间 $[a,b]$ 上依 Lebesgue 测度收敛到有限函数 f, 若 g 是 $(-\infty,+\infty)$ 上的连续函数, 试证明 $g \circ f_n$ 在 $[a,b]$ 上依 Lebesgue 测度收敛到 $g \circ f$.

证明　由于 $\{f_n\}$ 是 $[a,b]$ 上的可测函数, g 是 $(-\infty,+\infty)$ 上的连续函数, 因此, $g \circ f_n$ 和 $g \circ f$ 都是 $[a,b]$ 上的可测函数.

对于 $\{g \circ f_n\}$ 的任意一个子列 $\{g \circ f_{n_k}\}$, 由 $\{f_{n_k}\}$ 在 $[a,b]$ 上依 Lebesgue 测度收敛到 f 可知, 存在子列 $\{f_{n_{k_i}}\}$ 几乎处处收敛到 f. 依 g 的连续性可得 $\{g \circ f_{n_{k_i}}\}$ 几乎处处收敛到 $g \circ f$. 由上面推论可知 $g \circ f_n$ 在 $[a,b]$ 上依 Lebesgue 测度收敛到 $g \circ f$. ∎

利用推论 3.4.1, 不难验证下面性质成立.

性质 3.4.1　设 $m(E) < \infty, \{f_n\}$ 和 $\{g_n\}$ 是 E 上的 Lebesgue 可测函数列, 并且 $\{f_n\}$ 和 $\{g_n\}$ 在 E 上分别依 Lebesgue 测度收敛到有限函数 f 和 g, 则

(1) f 是 E 上的 Lebesgue 可测函数.

(2) 对于任意实数 α 和 β, 有 $\{\alpha f_n + \beta g_n\}$ 依 Lebesgue 测度收敛到 $\alpha f + \beta g$.

(3) $\{f_n^2\}$ 依 Lebesgue 测度收敛到 f^2.

(4) $\{f_n g_n\}$ 依 Lebesgue 测度收敛到 fg.

(5) 若 g_n 和 g 几乎处处不为 0, 则 $\left\{\dfrac{1}{g_n}\right\}$ 依 Lebesgue 测度收敛到 $\left\{\dfrac{1}{g}\right\}$, 不过这里在 g_n 和 g 为零的零测集上, 规定函数 $\left\{\dfrac{1}{g_n}\right\}$ 和 $\left\{\dfrac{1}{g}\right\}$ 可取定任意的值.

不过需要指出的是: 上面性质中的 (1) 和 (2) 条件 $m(E) < \infty$ 是不必要的.

要注意 (3) 在 $m(E) = \infty$ 时, 结论不一定成立. 反例如下:

设 $E = (0,+\infty)$, 则 $m(E) = \infty$, 定义:

$$f(x) = x, \quad f_n(x) = x + \frac{1}{n}, \quad n = 1, 2, \cdots,$$

则对于任意的 $\varepsilon > 0$, 由

$$m(\{x \in E \mid |f_n(x) - f(x)| \geqslant \varepsilon\}) = m\left(\left\{x \in E \,\middle|\, \frac{1}{n} \geqslant \varepsilon\right\}\right)$$

可知若 n 足够大, 则 $\left\{x \in E \,\middle|\, \dfrac{1}{n} \geqslant \varepsilon\right\}$ 是空集, 因此, 当 $n \to \infty$ 时, 有 $m(\{x \in E \mid |f_n(x) - f(x)| \geqslant \varepsilon\}) \to 0$, 所以, $\{f_n\}$ 依测度收敛到 f.

但对于 $\varepsilon_0 = 1$, 无论多大的 n, 都有

$$m(\{x \in E \mid |f_n^2(x) - f^2(x)| \geqslant 1\})$$

$$= m\left(\left\{x \in E \;\middle|\; \frac{2}{n}x + \frac{1}{n^2} \geqslant 1\right\}\right)$$

$$\geqslant m\left(\left\{x \in E \;\middle|\; \frac{2}{n}x \geqslant 1\right\}\right)$$

$$= m\left(\left\{x \in E \;\middle|\; x \geqslant \frac{n}{2}\right\}\right)$$

$$= m\left(\left[\frac{n}{2}, +\infty\right)\right) = \infty.$$

所以, $\{f_n^2\}$ 不依测度收敛到 f^2.

(4) 在 $m(E) = \infty$ 时的反例只需在上面 $\{f_n\}$ 依测度收敛到 f 时, $\{f_n^2\}$ 不依测度收敛到 f^2 的例子中令 $g_n = f_n, g = f$ 即可.

(5) 在 $m(E) = \infty$ 时, 结论不一定成立. 实际上, 设 $E = (0, \infty)$, 定义 E 上的函数 $f(x) = \dfrac{1}{x}, f_n(x) = \dfrac{1}{x\left(1 + \dfrac{1}{n}\right)}$ $(n = 1, 2, 3, \cdots)$, 则对于任意 $\varepsilon > 0$, 有

$$m(\{x \in E \mid |f_n(x) - f(x)| \geqslant \varepsilon\}) = m\left(\left\{x \in E \;\middle|\; \frac{1}{x(n+1)} \geqslant \varepsilon\right\}\right)$$

$$= m\left(\left\{x \in E \;\middle|\; x \leqslant \frac{1}{(n+1)\varepsilon}\right\}\right) = m\left(\left(0, \frac{1}{(n+1)\varepsilon}\right)\right) = \frac{1}{(n+1)\varepsilon} \to 0.$$

因此, $\{f_n\}$ 依测度收敛到 f. 但对于 $\varepsilon_0 = 1$, 则无论多大的 n, 都有

$$m\left(\left\{x \in E \;\middle|\; \left|\frac{1}{f_n(x)} - \frac{1}{f(x)}\right| \geqslant \varepsilon_0\right\}\right) = m\left(\left\{x \in E \;\middle|\; \left|\frac{x}{n}\right| \geqslant 1\right\}\right)$$

$$= m([n, \infty)) = \infty.$$

所以, $\left\{\dfrac{1}{f_n}\right\}$ 不依测度收敛到 $\dfrac{1}{f}$.

Egorov (叶戈罗夫) 是俄国数学家, 1921 年当选莫斯科数学学会的会长, 1923 年成为莫斯科国立大学力学和数学研究所主任. Egorov 以在莫斯科大学开办数学讨论班作为种子, 促使莫斯科数学学派崛起, 并成为促使数学从经典数学转入现代数学的重要力量. Egorov 的讨论班, 最初是以由经典分析衍生出来的微分几何为主题, 而几何问题的分析学应用, 促使人们需要进一步澄清实分析的基本概念, 因此开始了实分析的初步研究. 他还编辑莫斯科数学学会的数学杂志 *Matematicheskii Sbornik*. Egorov 在微分几何和积分方程方面作出了巨大贡献.

Egorov(1869—1931)

Egorov 定理实际上是 Severini 在 1910 年首先证明的, 可能是他的论文是用意大利语写的缘故, 他的工作没有引起意大利外的数学家的注意. 一年后 Egorov 在发表了他独立证明的结果, 该定理就被广泛接受和传播, 并且以他的名字命名. Egorov 证明了: 若 $\{f_n\}$ 是 E 上几乎处处收敛到有限函数 f 的可测函数列, 并且 $m(E) < \infty$, 则在去掉一个测度任意小的子集后 $\{f_n\}$ 是一致收敛的.

函数列 $f_n(x) = x^n$ 在 $(0,1)$ 上处处收敛到 0, 但 $\{f_n\}$ 不一致收敛到 0, 这是由于 x 越接近 1, $f_n(x)$ 的收敛速度就越慢. 但容易验证, 对于任意 $\varepsilon > 0$, 若去掉一个测度小于 ε 的集合 $(1-\varepsilon, 1)$, 则 $\{f_n\}$ 在剩下的集合 $(0,1)\backslash(1-\varepsilon, 1) = (0, 1-\varepsilon]$ 上一致收敛到 0.

定理 3.4.4 (Egorov 定理)   若 $\{f_n\}$ 是 E 上几乎处处收敛到有限函数 f 的可测函数列, 并且 $m(E) < \infty$, 则对于任意 $\varepsilon > 0$, 一定存在 E 中的可测子集 E_ε, 使得 $m(E\backslash E_\varepsilon) < \varepsilon$, 并且 $\{f_n\}$ 一定在 E_ε 上一致收敛到 f.

证明   (1) 对于 E 的可测子集 E_1, 令

$$E_{m,k} = \left\{ x \in E_1 \;\middle|\; |f_m(x) - f(x)| < \frac{1}{k} \right\}.$$

记

$$B_{n,k} = \bigcap_{m=n}^{\infty} E_{m,k} = \left\{ x \in E_1 \;\middle|\; |f_m(x) - f(x)| < \frac{1}{k}, m = n, n+1, \cdots \right\}.$$

对于任意取定的趋于无穷大的自然数列 $\{n_k\}$, 令

$$F = \bigcap_{k=1}^{\infty} B_{n_k,k} = \left\{ x \in E_1 \;\middle|\; |f_m(x) - f(x)| < \frac{1}{k}, m \geqslant n_k, k = 1, 2, \cdots \right\}.$$

对于任意 $\varepsilon > 0$, 取 $k_0 > \dfrac{1}{\varepsilon}$, 则当 $m \geqslant n_{k_0}$ 时, 有

$$|f_m(x) - f(x)| \leqslant \frac{1}{k_0} < \varepsilon$$

对所有 $x \in F$ 都成立. 因此, $\{f_n\}$ 在 F 上一致收敛到 f.

(2) 下面证明, 对于几乎处处收敛到 f 的可测函数列 $\{f_n\}$, 任意的 $\varepsilon > 0$, 都存在 $\{n_k\}$, 使得 (1) 中 F, 满足 $m(E\backslash F) < \varepsilon$.

记 $E_1 = \left\{ x \in E \;\middle|\; \lim\limits_{n\to\infty} f_n = f \right\}$, 则 $m(E\backslash E_1) = 0$, 并且

$$E_1 = \bigcup_{k=1}^{\infty} \bigcap_{n=k}^{\infty} \{ x \in E_1 \mid |f_n(x) - f(x)| \leqslant \varepsilon \}.$$

将上面的 ε 取为 $\dfrac{1}{k}$, 则

$$\lim_{n\to\infty} B_{n,k} = \bigcup_{n=1}^{\infty} B_{n,k} = \bigcup_{n=1}^{\infty} \bigcap_{m=n}^{\infty} E_{m,k} = E_1.$$

故

$$\lim_{n\to\infty} m(B_{n,k}) = m(E).$$

由于 $m(E) < \infty$, 因此, 对于任意 $\varepsilon > 0$, 可取足够大的 n_k, 使得

$$m(E) - m(B_{n_k,k}) < \frac{\varepsilon}{2^{k+1}}.$$

依次选取 $n_{k+1} > n_k$, 用子列 $\{n_k\}$ 按上面 (1) 中的方法作出 F, 则

$$m(E\backslash F) = m\left(\bigcup_{k=1}^{\infty}(E\backslash B_{n_k,k})\right) \leqslant \varepsilon \cdot \sum_{k=1}^{\infty}\frac{1}{2^k} = \varepsilon.$$

所以, 结论成立. ∎

问题 3.4.3 Egorov 定理对于 $m(E) = \infty$, 结论成立吗?

不一定. 若在 $(0, +\infty)$ 定义函数列如下:

$$f_n(x) = \begin{cases} 1, & x \in (0, n], \\ 0, & x \in (n, +\infty), \end{cases}$$

则 $\{f_n\}$ 在 $E = (0, +\infty)$ 上处处收敛到 $f(x) \equiv 1$, 但 $\{f_n\}$ 不一致收敛到 f.

实际上, 对于任意 $\delta > 0$ 和任何可测集 E_δ, 当 $m(E\backslash E_\delta) < \delta$ 时, E_δ 不可能全部包含在 $[0, n)$ 内, 否则, 就有 $m(E\backslash E_\delta) \geqslant m([n, +\infty)) = \infty$ 了. 因此, 一定存在某个 $x_n \in E_\delta \cap [n, +\infty)$, 故 $f_n(x_n) = 0$. 因此, 对于任意 $0 < \varepsilon < 1$, 无论对于多大的自然数 n, 都一定存在 $x_n \in E_\delta$, 使得

$$|f_n(x_n) - f(x)| = |0 - 1| > \varepsilon.$$

所以, $\{f_n\}$ 在 E_δ 不是一致收敛到 f 的.

问题 3.4.4 Egorov 定理的结论能加强到存在可测集 F, 使得 $m(E\backslash F) = 0$, 则 f_n 在 F 一致收敛到 f 吗?

不一定. 函数列 $f_n(x) = x^n$ 在 $(0, 1)$ 上处处收敛到 0, 但 $\{f_n\}$ 不一致收敛到 $f(x) \equiv 0$. 若去掉一个测度为零的集合 H, 则 $\{f_n\}$ 在剩下的集合 $(0, 1)\backslash H$ 上一定不会一致收敛到 0.

实际上, 去掉一个测度为零的集合 H, 则 H 不可能包含区间, 故对于任意 n, 集合 $(0, 1)\backslash H$ 一定存在 $\{x_m\}$, 使得 $\{x_m\}$ 收敛到 1, 并且

$$|f_n(x_m) - f(x)| = x_m^n \geqslant \frac{1}{2}.$$

所以, $\{f_n\}$ 在剩下的集合 $(0, 1)\backslash H$ 上不一致收敛到 f.

* 扩展阅读: 测度空间的完备性

在数学分析中, 实数列 $\{x_n\}$ 是 Cauchy 列是指 $\lim\limits_{m\to\infty,n\to\infty}|x_m-x_n|=0$, 容易知道 $\{x_n\}$ 是 Cauchy 列时一定是收敛数列, 这就是实数空间的完备性.

定义 3.4.2 设 $\{f_n\}$ 是 E 上的可测函数列, 若对任意 $\varepsilon>0$, 都有

$$\lim_{m\to\infty,n\to\infty} m(\{x\in E \mid |f_m(x)-f_n(x)|>\varepsilon\})=0,$$

则称 $\{f_n\}$ 是依 Lebesgue 测度 m 的 Cauchy 列.

可以证明, 下面结论成立.

定理 3.4.5 若 $\{f_n\}$ 是 E 上的可测函数列, 则 $\{f_n\}$ 是依 Lebesgue 测度 m 的 Cauchy 列的充要条件为存在某个可测函数 f, 使得 $\{f_n\}$ 依 Lebesgue 测度 m 收敛到 f.

上面定理说明, 依 Lebesgue 测度 m 的 Cauchy 列一定是依 Lebesgue 测度 m 的收敛列, 因此, E 上的可测函数全体 $\mathcal{M}$ 在依 Lebesgue 测度 m 收敛下是完备的空间.

习　题　3

习题 3.1 设 f 在 $[0,1]$ 上的定义如下:

$$f(x)=\begin{cases} 0, & x=0, \\ \dfrac{1}{x}, & 0<x<1, \\ 2, & x=1. \end{cases}$$

试证明 f 是 Lebesgue 可测函数.

习题 3.2 设 $\mathbb{Q}$ 是有理数全体, f 在 $\mathbb{R}$ 上的定义如下:

$$f(x)=\begin{cases} x^2, & x\in\mathbb{Q}, \\ 0, & x\notin\mathbb{Q}. \end{cases}$$

试证明 f 是 Lebesgue 可测函数.

习题 3.3 设 E 是 $\mathbb{R}$ 的 Lebesgue 可测集, f 是 E 上的有限值可测函数, 对于任意 $n\in\mathbb{N}$, 定义

$$f_n(x)=\begin{cases} f(x), & |f(x)|\leqslant n, \\ n, & |f(x)|>n. \end{cases}$$

试证明 f_n 是 E 上的 Lebesgue 可测函数.

习题 3.4   设 E 是 $\mathbb{R}$ 的 Lebesgue 可测集, 试证明 E 上的任意单调上升函数 f 一定是 Lebesgue 可测函数.

习题 3.5   设 f 和 g 是 $\mathbb{R}$ 的可测集 E 上的 Lebesgue 可测函数, $k(x,y)$ 是 $\mathbb{R}^2$ 上的连续函数, 试证明函数 $h(x) = k(f(x), g(x))$ 一定是 Lebesgue 可测函数.

习题 3.6   设 f 和 g 是 $\mathbb{R}$ 的可测集 E 上的 Lebesgue 可测函数, 若 $f(x) > 0$, 试证明函数 $h(x) = f(x)^{g(x)}$ 一定是 Lebesgue 可测函数.

习题 3.7   设 $f'(x)$ 是 $\mathbb{R}$ 上的连续函数, 并且 $f'(x) > 0$, 试证明若 E 是 Lebesgue 可测集, 则 $f^{-1}(E)$ 一定是 Lebesgue 可测集.

习题 3.8   设 f 在 $(-\infty, +\infty)$ 上可导, 试证明 f 的导函数 f' 是 $(-\infty, +\infty)$ 上的 Lebesgue 可测函数.

习题 3.9   设 $\{f_n\}$ 是可测函数列, 试证明它的收敛点全体 A 和发散点全体 B 都是可测集.

习题 3.10   对于任意 $n \in \mathbb{N}$, 定义函数列:

$$f_n(x) = \begin{cases} 1 - nx, & x \in \left[0, \dfrac{1}{n}\right], \\ 0, & x > \dfrac{1}{n}. \end{cases}$$

记 $f(x) = \lim\limits_{n \to \infty} f_n(x)$, 试证明 f 是可测函数.

习题 3.11   设 $f_n(x) = (\cos x)^n$, 试证明 $\{f_n\}$ 在 $[0, \pi]$ 上依测度收敛到 0.

习题 3.12   设 $\{f_n\}$ 是 E 上的可测函数列, 若 $\{f_n\}$ 依测度 μ 收敛到 0, 则

$$\lim_{n \to \infty} \mu(\{x \in E \mid |f_n(x)| > 0)\}) = 0$$

一定成立吗?

习题 3.13   设 $\{f_n\}$ 是 $\mathbb{R}$ 上的正值函数列, 并且依测度收敛到有限值函数 f, 试证明 $\{f_n^2\}$ 依测度收敛到 f^2.

习题 3.14   设 E 是 $\mathbb{R}$ 的可测集, $m(E) < \infty$, 若 $\{f_n\}$ 和 $\{g_n\}$ 是 E 上的函数列, 并且分别在 E 上依测度收敛到有限值函数 f 和 g, 试证明 $\{f_n g_n\}$ 在 E 上依测度收敛到 fg.

习题 3.15   若 $f(x)$ 是 $\mathbb{R}$ 上的可测函数, 则一定存在 $\mathbb{R}$ 上的连续函数 $g(x)$, 使得 $m(\{x \in \mathbb{R} \mid |f(x) - g(x)| > 0\}) = 0$ 吗?

学 习 指 导

本章重点

1. 主要内容.

(1) 可测函数的判定条件.

(2) 可测函数的性质和运算.

(3) 可测函数与简单函数和连续函数的关系.

(4) 主要定理.

(a) Egorov 定理.

(b) Lusin 定理.

(c) Riesz 定理.

2. 几乎处处收敛.

3. 依测度收敛.

4. 依测度收敛与几乎处处收敛等的相互关系.

释疑解难

1. $f_n(x)$ 在 E 上几乎处处收敛到 $f(x)$ 时, E 不一定是可测集.

2. 数学分析中, 一致收敛一定处处收敛, 因此, 一致收敛一定是几乎处处收敛. 反过来, Egorov 定理说明, 满足某些条件的几乎处处收敛的可测函数列, 在去掉一个测度任意小的子集后是一致收敛的.

3. Egorov 定理可以推广到连续参数, 设 $f(x,y)$ 是 $H = [0,1] \times (0,1]$ 上的连续函数, E 是 $[0,1]$ 的可测子集, 若对于任意 $x \in E$, 极限 $\lim\limits_{y \to 0} f(x,y) = f(x)$ 都存在并且有限, 则对于任意 $\varepsilon > 0$, 一定存在闭集 $F_\varepsilon \subseteq E$, 使得 $m(E \setminus F_\varepsilon) < \varepsilon$, 并且当 $y \to 0$ 时, $f(x,y)$ 在 F_ε 上一致收敛到 $f(x)$.

4. 几乎处处收敛与依测度收敛的差异:

(1) 对于任意 $\varepsilon > 0$, $f_n(x)$ 几乎处处收敛到 $f(x)$ 时, 对于每个 $x_0 \in E$, 存在正整数 $N(x_0)$, 使得 $n > N(x_0)$ 时, 有 $|f_n(x_0) - f(x_0)| \leqslant \varepsilon$, 即 $x_0 \in \bigcap\limits_{n>N(x_0)}^{\infty} \{x \in E \mid |f_n(x_0) - f(x)| \leqslant \varepsilon\}$. 但对于每个 n, 集合 $\{x \in E \mid |f_n(x) - f(x)| > \varepsilon\}$ 可能有很大的测度.

(2) 对于任意 $\varepsilon > 0$, $f_n(x)$ 依测度收敛到 $f(x)$ 时, 集合 $\{x \in E \mid |f_n(x) - f(x)| > \varepsilon\}$ 的测度一定在 n 趋于无穷时趋于 0, 但对于每个 $x_0 \in E$, 不一定存在 $N(x_0)$, 使得 $x_0 \in \bigcap\limits_{n>N(x_0)}^{\infty} \{x \in E \mid |f_n(x_0) - f(x)| \leqslant \varepsilon\}$. 也有可能对于每个 n, 集合 $\bigcap\limits_{n>N(x_0)}^{\infty} \{x \in E \mid |f_n(x_0) - f(x)| \leqslant \varepsilon\}$ 都是空集.

5. Lusin 定理的意义在于可以将可测函数的问题转化为连续函数的问题, 从而变得容易处理.

知识点联系图

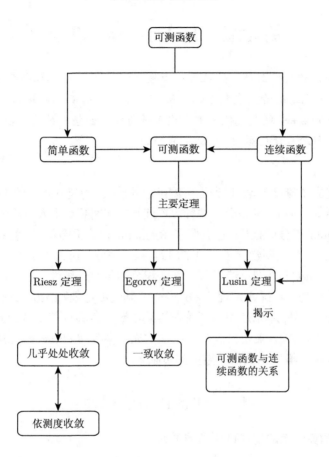

第 4 章 Lebesgue 积分

> 我必须偿还一笔钱. 如果我从口袋中随意地摸出来各种不同面值的
> 钞票, 逐一地还给债主直到全部还清, 这就是 Riemann 积分; 不过, 我还
> 有另外一种做法, 就是把钱全部拿出来并将相同面值的钞票放在一起, 然
> 后再一起付给应还的数目, 这就是我的积分.
>
> ——Lebesgue

  第 3 章建立了测度理论, 讨论了可测函数的性质, 为建立函数的 Lebesgue 积分
做了充分的准备. Riemann 积分主要针对连续函数和间断点不太多的函数, Lebesgue
积分是 Riemann 积分的推广, 它克服了 Riemann 积分很多不足, 解决了积分与极
限交换等问题. 本章主要建立了 $\mathbb{R}$ 上的 Lebesgue 积分, 讨论了 Lebesgue 积分的线
性性、单调性、可数可加性、绝对可积性和积分的绝对连续性; 证明了 Lebesgue 积
分的重要极限定理, 即 Levi 定理、Lebesgue 控制收敛定理、Fatou 引理和 Lebesgue
逐项积分定理. 另外, 本章还引入了绝对连续函数和有界变差函数, 证明了 Jordan
分解定理, 给出了牛顿–莱布尼茨公式成立的充要条件. Lebesgue 测度和 Lebesgue
积分对泛函分析和概率论做出了重要的贡献.

4.1 可测函数的积分

1. 测度有限的集合上的有界可测函数的积分

  先回顾一下测度空间的定义, 设 X 是一个非空集合, S 是由 X 的某些子集构
成的 σ-环, 若 $X = \bigcup\limits_{E_\alpha \in S} E_\alpha$, 则 (X, S) 是一个可测空间, 任意 $E \in S$ 称为可测集.
若 μ 是 X 上的测度, 则称 (X, S, μ) 是测度空间.

  定义 4.1.1 设 (X, S, μ) 是测度空间, E 是 X 的可测集, $\mu(E) < \infty$, f 是定
义在 E 上的有界可测函数, 即存在实数 c 和 d, 使得 $f(E) \subseteq (c, d)$. 在 $[c, d]$ 中任取
一分点组 $D : c = c_0 < c_1 < c_2 < \cdots < c_n = d$, 记

$$\delta(D) = \max_k (c_k - c_{k-1}), \quad E_k = \{x \in E \mid c_{k-1} \leqslant f(x) < c_k\},$$

并任取 $c_{k-1} \leqslant \xi_k \leqslant c_k$, 作和

$$S(D) = \sum_{k=1}^{n} \xi_k \mu(E_k),$$

称它为 f 在分点组 D 下的一个"和数".

若存在有限的实数 s, 满足如下条件: 对于任意 $\varepsilon > 0$, 存在 $\delta > 0$, 使得, 对于任意分点组 D, 当 $\delta(D) < \delta$ 时, 都有

$$|S(D) - s| < \varepsilon.$$

则称 $s = \lim\limits_{\delta(D)\to 0} S(D)$ 是 f 在 E 上关于 μ 的积分, 此时称 f 在 E 上关于测度 μ 是可积分的 (integrable), 记为 $s = \int_E f d\mu$.

特别地, 若 μ 是 Lebesgue 测度 m, f 关于 Lebesgue 测度 m 可积时, 称 f 是 Lebesgue 测度可积函数 (integrable function), 称 s 为 f 在 E 上的 Lebesgue 测度积分, 记为 $(L)\int_E f dx$.

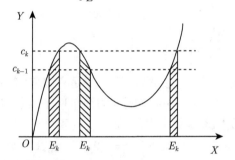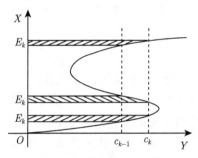

容易看出, Lebesgue 与 Riemann 不同, 他将变量 y 的变化区间进行分割, 对分割的每个区间 $[y_i, y_{i+1})$ 给出满足 $\{x \mid y_i \leqslant f(x) < y_{i+1}\}$ 的点的测度 $m(E_i)$, 积分的一个近似值为 $\sum m(E_i)y_i$. 若这些和式在分割加细时趋于某个极限, 则该极限就是 Lebesgue 意义下的积分.

例 4.1.1 设 $E = [0, 1]$, 测度定义如下:

对于 E 的任意子集 E_1, 有

$$\mu(E_1) = \begin{cases} 1, & 0 \in E_1, \\ 0, & 0 \notin E_1. \end{cases}$$

则 μ 是 E 上的测度, 对于 E 上的任意有界函数 f, f 是 μ 可积的, 并且 $\int_E f d\mu = f(0)$.

实际上, 若 $f(E) \subseteq (c, d)$, 则对于 $[c, d]$ 的任意分点组 D, 一定存在 k, 使得 $c_{k-1} \leqslant f(0) < c_k$. 故当 $i \neq k$ 时, 有 $\mu(E_i) = 0$, 因此, $S(D) = \xi_k \mu(\{x \in E \mid c_{k-1} \leqslant f(x) < c_k\}) = \xi_k$. 当 $\delta(D) \to 0$ 时, $\xi_k \to f(0)$, 所以, $\int_E f d\mu = \lim\limits_{\delta(D)\to 0} S(D) = f(0)$.

哪些函数一定是可积的呢? 利用积分的定义, 可以证明下面结论成立.

定理 4.1.1　若 $\mu(E) < \infty$, 则 E 上所有有界可测函数 f 关于测度 μ 都是可积的.

定理 4.1.2　若 $\mu(E) < \infty, f$ 是 E 上的有界可测函数, 若 $E = \bigcup\limits_{i=1}^{n} E_i$, 并且 $\{E_i\}$ 是互不相交的可测集, 则

$$\int_E f d\mu = \sum_{i=1}^{n} \int_{E_i} f d\mu.$$

2. 非负简单函数的积分

容易验证, 对于有界的简单函数, 有下面结论成立.

定理 4.1.3　设 f 是 E 上的非负简单函数, 它在 $E_i\ (i = 1, 2, \cdots, n)$ 上取非负有限实数 c_i, 即 $f(x) = \sum\limits_{i=1}^{n} c_i \chi_{E_i}(x)$, 若 $E = \bigcup\limits_{i=1}^{n} E_i, E_i \cap E_j = \varnothing\ (i \neq j), \mu(E) = \mu\left(\bigcup\limits_{i=1}^{n} E_i\right) < \infty$, 则 f 关于测度 μ 是可积的, 并且

$$\int_E f(x) dx = \sum_{i=1}^{n} c_i \mu(E_i).$$

实际上, 不难知道可以用上面的方式来定义一般非负 (不一定是有限值) 简单函数在测度 $E \subseteq \mathbb{R}^n$ (不一定测度有限) 上的 Lebesgue 积分. 为简单明了, 后面讨论的测度都是指 Lebesgue 测度, 并用非负简单函数来引入 Lebesgue 积分.

定义 4.1.2　设 f 是 E 上的非负简单函数, 它在 $E_i\ (i = 1, 2, \cdots, n)$ 上取非负实数 c_i, 若 $E = \bigcup\limits_{i=1}^{n} E_i, E_i \cap E_j = \varnothing\ (i \neq j)$, 则 f 关于 Lebesgue 测度 m 是可积的, 并且

$$\int_E f(x) dx = \sum_{i=1}^{n} c_i m(E_i).$$

容易知道, 非负简单函数的 Lebesgue 积分就是下面阴影部分.

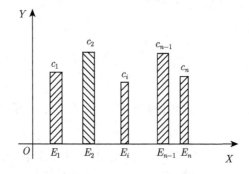

例 4.1.2　设 $D(x)$ 是实数集 $\mathbb{R}$ 上的 Dirichlet 函数, 即

$$D(x) = \begin{cases} 1, & x \text{ 是有理数}, \\ 0, & x \text{ 是无理数}. \end{cases}$$

考虑 $D(x)$ 在 $\mathbb{R}$ 的 Lebesgue 积分, 容易知道 $D(x)$ 是简单函数, 即 $D(x) = \chi_{\mathbb{Q}}(x)$. 所以, $\displaystyle\int_E D(x)dx = 1 \cdot m(\mathbb{Q}) + 0 \cdot m(\mathbb{Q}^C) = 1 \cdot 0 + 0 \cdot \infty = 0$.

容易知道, Dirichlet 函数在实数集 $\mathbb{R}$ 的 Riemann 积分 $(R)\displaystyle\int_{-\infty}^{+\infty} D(x)dx$ 是不存在的, 但它的 Lebesgue 积分不仅存在, 而且很容易计算. 这也是 Lebesgue 积分优越性的一个体现.

Dirichlet(1805—1859)

Dirichlet (狄利克雷) 是德国数学家, 对数论、数学分析和数学物理都有突出贡献, 是解析数论的创始人之一. 1805 年出生于迪伦 (Düren). 1822—1826 年在巴黎求学, 深受傅里叶的影响. 回国后先后在布雷斯劳大学、柏林军事学院和柏林大学任教 27 年, 对德国数学发展产生了巨大影响. 1839 年任柏林大学教授, 1855 年接任高斯在哥廷根大学的教授职位.

在分析学方面, Dirichlet 是最早倡导严格化方法的数学家之一. 他在 1837 年提出函数是 x 与 y 之间的一种对应关系的现代观点.

在数论方面, 他是高斯思想的传播者和拓广者. 1833 年 Dirichlet 撰写了《数论讲义》, 对高斯划时代的著作《算术研究》作了明晰的解释并有创见, 使高斯的思想得以广泛传播. 1837 年, 构造了 Dirichlet 级数. 1838—1839 年, 得到了确定二次型类数的公式. 1846 年, 使用抽屉原理阐明代数数域中单位数的阿贝尔群的结构.

在数学物理方面, 他对椭球体产生的引力、球在不可压缩流体中的运动、由太阳系稳定性导出的一般稳定性等课题都有重要论著. 1850 年发表了有关位势理论的文章, 论及著名的第一边界值问题, 现称 Dirichlet 问题.

Dirichlet 函数具有一些重要的性质: $D(x)$ 处处不连续, 处处不可导, 在任何区间内 Riemann 不可积. $D(x)$ 函数是可测函数, 并且在单位区间 $[0,1]$ 上 Lebesgue 可积, 且勒贝格积分值为 0.

Dirichlet 函数还可以写成 $D(x) = \lim\limits_{m\to\infty} \lim\limits_{n\to\infty} \cos^{2n}(m!\pi x)$.

由于 Dirichlet 函数无法通过画图来表示, 因此, 被做了一些修改, 下面函数称为 Dirichlet 函数、Thomae 函数或者小 Riemann 函数.

$$D_M(x) = \begin{cases} \dfrac{1}{p}, & x \text{ 是有理数 } \dfrac{q}{p}, \\[2mm] 0, & x \text{ 是无理数}. \end{cases}$$

它的图形如下.

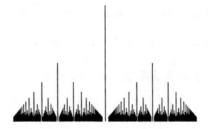

利用定义 4.1.2, 可以证明下面性质成立.

性质 4.1.1　设 f 和 g 都是 E 上的非负简单函数, 则

(1) $0 \leqslant \int_E f(x)dx \leqslant \infty$.

(2) 对于任意实数 a, 有 $\int_E af(x)dx = a \int_E f(x)dx$.

(3) $\int_E [f(x) + g(x)]dx = \int_E f(x)dx + \int_E g(x)dx$.

证明　(1) 和 (2) 是明显的.

(3) 由于 f 和 g 都是 E 上的非负简单函数, 因此, 不妨设 $f(x) = \sum_{i=1}^{m} a_i \chi_{E_i}(x)$, $g(x) = \sum_{i=1}^{n} b_i \chi_{F_i}(x)$, 这里 E_i $(i = 1, 2, \cdots, m)$ 和 F_i $(i = 1, 2, \cdots, n)$ 都是互不相交的 Lebesgue 可测集, 则 $f(x) + g(x)$ 在 $E_i \cap F_j \neq \varnothing$ 上取值为 $a_i + b_j$, 因此

$$
\begin{aligned}
\int_E [f(x) + g(x)]dx &= \sum_{i=1}^{m} \sum_{j=1}^{n} (a_i + b_j)m(E_i \cap F_j) \\
&= \sum_{i=1}^{m} a_i \sum_{j=1}^{n} m(E_i \cap F_j) + \sum_{j=1}^{n} b_j \sum_{i=1}^{m} m(E_i \cap F_j) \\
&= \sum_{i=1}^{m} a_i m(E_i) + \sum_{j=1}^{n} b_j m(F_j) \\
&= \int_E f(x)dx + \int_E g(x)dx.
\end{aligned}
$$
∎

性质 4.1.2　设 f 是 E 上的非负简单函数, $E_1 \subseteq E_2 \subseteq \cdots \subseteq E_n \subseteq E_{n+1} \subseteq \cdots$ 是递增可测集, 则

$$
\int_E f(x)dx = \lim_{n \to \infty} \int_{E_n} f(x)dx, \quad E = \bigcup_{n=1}^{\infty} E_n.
$$

3. 非负可测函数的积分

定义 4.1.3　设 f 是 E 上的非负可测函数, 定义 f 在 E 上关于 Lebesgue 测度 m 的积分为

$$\int_E f(x)dx = \sup_{h(x)\leqslant f(x)}\left\{\int_E h(x)dx \;\middle|\; h(x) \text{ 是 } E \text{ 上的非负简单函数}\right\}.$$

规定 f 的积分可以取无穷大.

若 $\displaystyle\int_E f(x)dx < +\infty$, 则称 $f(x)$ 在 E 上是可积的, $f(x)$ 是 E 上的可积函数.

由于对于任意非负可测函数 f, 都存在非负递增简单函数列 $\{f_n\}$, $f_n(x) \leqslant f_{n+1}(x)$, 使得 $f_n(x)$ 收敛到 $f(x)$, 因此, 不难验证 f 在 E 上关于 Lebesgue 测度 m 的积分等于 $\displaystyle\lim_{n\to\infty}\int_E f_n(x)dx$, 并且它与非负递增简单函数列 $\{f_n\}$ 的选择无关.

例 4.1.3 设 $f(x)=x^2$, 试证明 f 在 $[0,1]$ 上的 Lebesgue 积分 $\displaystyle\int_{[0,1]} f(x)dx = \frac{1}{3}$.

证明 对于任意自然数 n, 将区间 $[0,1]$ 分成 n 等份 $\left\{\left[\dfrac{i-1}{n},\dfrac{i}{n}\right) \;\middle|\; i = 1,2,\cdots,n\right\}$. 定义简单函数 $h_n(x) = \displaystyle\sum_{i=1}^{n}\left(\frac{i-1}{n}\right)^2 \chi_{[\frac{i-1}{n},\frac{i}{n})}(x)$, 则 $h_n(x) \leqslant f(x)$, 并且在 $[0,1)$ 上 $h_n(x)$ 收敛到 $f(x)$. 故

$$\begin{aligned}
\int_{[0,1)} x^2 dx &= \lim_{n\to\infty}\int_{[0,1)} h_n(x)dx \\
&= \lim_{n\to\infty}\sum_{i=1}^{n}\left(\frac{i-1}{n}\right)^2 m\left(\left[\frac{i-1}{n},\frac{i}{n}\right)\right) \\
&= \lim_{n\to\infty}\frac{1}{n^2}\cdot\frac{1}{n}\cdot\sum_{i=1}^{n}(i-1)^2 \\
&= \lim_{n\to\infty}\frac{1}{n^3}\cdot\frac{(n-1)n(2n-1)}{6} = \frac{1}{3}.
\end{aligned}$$

所以, $\displaystyle\int_{[0,1]} f(x)dx = \frac{1}{3}$.

对于非负函数 $f(x)$, Riemann 意义下的定积分 $\displaystyle\int_a^b f(x)dx$ 在几何上就是曲边梯形 $\{(x,y) \mid a \leqslant x, 0 \leqslant y \leqslant f(x)\}$ 的面积, 如下面左边图形的阴影.

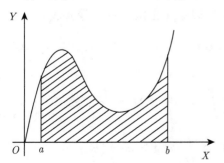
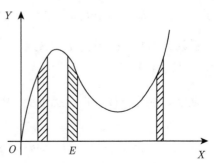

非负函数 $f(x)$ **的 Lebesgue 积分** $\int_E f(x)dx$ **在几何上就是** f **的下方图形**
$\{(x,y) \mid x \in E, 0 \leqslant y \leqslant f(x)\}$ **的测度**, 如上图右边所示.

非负可测函数的积分具有单调性.

性质 4.1.3 设 f 和 g 是 E 上的非负可测函数, 若对任意 $x \in E$, 都有 $f(x) \leqslant g(x)$, 则
$$\int_E f(x)dx \leqslant \int_E g(x)dx.$$

证明 由非负可测函数积分的定义, 有
$$\int_E f(x)dx = \sup_{h(x)\leqslant f(x)} \left\{\int_E h(x)dx \,\middle|\, h(x) \text{ 是 } E \text{ 上的非负简单函数}\right\}$$
$$\leqslant \sup_{h(x)\leqslant g(x)} \left\{\int_E h(x)dx \,\middle|\, h(x) \text{ 是 } E \text{ 上的非负简单函数}\right\}$$
$$= \int_E g(x)dx. \qquad \blacksquare$$

设 $f(x)$ 是 E 上的非负可积函数, $a > 0$, 则有下面的 Chebyshev(切比雪夫) 不等式成立:
$$m(\{x \in E \mid f(x) \geqslant a\}) \leqslant \frac{1}{a}\int_E f(x)dx.$$

实际上, 定义函数列 $f_n(x)$ 如下:
$$f_n(x) = \begin{cases} a, & f(x) \geqslant a, \\ 0, & f(x) < 0. \end{cases}$$

则 $f_n(x)$ 为非负简单函数, 并且 $f_n(x) \leqslant f(x)$, 故
$$\int_E f_n(x)dx \leqslant \int_E f(x)dx.$$

由于 $\int_E f_n(x)dx = a \cdot m(\{x \in E \mid f(x) \geqslant a\})$, 因此, Chebyshev 不等式成立.

例题 4.1.1 设 f 是 E 上的非负可积函数, $E_n = \{x \in E \mid f(x) \geqslant n\}$, 试证明 $\lim_{n\to\infty} m(E_n) = 0$.

证明 由于 $f(x)$ 在 E 上可积, 因此, $\int_E f(x)dx = M < +\infty$. 故
$$M = \int_E f(x)dx \geqslant \int_{E_n} f(x)dx \geqslant \int_{E_n} ndx = n \cdot m(E_n).$$

因而, $m(E_n) \leqslant \dfrac{M}{n}$. 所以, $\lim\limits_{n\to\infty} m(E_n) = 0$. ∎

由非负简单函数的积分具有线性性质容易知道下面性质成立.

性质 4.1.4 设 f 和 g 是 E 上的非负可测函数, 若 α, β 是非负实数, 则

$$\int_E [\alpha f(x) + \beta g(x)]dx = \alpha \int_E f(x)dx + \beta \int_E g(x)dx.$$

4. Levi 定理

Levi(列维) 出生在意大利的 Torino, 在家里十个小孩中排行第九, Levi 小的时候就是一个具有显著优势的学生, 小学后, 他到 Torino 的 Liceo-Ginnasio Massimod' Azeglio 读书, 在这个中等学校中获得了不需要考试就可以毕业的荣誉. 毕业后到 Pisa 大学的数学系读书, Levi 的第一个成果是微分几何的, 学位论文的题目是 *Essay on the theory of two-dimensional surfaces in a hyperspace*, 他于 1905 年 8 月以最高分和荣誉获得学位. 他 1909 年 2 月成为 Genoa 大学无穷维分析的教授, 并于 1912 年晋升为终身教授.

Levi(1873—1941)

1905 年到 1915 年, Levi 发表了 34 篇论文. 他的研究有群论、微分几何、变分法、多复变函数论和偏微分方程.

下面是 Levi 递增积分定理, 它说明**对于非负递增可测函数列, 极限与积分的次序是可以交换的.**

定理 4.1.4 (Levi 定理) 设 $\{f_n\}$ 是 E 上的非负递增可测函数列, 即

$$f_1(x) \leqslant f_2(x) \leqslant \cdots \leqslant f_n(x) \leqslant \cdots,$$

并且对于任意 $x \in E$, 都有 $\lim\limits_{n\to\infty} f_n(x) = f(x)$, 则

$$\lim_{n\to\infty} \int_E f_n(x)dx = \int_E \lim_{n\to\infty} f_n(x)dx = \int_E f(x)dx.$$

证明 (1) 由于 $\{f_n\}$ 是非负可测函数列, $\lim\limits_{n\to\infty} f_n(x) = f(x)$, 因此, $f(x)$ 是非负可测函数. 故积分 $\displaystyle\int_E f(x)dx$ 有定义.

(2) 由于 $\displaystyle\int_E f_n(x)dx \leqslant \int_E f_{n+1}(x)dx$, 因此, $\left\{\displaystyle\int_E f_n(x)dx\right\}$ 是非负的单调上升列, 于是, $\lim\limits_{n\to\infty}\displaystyle\int_E f_n(x)dx$ 有定义, 并且由它是单调上升的可知 $\lim\limits_{n\to\infty}\displaystyle\int_E f_n(x)dx \leqslant \displaystyle\int_E f(x)dx.$

(3) 对于任意 $0 < \varepsilon < 1$, 若 $h(x)$ 是 E 上的非负简单函数, 并且满足 $h(x) \leqslant f(x)$, 令 $E_n = \{x \in E \mid f_n(x) \geqslant (1-\varepsilon) \cdot h(x)\}$, 则容易知道 $\{E_n\}$ 是上升的, 即 $E_n \subseteq E_{n+1}$, 并且 $\lim\limits_{n \to \infty} E_n = E$.

(4) 由性质 4.1.2 可知

$$\lim_{n \to \infty} (1-\varepsilon) \int_{E_n} h(x)dx = (1-\varepsilon) \int_E h(x)dx.$$

(5) 由

$$\int_E f_n(x)dx \geqslant \int_{E_n} f_n(x)dx \geqslant \int_{E_n} (1-\varepsilon)h(x)dx = (1-\varepsilon) \int_{E_n} h(x)dx$$

可得

$$\lim_{n \to \infty} \int_E f_n(x)dx \geqslant (1-\varepsilon) \int_E h(x)dx.$$

(6) 令 $\varepsilon \to 0$, 则

$$\lim_{n \to \infty} \int_E f_n(x)dx \geqslant \int_E h(x)dx.$$

(7) 因此, 由 f 的 Lebesgue 积分的定义可知

$$\lim_{n \to \infty} \int_E f_n(x)dx \geqslant \int_E f(x)dx$$
$$= \sup_{h(x) \leqslant f(x)} \left\{ \int_E h(x)dx \; \middle| \; h(x) \text{ 是 } E \text{ 上的非负简单函数} \right\}.$$

所以, 由 (2) 可知

$$\lim_{n \to \infty} \int_E f_n(x)dx = \int_E f(x)dx. \qquad \blacksquare$$

例题 4.1.2　试证明 $\lim\limits_{n \to \infty} \int_{[0,n]} \left(1 + \dfrac{x}{n}\right)^n e^{-2x} \, dx = \int_{[0,+\infty)} e^{-x}dx.$

证明　令 $f_n(x) = \left(1 + \dfrac{x}{n}\right)^n e^{-2x} \chi_{[0,n]}(x)$, 则不难验证 $f_n(x)$ 是非负可测函数, 并且 $f_n(x) \leqslant f_{n+1}(x)$, 因此, 由 Levi 定理, 有

$$\lim_{n \to \infty} \int_{[0,n]} \left(1 + \frac{x}{n}\right)^n e^{-2x} \, dx = \lim_{n \to \infty} \int_{[0,+\infty)} f_n(x) \, dx = \int_{[0,+\infty)} e^{-x}dx = 1. \qquad \blacksquare$$

问题 4.1.1　若 $\{f_n\}$ 是 E 上的非负递减可测函数列, 即 $f_1(x) \geqslant f_2(x) \geqslant \cdots \geqslant f_n(x) \geqslant \cdots$, 对于任意 $x \in E$, 都有 $\lim\limits_{n \to \infty} f_n(x) = f(x)$, 并且存在非负可积函数 g, 使得 $f_1(x) \leqslant g(x)$, 则 $\lim\limits_{n \to \infty} \int_E f_n(x)dx = \int_E f(x)dx$ 成立吗?

是的. 实际上, 令 $g_n(x) = g(x) - f_n(x)$, 则 g_n 是 E 上的非负递增可测函数列, 并且对于任意 $x \in E$, 都有 $\lim\limits_{n\to\infty} g_n(x) = g(x) - f(x)$, 故由 Levi 定理, 有

$$\lim_{n\to\infty} \int_E g_n(x)dx = \int_E [g(x) - f(x)]dx.$$

由于 $\displaystyle\int_E g(x)dx < +\infty$, 因此

$$\lim_{n\to\infty} \int_E f_n(x)dx = \int_E f(x)dx.$$

如果在上面问题中, 没有条件 "存在非负可积函数 g, 使得 $f_1(x) \leqslant g(x)$", 则结论不一定成立.

若定义 $f_n(x)$ 如下:

$$f_n(x) = \begin{cases} \dfrac{1}{x}, & x \in \left(0, \dfrac{1}{n+1}\right), \\ 0, & x \in \left[\dfrac{1}{n+1}, 1\right). \end{cases}$$

则 $\{f_n\}$ 是 $(0,1)$ 上的非负递减可测函数列, 并且 $\lim\limits_{n\to\infty} f_n(x) = f(x)$, 这里 $f(x) \equiv 0$. 明显地, 有 $\displaystyle\int_0^1 f_n(x)dx = +\infty$, 但 $\displaystyle\int_0^1 f(x)dx = 0$.

容易知道, Levi 定理对于 Lebesgue 积分才成立, 对于 Riemann 积分, 存在 $\{f_n\}$ 是 $[0,1]$ 上的非负递增 Riemann 可积函数列, 并且对于任意 $x \in [0,1]$, 都有 $\lim\limits_{n\to\infty} f_n(x) = f(x)$, 但 $\lim\limits_{n\to\infty} \displaystyle\int_0^1 f_n(x)dx = \int_0^1 f(x)dx$ 不成立.

实际上, 记 $[0,1]$ 的所有有理数为 $H = \{q_1, q_2, \cdots, q_n, \cdots\}$, 定义函数列

$$f_n(x) = \begin{cases} 1, & x = q_1, q_2, \cdots, q_n, \\ 0, & x \notin H. \end{cases}$$

则 $\{f_n\}$ 是 $[0,1]$ 上的非负递增可测函数列,

$$f_1(x) \leqslant f_2(x) \leqslant \cdots \leqslant f_n(x) \leqslant \cdots, \int_0^1 f_n(x)dx = 0,$$

并且 $\lim\limits_{n\to\infty} f_n(x) = f(x)$, 这里的取值如下:

$$f(x) = \begin{cases} 1, & x \in H, \\ 0, & x \notin H. \end{cases}$$

但明显地可以看出 $f(x)$ 在 $[0,1]$ 上不是 Riemann 可积的, 因此, 相关的结论不成立.

由于任意非负可测函数 f 都可以用非负递增简单函数列 $\{f_n\}$ 来逼近, 因此, 积分理论中的很多结果可以从简单函数的积分性质中得到.

由可积的定义可知, 零测集上的任何简单非负函数可积, 并且积分等于零. 所以, 零测集上的任何非负可测函数可积, 并且积分等于零.

定理 4.1.5 设 f 是 E 上的非负可积函数, 则 $\int_E f(x)dx = 0$ 当且仅当 f 在 E 上几乎处处等于 0.

证明 若 f 在 E 上几乎处处等于 0, 则存在 $F \subseteq E$, 使得 $m(E \setminus F) = 0$, 并且对于任意 $x \in F$, 有 $f(x) = 0$, 故

$$\int_E f(x)dx = \int_F f(x)dx + \int_{E \setminus F} f(x)dx = 0.$$

反过来, 若 $\int_E f(x)dx = 0$, 则对于任意自然数 n, 有

$$m\left(\left\{x \in E \ \middle| \ f(x) > \frac{1}{n}\right\}\right) \leqslant n \int_E f(x)dx = 0.$$

故 $m\left(\left\{x \in E \ \middle| \ f(x) > \frac{1}{n}\right\}\right) = 0$ 对任意 n 都成立, 因此,

$$m(\{x \in E \mid f(x) > 0\}) = m\left(\bigcup_{n=1}^{\infty} \left\{x \in E \ \middle| \ f(x) > \frac{1}{n}\right\}\right)$$

$$\leqslant \sum_{n=1}^{\infty} m\left(\left\{x \in E \ \middle| \ f(x) > \frac{1}{n}\right\}\right) = 0.$$

所以, $m(\{x \in E \mid f(x) \neq 0\}) = m(\{x \in E \mid f(x) > 0\}) = 0$, 即 f 在 E 上几乎处处等于 0. ∎

设 $f(x)$ **是可测集 E 上的可测函数, 若 $\{x \in E \mid f(x) = \infty\}$ 的 Lebesgue 测度为零, 则称 $f(x)$ 在 E 上是几乎处处有限的**. 明显地, $f(x)$ 在 E 上几乎处处有限时, $f(x)$ 不一定是 E 上的有界函数.

定理 4.1.6 设 f 是 E 上的非负可积函数, 则 f 在 E 上是几乎处处有限的.

证明 令 $E_n = \{x \in E \mid f(x) > n\}$, 则

$$\{x \in E \mid f(x) = +\infty\} = \bigcap_{n=1}^{\infty} E_n.$$

故对于任意 n, 都有

$$n \cdot m(E_n) \leqslant \int_{E_n} f(x)dx \leqslant \int_E f(x)dx < \infty.$$

从而, $\lim\limits_{n\to\infty} m(E_n) = 0$. 由 $m(\{x \in E \mid f(x) = +\infty\}) \leqslant m(E_n)$ 可知 $m(\{x \in E \mid f(x) = +\infty\}) = 0$, 所以, f 在 E 上是几乎处处有限的. ■

5. Lebesgue 逐项积分定理

在数学分析中, 对于 Riemann 积分, 要使级数可以逐项积分, 通常要求它是一致收敛的.

例 4.1.4 设 $f_n(x)$ 的定义如下:

$$
f_n(x) = \begin{cases}
2n^2 x, & 0 \leqslant x < \dfrac{1}{2n}, \\[2mm]
n - 2n^2 \left(x - \dfrac{1}{2n} \right), & \dfrac{1}{2n} \leqslant x \leqslant \dfrac{1}{n}. \\[2mm]
0, & \dfrac{1}{n} < x \leqslant 1.
\end{cases}
$$

则 $f_n(x)$ 在 $[0,1]$ 上收敛到 $f(x) \equiv 0$, 但不是一致收敛. 容易知道, 对于 Riemann 积分, 有

$$
\begin{aligned}
\lim_{n\to\infty} \int_0^1 f_n(x)dx &= \lim_{n\to\infty} \left[\int_0^{\frac{1}{2n}} 2n^2 x\, dx + \int_{\frac{1}{2n}}^{\frac{1}{n}} \left[n - 2n^2 \left(x - \frac{1}{2n} \right) \right] dx \right] \\
&= \lim_{n\to\infty} \left[n^2 \left(\frac{1}{2n} \right)^2 + \left[2n \left(\frac{1}{n} - \frac{1}{2n} \right) - n^2 \left(\frac{1}{n^2} - \frac{1}{4n^2} \right) \right] \right] \\
&= \lim_{n\to\infty} \left[\frac{1}{4} + \left(1 - \frac{3}{4} \right) \right] = \lim_{n\to\infty} \frac{1}{2} = \frac{1}{2},
\end{aligned}
$$

但

$$
\int_0^1 \lim_{n\to\infty} f_n(x)dx = \int_0^1 0\, dx = 0.
$$

因此, $\lim\limits_{n\to\infty} \int_0^1 f_n(x)dx \neq \int_0^1 \lim\limits_{n\to\infty} f_n(x)dx$.

在数学分析中, 对于 Riemann 积分, 要使得级数能够逐项积分, 必须一致收敛. **在 Lebesgue 积分的情形, 对于非负函数项级数, 只要 Lebesgue 积分都有意义, 就可以逐项积分**. 下面定理是 Lebesgue 逐项积分定理.

定理 4.1.7 设 $\{f_n(x)\}$ 是 E 上的非负可测函数列, 令 $f(x) = \sum\limits_{n=1}^{\infty} f_n(x)$, 则 $\sum\limits_{n=1}^{\infty} f_n(x)$ 可逐项积分, 即

$$
\int_E f(x)dx = \sum_{n=1}^{\infty} \int_E f_n(x)dx.
$$

证明　令 $S_m(x) = \sum\limits_{n=1}^{m} f_n(x)$, 则 $\{S_m(x)\}$ 是 E 上的非负递增简单函数列, 并且

$$\lim_{m \to \infty} S_m(x) = \sum_{n=1}^{\infty} f_n(x).$$

根据 Levi 递增积分定理, 有

$$\int_E \sum_{n=1}^{\infty} f_n(x)dx = \int_E \lim_{m \to \infty} S_m(x)dx = \lim_{m \to \infty} \int_E S_m(x)dx,$$

由积分的线性性质可知

$$\lim_{m \to \infty} \int_E S_m(x)dx = \lim_{m \to \infty} \sum_{n=1}^{m} \int_E f_n(x)dx,$$

所以

$$\int_E \sum_{n=1}^{\infty} f_n(x)dx = \sum_{n=1}^{\infty} \int_E f_n(x)dx. \qquad \blacksquare$$

由于 $\mathbb{R}$ 上非负函数 f 的 Lebesgue 积分的几何意义就是 f 的下方图形在 $\mathbb{R}^2$ 的测度, 因此, 上面的结论从 $\mathbb{R}^2$ 的测度来看也可以认为是测度的可列可加性.

例题 4.1.3　试证明积分 $\displaystyle\int_{[0,1]} \frac{\ln(1-x)}{x}dx = \frac{\pi^2}{6}$.

证明　由于 $\dfrac{\ln(1-x)}{x} = \sum\limits_{n=1}^{\infty} \dfrac{(-1)^n(-x)^n}{nx} = \sum\limits_{n=0}^{\infty} \dfrac{x^n}{n+1}$, 因此,

$$\int_{[0,1]} \frac{\ln(1-x)}{x}dx = \int_{[0,1]} \left(\sum_{n=0}^{\infty} \frac{x^n}{n+1} \right)dx = \sum_{n=0}^{\infty} \int_{[0,1]} \frac{x^n}{n+1}dx$$

$$= \sum_{n=0}^{\infty} \frac{1}{(n+1)^2} = \frac{\pi^2}{6}. \qquad \blacksquare$$

推论 4.1.1　设 E_n 是可测集, 并且互不相交, 若 $f(x)$ 是 $E = \bigcup\limits_{n=1}^{\infty} E_n$ 上的非负可测函数, 则

$$\int_E f(x)dx = \sum_{n=1}^{\infty} \int_{E_n} f(x)dx.$$

证明　由前面的逐项积分, 有

$$\sum_{n=1}^{\infty} \int_{E_n} f(x)dx = \sum_{n=1}^{\infty} \int_E f(x)\chi_{E_n}(x)dx$$

$$= \int_E f(x) \left[\sum_{n=1}^{\infty} \chi_{E_n}(x) \right] dx$$

$$= \int_E f(x)dx.$$ ∎

明显地, 若 E_n 是可测集, 并且互不相交, $E = \overset{\infty}{\underset{n=1}{\cup}} E_n$, 在上面推论中令 $f(x) = 1$, 则 $\int_E f(x)dx = m(E)$, 因此, $m(E) = \overset{\infty}{\underset{n=1}{\sum}} m(E_n)$. 容易知道, 这就是测度的可列可加性. 实际上, **通过特征函数**, **积分与测度是可以相互转换的**.

例题 4.1.4 设 E_1, E_2 和 E_3 是 $[0,1]$ 中的 3 个可测子集, 若 $[0,1]$ 中任意一点都至少属于这 3 个子集中的 2 个, 试证明一定存在 3 个子集中的某个子集 E_{n_0}, 使得 $m(E_{n_0}) \geqslant \dfrac{2}{3}$.

证明 设 $f(x) = \chi_{E_1}(x) + \chi_{E_2}(x) + \chi_{E_3}(x)$, 由于对于任意 $x \in [0,1]$, 都有 $f(x) \geqslant 2$, 因此

$$\begin{aligned}
2 = \int_{[0,1]} 2 \, dx &\leqslant \int_{[0,1]} f(x)dx \\
&= \int_{[0,1]} [\chi_{E_1}(x) + \chi_{E_2}(x) + \chi_{E_3}(x)]dx \\
&= \int_{[0,1]} \chi_{E_1}(x)dx + \int_{[0,1]} \chi_{E_2}(x)dx + \int_{[0,1]} \chi_{E_3}(x)dx \\
&= m(E_1) + m(E_2) + m(E_3).
\end{aligned}$$

假如对于 $n = 1, 2, 3$, 都有 $m(E_n) < \dfrac{2}{3}$, 则 $\overset{3}{\underset{n=1}{\sum}} m(E_n) < 3 \cdot \dfrac{2}{3} = 2$, 矛盾. 所以, 一定存在某个子集 E_{n_0}, 使得 $m(E_{n_0}) \geqslant \dfrac{2}{3}$. ∎

6. Fatou 引理

Fatou (法图) 是法国数学家和天文学家, 1898 年到巴黎高等师范学校学习数学, 1901 年毕业并被任命为巴黎天文台的观察员, 1928 年晋升为天文学家, 他一直在天文台工作. Fatou 于 1906 年获得博士学位, 他的博士论文是关于 "三角级数和 Taylor 泰勒级数" 的, 他的论文是 Lebesgue 积分在分析上的第一个应用, 充分体现了 Lebesgue 积分在经典分析中的作用. Fatou 与他同时代的很多法国数学家有着很好的关系, 特别是数学家 Frechet 和 Montel. 他是法国数学学会 1927 年的会长.

Fatou在1906年发表了著名的关于有界的解析函数的Fatou引理. 很多关于Taylor级数的根本性的结果也是属于Fatou的. 他在天体力学方面也做出了重要的工作.

Fatou(1878—1929)

由于 Fatou 引理涉及上极限和下极限, 因此先回顾一下数学分析中的相关概念.

设 $\{x_n\}$ 是实数数列, 若实数 a 是 $\{x_n\}$ 的一个收敛子数列的极限, 即存在 $\{x_{n_k}\}$, 使得 $\lim\limits_{k\to\infty} x_{n_k} = a$, 则称 a 为数列 $\{x_n\}$ 的一个**部分极限**.

若 $\{x_n\}$ 是有界数列, 由列紧性原理可知 $\{x_n\}$ 一定存在收敛的子数列, 因此, $\{x_n\}$ 有部分极限. 记 $L = \{$数列 $\{x_n\}$ 的所有部分极限$\}$, 则 L 是非空的有界集, 所以, L 有上确界和下确界.

对于数列 $\{x_n\}$, 称 $\sup L$ 为数列 $\{x_n\}$ 的**上极限**, 记为 $\varlimsup\limits_{n\to\infty} x_n$ 或者 $\limsup\limits_{n\to\infty} x_n$. 称 $\inf L$ 为数列 $\{x_n\}$ 的**下极限**, 记为 $\varliminf\limits_{n\to\infty} x_n$ 或者 $\liminf\limits_{n\to\infty} x_n$. 例如, 对于数列 $x_n = (-1)^n, n = 1, 2, \cdots$, 有 $L = \{1, -1\}$, 因此, $\varlimsup\limits_{n\to\infty} x_n = 1$, 并且 $\varliminf\limits_{n\to\infty} x_n = -1$.

容易证明, 对于有界数列 $\{x_n\}$, 它有极限的充要条件是 $\varlimsup\limits_{n\to\infty} x_n = \varliminf\limits_{n\to\infty} x_n$. 当这个条件成立时, 一定有 $\lim\limits_{n\to\infty} x_n = \varlimsup\limits_{n\to\infty} x_n = \varliminf\limits_{n\to\infty} x_n$.

若数列 $\{x_n\}$ 没有上界, 记 $\varlimsup\limits_{n\to\infty} x_n = +\infty$. 若数列 $\{x_n\}$ 没有下界, 记 $\varliminf\limits_{n\to\infty} x_n = -\infty$. 因此, 无论数列 $\{x_n\}$ 是否有界, 数列 $\{x_n\}$ 的上极限和下极限都是有意义的.

Fatou 还证明了对于一般的非负函数列 $\{f_n(x)\}$, 它不是单调的, 也有与 Levi 递增积分定理类似的积分极限定理成立. 下面定理一般称为 Fatou 引理.

定理 4.1.8   设 $\{f_n(x)\}$ 是 E 上的非负可测函数列, 则

$$\int_E \varliminf_{n\to\infty} f_n(x)dx \leqslant \varliminf_{n\to\infty} \int_E f_n(x)dx.$$

证明   令 $g_n(x) = \inf\{f_k(x) \mid k \geqslant n\}$, 则容易知道对于 $n = 1, 2, \cdots$, 都有 $g_n(x) \leqslant g_{n+1}(x)$, 故 $\{g_n\}$ 是递增的非负可测函数列, 并且

$$\lim_{n\to\infty} g_n(x) = \varliminf_{n\to\infty} f_n(x).$$

因此, 由 Levi 递增积分定理可知

$$\begin{aligned}
\int_E \varliminf_{n\to\infty} f_n(x)dx &= \int_E \lim_{n\to\infty} g_n(x)dx \\
&= \lim_{n\to\infty} \int_E g_n(x)dx = \varliminf_{n\to\infty} \int_E g_n(x)dx \\
&\leqslant \varliminf_{n\to\infty} \int_E f_n(x)dx.
\end{aligned}$$

所以, $\displaystyle\int_E \varliminf_{n\to\infty} f_n(x)dx \leqslant \varliminf_{n\to\infty} \int_E f_n(x)dx.$ ■

对于 Fatou 引理的直观几何意义, 可以利用两个函数 $f_1(x)$ 和 $f_2(x)$ 来观察, 实际上, 左图是 $f_1(x)$, 阴影部分是 $\int_E f_1(x)dx$, 中图是 $f_2(x)$, 阴影部分是 $\int_E f_2(x)dx$, 右图是 $\min\{f_1(x), f_2(x)\}$, 阴影部分是 $\int_E \min\{f_1(x), f_2(x)\}dx$.

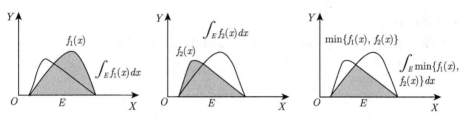

容易看出, $\int_E \min\{f_1(x), f_2(x)\}dx$ 要比 $\int_E f_1(x)dx$ 和 $\int_E f_2(x)dx$ 两个中较小的 $\int_E f_2(x)dx$ 还要小一些, 因此, 若取 $g_{2n}(x) = f_1(x), g_{2n+1}(x) = f_2(x)$, 则容易知道

$$\int_E \varliminf_{n\to\infty} g_n(x)dx \leqslant \varliminf_{n\to\infty} \int_E g_n(x)dx.$$

问题 4.1.2 存在 $\{f_n(x)\}$ 是 E 上的非负可测函数列, 使得 $\int_E \varliminf_{n\to\infty} f_n(x)dx < \varliminf_{n\to\infty} \int_E f_n(x)dx$ 吗?

是的. 实际上, 在 $(0,1)$ 内定义

$$f_n(x) = \begin{cases} n, & 0 < x < \dfrac{1}{n}, \\ 0, & \dfrac{1}{n} \leqslant x < 1. \end{cases}$$

则 $\displaystyle\int_{(0,1)} \lim_{n\to\infty} f_n(x)\,dx = \int_{(0,1)} 0\,dx = 0$, 但 $\displaystyle\lim_{n\to\infty} \int_{(0,1)} f_n(x)\,dx = 1$. 所以,

$$\int_{(0,1)} \lim_{n\to\infty} f_n(x)dx < \lim_{n\to\infty} \int_{(0,1)} f_n(x)dx.$$

Fatou 引理中不等式是否可以加强成等号呢? 从上面问题可以看出这是不可以的.

例题 4.1.5 设 $\{f_n(x)\}$ 是 E 上的非负可积函数列, 若 $\displaystyle\lim_{n\to\infty} \int_E f_n(x)dx = 0$, 试证明 $\{f_n(x)\}$ 依测度收敛到 0.

证明 对于任意 $\varepsilon > 0$, 由于 $f_n(x)$ 是非负可积函数, 因此

$$\int_E f_n(x)dx \geqslant \int_{\{x\in E \mid |f_n(x)-0|\geqslant\varepsilon\}} f_n(x)dx \geqslant \varepsilon \cdot m(\{x \in E \mid |f_n(x) - 0| \geqslant \varepsilon\}).$$

故

$$m(\{x \in E \mid |f_n(x) - 0| \geqslant \varepsilon\}) \leqslant \frac{1}{\varepsilon} \int_E f_n(x) dx,$$

由 $\lim\limits_{n \to \infty} \int_E f_n(x) dx = 0$ 可知, $\lim\limits_{n \to \infty} m(\{x \in E \mid |f_n(x) - 0| \geqslant \varepsilon\}) = 0$. 所以, $\{f_n(x)\}$ 依测度收敛到 0. ■

例题 4.1.6　设非负函数 $f_n(x)$ 在 E 上是 Lebesgue 可积的, 若 $f_n(x)$ 几乎处处收敛到 $f(x)$, 并且

$$\int_E f_n(x) dx \leqslant M,$$

这里 M 为常数. 试证明 $f(x)$ 在 E 上是 Lebesgue 可积的.

证明　令 $E_0 = \{x \in E \mid f_n(x) \to f(x)\}$, 则由 $f_n(x)$ 几乎处处收敛到 $f(x)$ 可知 $m(E \backslash E_0) = 0$, 故 $\int_{E \backslash E_0} f(x) dx = 0$.

由于在 E_0 上, 有 $f_n(x) \to f(x)$, 因此, 由 Fatou 引理, 有

$$\int_{E_0} f(x) dx \leqslant \lim_{n \to \infty} \int_{E_0} f_n(x) dx \leqslant M,$$

故

$$\int_E f(x) dx = \int_{E_0} f(x) dx \leqslant M,$$

所以, $f(x)$ 在 E 上是 Lebesgue 可积的. ■

4.2　一般可测函数的积分

对于 E 上的可测函数, 定义 $f^+(x) = \max\{f(x), 0\}$, $f^-(x) = \max\{-f(x), 0\}$, 则 $f^+(x)$ 和 $f^-(x)$ 都是非负可测函数. 因此, 积分 $\int_E f^+(x) dx$ 和 $\int_E f^-(x) dx$ 都有意义. **这就是为什么先讨论非负可测函数的 Lebesgue 积分的原因.**

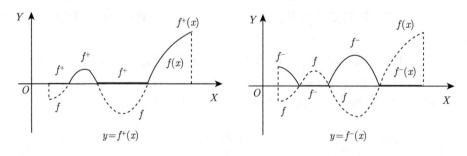

1. 可测函数的积分

定义 4.2.1 设 f 是 E 上的可测函数, 若积分 $\int_E f^+(x)dx$ 和 $\int_E f^-(x)dx$ 中至少有一个是有限值的, 则称

$$\int_E f(x)dx = \int_E f^+(x)dx - \int_E f^-(x)dx$$

为 $f(x)$ 在 E 上的 (广义) 积分.

若积分 $\int_E f^+(x)dx$ 和 $\int_E f^-(x)dx$ 两个都是有限值, 则称 $f(x)$ 在 E 上是可积的.

E 上的所有可积函数记为 $L(E)$, 一般也将 $[a,b]$ 上的 Lebesgue 积分记为 $\int_a^b f(x)dx$.

若定义 $f(x)$ 如下:

$$f(x) = \begin{cases} 1, & x \text{ 是有理数}, \\ -1, & x \text{ 是无理数}. \end{cases}$$

则容易知道函数 $f(x)$ 在 $[0,1]$ 上不是 Riemann 可积的, 但它的绝对值 $|f(x)| \equiv 1$ 在 $[0,1]$ 上是可积的.

问题 4.2.1 若可测函数 $f(x)$ 在 E 上是 Lebesgue 可积的, 则 $f(x)$ 在 E 上是 Lebesgue 可积的当且仅当 $|f(x)|$ 在 E 上也是 Lebesgue 可积的吗?

是的. 实际上, 由于 $f(x) = f^+(x) - f^-(x), |f(x)| = f^+(x) + f^-(x)$, 因此, 若 $f(x)$ 在 E 上 Lebesgue 可积, 则 $f^+(x)$ 和 $f^-(x)$ 在 E 上 Lebesgue 可积, 并且积分是有限的, 故 $|f(x)|$ 在 E 上也是 Lebesgue 可积的. 反过来, 若 $|f(x)|$ 在 E 上是 Lebesgue 可积的, 由于 $f^+(x)$ 和 $f^-(x)$ 都是非负可测函数, 并且 $f^+(x) \leqslant |f(x)|$ 和 $f^-(x) \leqslant |f(x)|$, 因此, 由 $\int_E |f(x)|dx$ 存在并且有限可知, $f^+(x)$ 和 $f^-(x)$ 在 E 上都是 Lebesgue 可积的. 所以, $f(x)$ 在 E 上也是 Lebesgue 可积的.

性质 4.2.1 (1) 若可测函数 $f(x)$ 在 E 上是 Lebesgue 可积的, 即 $\int_E f(x)dx < \infty$, 则 $f(x)$ 在 E 上是几乎处处有限的.

(2) 设 E 是可测集, $f(x)$ 在 E 上几乎处处为 0, 则 $\int_E f(x)dx = 0$.

(3) 设 $f(x)$ 是可测函数, 若 $g(x)$ 在 E 上是可积的, 并且 $|f(x)| \leqslant g(x)$, 则 $f(x)$ 是可积的.

证明 (1) 由非负可测函数的类似结果容易知道结论成立.

(2) 由于 $f(x)$ 在 E 上几乎处处为 0, 因此, $|f(x)|$ 在 E 上几乎处处为 0, 故 $\int_E f(x)^+dx \leqslant \int_E |f(x)|dx = 0$, 并且 $\int_E f(x)^-dx \leqslant \int_E |f(x)|dx = 0$. 所以, $\int_E f(x)dx = \int_E f(x)^+dx - \int_E f(x)^-dx = 0$.

(3) 由 $|f(x)| \leqslant g(x)$ 可知 $g(x)$ 是非负函数, 因此, 由非负可测函数积分的性质可知

$$\int_E |f(x)| dx \leqslant \int_E g(x) dx < \infty.$$

所以, $f(x)$ 是可积的.　■

问题 4.2.2　设 $f(x)$ 是可测函数, 若 $g(x)$ 在 E 上是可积的, 并且 $f(x) \leqslant g(x)$, 则 $f(x)$ 是可积的吗?

不一定. 设 $g(x) = 0, x \in [0,1]$, 函数列

$$f(x) = \begin{cases} -2, & \dfrac{1}{2} < x \leqslant 1, \\[2mm] -4, & \dfrac{1}{4} < x \leqslant \dfrac{1}{2}, \\[1mm] \cdots\cdots \\[1mm] -2^n, & \dfrac{1}{2^n} < x \leqslant \dfrac{1}{2^{n-1}}, \\[1mm] \cdots\cdots \end{cases}$$

则明显地, $g(x)$ 在 $[0,1]$ 上是可积的, $\displaystyle\int_0^1 g(x) dx = 0$, 并且 $f(x) \leqslant g(x)$, 但

$$\int_0^1 f(x) dx = \sum_{n=1}^{\infty} (-2^n) \frac{1}{2^n} = -\infty.$$

积分还具有下面的线性性质.

性质 4.2.2　设 f 和 g 是 E 上的可积函数, 若 a, b 是实数, 则

$$\int_E [af(x) + bg(x)] dx = a\int_E f(x) dx + b\int_E g(x) dx.$$

问题 4.2.3　若可测函数 $f(x)$ 在 E 上是 Lebesgue 可积的, $g(x)$ 与 $f(x)$ 几乎处处相等, 则 $\displaystyle\int_E f(x) dx = \int_E g(x) dx$ 一定成立吗?

是的. 容易知道, 若 $g(x)$ 与 $f(x)$ 几乎处处相等, 则 $f(x) - g(x)$ 几乎处处为 0, 因此, $\displaystyle\int_E [f(x) - g(x)] dx = 0$, 所以, $\displaystyle\int_E f(x) dx = \int_E g(x) dx$. 由此可知改变一个函数在零测集的值是不会影响它的可积性和积分值的.　■

作为对比, 可以考虑下面问题.

问题 4.2.4　若可测函数 $f(x)$ 在 $[a,b]$ 上是 Riemann 可积的, $g(x)$ 与 $f(x)$ 在 $[a,b]$ 上几乎处处相等, 则 $g(x)$ 在 $[a,b]$ 上是 Riemann 可积吗?

不一定. 实际上, 对于 $f(x) = 0$, 容易知道 $f(x)$ 在区间 $[0,1]$ 上是 Riemann 可

积的, 并且 $\int_0^1 f(x)dx = 0$, Dirichlet 函数 $D(x)$ 与 $f(x)$ 在 $[0,1]$ 上几乎处处相等, 但容易验证 $D(x)$ 在 $[0,1]$ 上不是 Riemann 可积的. ■

例题 4.2.1　设 $m(E) > 0, f(x)$ 在 E 上可积, 若对于任意有界可测函数 $g(x)$, 都有 $\int_E f(x)g(x)dx = 0$, 试证明 $f(x)$ 在 E 上几乎处处等于 0.

证明　定义 $g(x)$ 如下:

$$g(x) = \begin{cases} 1, & x \in \{x \in E \mid f(x) \geqslant 0\}, \\ -1, & x \in \{x \in E \mid f(x) < 0\}. \end{cases}$$

则 $g(x)$ 是 E 上的有界可测函数, 因此 $\int_E f(x)g(x)dx = 0$, 故

$$\begin{aligned} \int_E |f(x)|dx &= \int_E f^+(x)dx + \int_E f^-(x)dx \\ &= \int_E \max\{f(x), 0\}dx + \int_E \max\{-f(x), 0\}dx \\ &= \int_{\{x \in E \mid f(x) \geqslant 0\}} f(x)dx - \int_{\{x \in E \mid f(x) < 0\}} f(x)dx \\ &= \int_E f(x)g(x)dx = 0. \end{aligned}$$

因此, $|f(x)|$ 在 E 上几乎处处等于 0, 所以, $f(x)$ 在 E 上几乎处处等于 0. ■

对于固定的函数 $f(x)$, 容易知道 $g(E) = \int_E |f(x)|\,dx$ 是关于变量 E 的函数, 下面定理是积分的**绝对连续性**(absolute continuity of the integral). 即当 E 的测度趋于 0 时, 有 $g(E)$ 趋于 0. 也就是说, **当积分区域的测度足够小时, 它的 Lebesgue 积分就会任意小**.

定理 4.2.1　设 $f(x)$ 在 E 上是可积的, 则对于任意的 $\varepsilon > 0$, 存在 $\delta > 0$, 使得对于 E 的任意可测子集 E_δ, 只要 $m(E_\delta) < \delta$, 就有

$$\left| \int_{E_\delta} f(x)dx \right| \leqslant \int_{E_\delta} |f(x)|dx < \varepsilon.$$

证明　(1) 若 $f(x)$ 在 E 上有界, 则存在 $M > 0$, 使得 $|f(x)| \leqslant M$. 故对于任意的 $\varepsilon > 0$, 取 $\delta = \dfrac{\varepsilon}{M}$, 则当 E_δ 是 E 的可测子集时, 只要 $m(E_\delta) < \delta$, 就有

$$\left| \int_{E_\delta} f(x)dx \right| \leqslant \int_{E_\delta} |f(x)|dx \leqslant M \cdot m(E_\delta) < \varepsilon.$$

(2) 若 $f(x)$ 在 E 上无界, 对于任意的 $\varepsilon > 0$, 由于 $f(x)$ 在 E 上是可积的, 因此, $|f(x)|$ 在 E 上是可积的. 根据前面的定理, 一定存在非负简单函数递增列 $\{f_n(x)\}$,

使得 $f_n(x) \leqslant |f(x)|$, $\lim\limits_{n \to \infty} f_n(x) = |f(x)|$. 故 $\lim\limits_{n \to \infty} \int_E f_n(x)dx = \int_E |f(x)|dx < \infty$. 因此, 存在自然数 N, 使得

$$\int_E f_N(x)dx > \int_E |f(x)|dx - \frac{\varepsilon}{2}.$$

由于简单函数都是有界函数, 因此, 对于 $f_N(x)$, 根据 (1), 存在 $\delta > 0$, 使得对于 E 的任意可测子集 E_δ, 只要 $m(E_\delta) < \delta$, 就有

$$\left| \int_{E_\delta} f_N(x)dx \right| < \frac{\varepsilon}{2}.$$

因此

$$\int_{E_\delta} |f(x)|dx = \int_E |f(x)|dx - \int_{E \setminus E_\delta} |f(x)|dx$$
$$\leqslant \int_E f_N(x)dx + \frac{\varepsilon}{2} - \int_{E \setminus E_\delta} |f(x)|dx.$$

由于 $f_N(x) \leqslant |f(x)|$, 因此, $\int_{E \setminus E_\delta} f_N(x)dx \leqslant \int_{E \setminus E_\delta} |f(x)|dx$, 故

$$\int_{E_\delta} |f(x)|dx \leqslant \int_E f_N(x)dx + \frac{\varepsilon}{2} - \int_{E \setminus E_\delta} f_N(x)dx$$
$$= \int_{E_\delta} f_N(x)dx + \frac{\varepsilon}{2}$$
$$< \varepsilon.$$

综合上述, 对于任意 E 上的可测函数 $f(x)$, 结论都成立. ■

若 $f(x)$ 在 $[0,1]$ 上是 Lebesgue 可积的, 由积分的绝对连续性, 对于任意 $\varepsilon > 0$, 存在 $\delta > 0$, 使得 $[c,d] \subseteq [0,1]$, 并且当 $d - c < \delta$ 时, 有 $\int_{[c,d]} f(x)dx < \varepsilon$. 这是一种比较有用的解题技巧.

例题 4.2.2 设 $f(x)$ 在 $[0,1]$ 上是 Lebesgue 可积的, 试证明 $\lim\limits_{n \to \infty} \int_{[0,1]} x^n f(x)dx = 0$.

证明 (1) $f(x)$ 在 $[0,1]$ 上是 Lebesgue 可积的, 由积分的绝对连续性, 对于任意 $\varepsilon > 0$, 存在 $0 < \delta < 1$, 使得

$$\int_{[\delta,1]} |f(x)|dx < \frac{\varepsilon}{2}.$$

(2) 记 $M = \int_{[0,1]} |f(x)|dx$, 则 $\int_{[0,\delta]} |f(x)|dx \leqslant M$, 故

$$\int_{[0,\delta]} |x^n f(x)|dx \leqslant \int_{[0,\delta]} \delta^n |f(x)|dx \leqslant M\delta^n.$$

由于 $0 < \delta < 1$, 因此, 存在 N, 使得 $n > N$ 时, 有 $M\delta^n < \dfrac{\varepsilon}{2}$.

(3) 由此可知,

$$\left| \int_{[0,1]} x^n f(x)dx \right| \leqslant \int_{[0,1]} |x^n f(x)|dx = \int_{[0,\delta]} |x^n f(x)|dx + \int_{[\delta,1]} |x^n f(x)|dx$$

$$\leqslant \int_{[0,\delta]} |x^n f(x)|dx + \int_{[\delta,1]} |f(x)|dx < \varepsilon.$$

所以, $\lim\limits_{n\to\infty} \int_{[0,1]} x^n f(x)dx = 0$. ∎

2. 控制收敛定理

Lebesgue 想得到形如 $\lim\limits_{n\to\infty} \int_E f_n(x)dx = \int_E f(x)dx$ 的定理, 他在条件为积分区间是有限的, 并且被积函数 $\{f_n\}$ 一致有界的时候证明了该结论. 后来, 他将一致有界的条件弱化为绝对值 $\{|f_n|\}$ 被一个可积函数所控制, 这就是下面重要的控制收敛定理 (dominated convergence theorem).

定理 4.2.2　设 $\{f_n\}$ 是 E 上的几乎处处收敛的可测函数列, $f_n(x)$ 在 E 上几乎处处收敛到 $f(x)$, 若存在非负函数 F, 使得 $\int_E F(x)dx < \infty$, 并且对于任意自然数 n, 都有 $|f_n(x)| \leqslant F(x)$ 在 E 上几乎处处成立, 则

$$\lim_{n\to\infty} \int_E f_n(x)dx = \int_E f(x)dx.$$

证明　(1) 由于 $\{f_n\}$ 是 E 上的几乎处处收敛的可测函数列, 因此, $f(x)$ 是可测函数.

(2) 由于 $|f_n(x)| \leqslant F(x)$ 在 E 上几乎处处成立, 并且 $f_n(x)$ 在 E 上几乎处处收敛到 $f(x)$, 因此, $|f(x)| \leqslant F(x)$ 在 E 上几乎处处成立, 故 $f(x)$ 是 E 上的可积函数.

(3) 构造函数列, 令 $g_n(x) = |f_n(x) - f(x)|$, 则 $g_n(x)$ 在 E 上是可积的, 并且 $0 \leqslant g_n(x) \leqslant 2F(x)$ 对任意自然数 n 都成立. 另外, 由 $f_n(x)$ 收敛到 $f(x)$ 可知 $\{g_n(x)\}$ 是收敛列. 故 $\{2F(x) - g_n(x)\}$ 也是收敛列.

(4) 根据 Fatou 引理, 有

$$\int_E \lim_{n\to\infty}[2F(x) - g_n(x)]dx = \int_E \varliminf_{n\to\infty}[2F(x) - g_n(x)]dx$$
$$\leqslant \varliminf_{n\to\infty} \int_E [2F(x) - g_n(x)]dx,$$

由于 $F(x)$ 和 $g_n(x)$ 都是可积的, 并且 $\varliminf\limits_{n\to\infty}\left(-\int_E g_n(x)\right) = -\varlimsup\limits_{n\to\infty}\int_E g_n(x)$, 因此

$$\int_E 2F(x)dx - \int_E \lim_{n\to\infty} g_n(x)dx \leqslant \int_E 2F(x)dx - \varlimsup_{n\to\infty}\int_E g_n(x)dx,$$

两边约去 $\int_E 2F(x)dx$, 得

$$\varlimsup_{n\to\infty} \int_E g_n(x)dx \leqslant \int_E \lim_{n\to\infty} g_n(x)dx.$$

由于 $\lim_{n\to\infty} g_n(x) = \lim_{n\to\infty} |f_n(x) - f(x)| = 0$, 因此,

$$0 \leqslant \varlimsup_{n\to\infty} \int_E g_n(x)dx \leqslant \int_E \lim_{n\to\infty} g_n(x)dx = 0.$$

因而

$$\varlimsup_{n\to\infty} \int_E g_n(x)dx = 0.$$

故

$$\lim_{n\to\infty} \int_E g_n(x)dx = 0.$$

(5) 由于

$$\left| \int_E f_n(x)dx - \int_E f(x)dx \right| = \left| \int_E [f_n(x) - f(x)]dx \right| \leqslant \int_E g_n(x)dx,$$

因此

$$\lim_{n\to\infty} \int_E f_n(x)dx = \int_E f(x)dx. \qquad \blacksquare$$

控制收敛定理是实变函数论的重要定理, 可以用来证明很多结果.

例题 4.2.3   设 E 为 $\mathbb{R}$ 的可测集, 若 $\int_E f(x)dx < \infty$, 试证明

$$\int_E f(x)dx = \lim_{n\to\infty} \int_{E\cap[-n,n]} f(x)dx.$$

证明   令 $f_n(x) = f(x)\chi_{[-n,n]}(x)$, 则容易验证

$$\lim_{n\to\infty} f_n(x) = f(x), \quad |f_n(x)| \leqslant |f(x)|.$$

所以, 由控制收敛定理可知

$$\int_E f(x)dx = \lim_{n\to\infty} \int_E f_n(x)dx$$
$$= \lim_{n\to\infty} \int_E f(x)\chi_{[-n,n]}(x)dx = \lim_{n\to\infty} \int_{E\cap[-n,n]} f(x)dx. \qquad \blacksquare$$

容易知道, 在控制收敛定理条件满足时, 由 $\int_E F(x)dx < \infty$ 和 $|f_n(x)| \leqslant F(x)$ 可知一定有 $\int_E f(x)dx < \infty$.

问题 4.2.5 控制收敛定理中条件控制函数 $F(x)$ 可积换成 $\displaystyle\int_E F(x)dx = \infty$, 结论成立吗?

不一定. 设

$$f_n(x) = \begin{cases} n, & 0 < x \leqslant \dfrac{1}{n}, \\ 0, & x > \dfrac{1}{n}. \end{cases}$$

若 $f_n(x) \leqslant F(x)$ 对任意 n 都成立, 则 $F(x) \geqslant n$ 对任意 $x \in \left[\dfrac{1}{n+1}, \dfrac{1}{n}\right]$ 都成立,

故 $\displaystyle\int_0^\infty F(x)dx \geqslant \sum_{n=1}^\infty \int_{\frac{1}{n+1}}^{\frac{1}{n}} n\, dx = \sum_{n=1}^\infty n\left(\dfrac{1}{n} - \dfrac{1}{n+1}\right) = \sum_{n=1}^\infty \dfrac{1}{n+1} = +\infty$, 因此,

$\displaystyle\int_0^\infty F(x)dx = +\infty$.

明显地, $\displaystyle\lim_{n\to\infty} f_n(x) = f(x) \equiv 0$, 但 $\displaystyle\lim_{n\to\infty} \int_0^\infty f_n(x)dx = 1$, $\displaystyle\int_0^\infty f(x)dx = 0$, 因此, 控制收敛定理不成立.

推论 4.2.1 设 $\{f_n\}$ 是 E 上的可测函数列, $m(E) < \infty$, 若

$$\lim_{n\to\infty} f_n(x) = f(x), \quad |f_n(x)| \leqslant M < \infty \quad (n = 1, 2, \cdots)$$

在 E 上几乎处处成立, 则 $f(x)$ 是可积的, 并且

$$\lim_{n\to\infty} \int_E f_n(x)dx = \int_E f(x)dx.$$

实际上, 只需在控制收敛定理中, 令 $g(x) = M$, 则 $g(x)$ 在 E 上是可积的, 因此, 结论成立.

推论 4.2.2 设 $\{f_n\}$ 是 E 上几乎处处收敛的可测函数列, $f_n(x)$ 在 E 上几乎处处收敛到 $f(x)$, 若存在非负函数 F, 使得 $\displaystyle\int_E F(x)dx < \infty$, 并且对于任意自然数 n, 都有 $|f_n(x)| \leqslant F(x)$ 在 E 上几乎处处成立, 则 $\{f_n\}$ 在 E 上依测度收敛到 $f(x)$.

分析定理 4.2.2 的证明, 容易发现已经得到下面的结果:

$$\left| \int_E [f_n(x) - f(x)]dx \right| \leqslant \int_E g_n(x)dx \to 0.$$

因此, 对于任意 $\varepsilon > 0$, 有

$$\varepsilon \cdot m(\{x \in E \mid |f_n(x) - f(x)| > \varepsilon\}) = \int_{\{x \in E \mid |f_n(x) - f(x)| > \varepsilon\}} \varepsilon\, dx$$

$$\leqslant \int_{\{x \in E \mid |f_n(x) - f(x)| > \varepsilon\}} |f_n(x) - f(x)|\, dx \leqslant \int_E |f_n(x) - f(x)|\, dx.$$

故 $m(\{x \in E \mid |f_n(x) - f(x)| > \varepsilon\}) \to 0 \ (n \to \infty)$, 所以, $\{f_n\}$ 在 E 上的依测度收敛到 $f(x)$.

在推论 4.2.2 的启发下, 不妨考虑在控制收敛定理中, 若将条件 "$\{f_n\}$ 在 E 上几乎处处收敛到 $f(x)$" 换成 "$\{f_n\}$ 在 E 上依测度收敛到 $f(x)$", 则结论是否仍然成立呢?

定理 4.2.3 设 $\{f_n\}$ 是 E 上依测度收敛到 $f(x)$ 的可测函数列, 若存在非负函数 F, 使得 $\displaystyle\int_E F(x)dx < \infty$, 并且对于任意自然数 n, 都有 $|f_n(x)| \leqslant F(x)$ 在 E 上几乎处处成立, 则

$$\lim_{n\to\infty} \int_E f_n(x)dx = \int_E f(x)dx.$$

证法一   (1) 由于 $\{f_n\}$ 是 E 上依测度收敛到 $f(x)$, 因此, 由 Riesz 定理可知存在子序列 f_{n_k} 几乎处处收敛到 $f(x)$, 因而 $|f(x)| \leqslant F(x)$, 故 $\displaystyle\int_E |f(x)|dx \leqslant \int_E F(x)dx < \infty$.

(2) 若 $m(E) < \infty$, 对于任意 $\varepsilon > 0$, 记 $E_n = \left\{ x \in E \ \middle|\ |f_n(x) - f(x)| \geqslant \dfrac{\varepsilon}{2m(E)+1} \right\}$, 则

$$\int_E [f_n(x) - f(x)]dx = \int_{E\backslash E_n} [f_n(x) - f(x)]dx + \int_{E_n} [f_n(x) - f(x)]dx,$$

并且

$$\left| \int_{E\backslash E_n} [f_n(x) - f(x)]dx \right| \leqslant \int_{E\backslash E_n} \left| f_n(x) - f(x) \right| dx$$
$$< \frac{\varepsilon}{2m(E)+1} \cdot m(E \backslash E_n) \leqslant \frac{\varepsilon}{2m(E)+1} \cdot m(E) < \frac{\varepsilon}{2}.$$

由于 $\{f_n\}$ 在 E 上依测度收敛到 $f(x)$, 因此, $m(E_n) \to 0$. 由 $\displaystyle\int_E F(x)dx < \infty$ 和积分的绝对连续性可知对于任意 $\varepsilon > 0$, 存在 $\delta > 0$, 使得 $A \subseteq E, m(A) < \delta$ 时, 有

$$\int_A F(x)dx < \frac{\varepsilon}{4}.$$

故存在足够大的正整数 N, 使得 $n > N$ 时, 有 $m(E_n) < \delta$, 因此, $\displaystyle\int_{E_n} F(x)dx < \frac{\varepsilon}{4}$, 因而

$$\int_{E_n} |f_n(x) - f(x)|dx \leqslant 2\int_{E_n} F(x)dx < \frac{\varepsilon}{2}.$$

所以, $\int_E |f_n(x) - f(x)| dx < \varepsilon$, 由此可知, $\lim\limits_{n \to \infty} \int_E f_n(x) dx = \int_E f(x) dx$.

(3) 若 $m(E) = \infty$, 由于 $F(x) \chi_{[-n,n]}(x)$ 点点收敛到 $F(x)$, $F(x) \chi_{[-n,n]}(x) \leqslant F(x)$, 因此, $\int_E F(x) \chi_{[-n,n]}(x) dx \to \int_E F(x) dx$, 故对于任意 $\varepsilon > 0$, 存在 N, 使得

$$\left| \int_{E \cap [-N,N]} F(x) dx - \int_E F(x) dx \right| = \left| \int_E F(x) \chi_{[-N,N]}(x) dx - \int_E F(x) dx \right| < \frac{\varepsilon}{4}.$$

因此

$$\begin{aligned}\left| \int_E [f_n(x) - f(x)] dx \right| &\leqslant \left| \int_{E \cap [-N,N]} [f_n(x) - f(x)] dx \right| \\ &\quad + \left| \int_{E \setminus E \cap [-N,N]} [f_n(x) - f(x)] dx \right| \\ &\leqslant \left| \int_{E \cap [-N,N]} [f_n(x) - f(x)] dx \right| + \int_{E \setminus E \cap [-N,N]} 2F(x) dx \\ &< \left| \int_{E \cap [-N,N]} [f_n(x) - f(x)] dx \right| + \frac{\varepsilon}{2}.\end{aligned}$$

由于 $m(E \cap [-N,N]) \leqslant 2N < \infty$, 因此, 由 (2) 的证明过程可知, 存在 N_0, 使得 $n > N_0$ 时, 有

$$\left| \int_{E \cap [-N,N]} [f_n(x) - f(x)] dx \right| < \frac{\varepsilon}{2}.$$

因而

$$\left| \int_E [f_n(x) - f(x)] dx \right| < \varepsilon,$$

所以

$$\lim\limits_{n \to \infty} \int_E f_n(x) dx = \int_E f(x) dx. \qquad \blacksquare$$

实际上, 利用点点收敛的控制收敛定理, 可以很容易证明依测度收敛的控制收敛定理.

证法二 假如 $\lim\limits_{n \to \infty} \int_E f_n(x) dx = \int_E f(x) dx$ 不成立, 则一定存在子列 $\{f_{n_k}\}$, 使得 $\lim\limits_{n \to \infty} \int_E f_{n_k}(x) dx = M$, 并且 $M \neq \int_E f(x) dx$. 由于 $f_n(x)$ 依测度收敛到 $f(x)$, 因此, $f_{n_k}(x)$ 也依测度收敛到 $f(x)$. 根据 Riesz 定理, 存在 $f_{n_{k_l}}(x)$ 几乎处处收敛到 $f(x)$. 由前面点点收敛的控制收敛定理, 有

$$\lim\limits_{l \to \infty} \int_E f_{n_{k_l}}(x) dx = \int_E f(x) dx,$$

这与前面的假设矛盾. 所以, 由反证法原理可知

$$\lim_{n\to\infty}\int_E f_n(x)dx = \int_E f(x)dx.\qquad\blacksquare$$

例题 4.2.4　求极限 $\displaystyle\lim_{n\to\infty}\int_0^\infty \frac{n\sqrt{x}}{1+n^2x^2}\sin^5 xdx$.

解　(1) 令 $f_n(x) = \dfrac{n\sqrt{x}}{1+n^2x^2}\sin^5 x$, 则容易知道对于任意 $x\in[0,+\infty)$, 有 $\displaystyle\lim_{n\to\infty}f_n(x) = 0$.

(2) 要利用控制收敛定理, 就要找到可积函数 $F(x)$, 使得 $|f_n(x)|\leqslant F(x)$ 对所有 $x\in[0,+\infty)$ 都成立.

当 $0 < x < 1$ 时, 有

$$|f_n(x)| = \left|\frac{n\sqrt{x}}{1+n^2x^2}\sin^5 x\right| \leqslant \left|\frac{n\sqrt{x}}{1+n^2x^2}\right| \leqslant \frac{n\sqrt{x}}{nx} = \frac{1}{\sqrt{x}}.$$

当 $x\geqslant 1$ 时, 有

$$|f_n(x)| \leqslant \left|\frac{n\sqrt{x}}{n^2x^2}\right| \leqslant \frac{1}{\sqrt{x^3}}.$$

令

$$g(x) = \begin{cases} 0, & x = 0. \\ \dfrac{1}{\sqrt{x}}, & 0 < x < 1, \\ \dfrac{1}{\sqrt{x^3}}, & 1\leqslant x < \infty. \end{cases}$$

则在 $[0,+\infty)$ 上, 有 $|f_n(x)|\leqslant g(x)$.

由 $\displaystyle\int_0^1 g(x)dx < \infty$ 和 $\displaystyle\int_1^\infty g(x)dx < \infty$ 可知 $g(x)$ 在 $[0,+\infty)$ 上是可积的. 所以, 由控制收敛定理可知

$$\lim_{n\to\infty}\int_0^\infty f_n(x)dx = \int_0^\infty \lim_{n\to\infty}f_n(x)dx = 0.\qquad\blacksquare$$

为什么上面证明中的 $g(x)$ 要用分段函数呢? 明显地, 这是由于 $\displaystyle\int_0^1 \frac{1}{\sqrt{x^3}}dx < \infty$ 和 $\displaystyle\int_1^\infty \frac{1}{\sqrt{x}}dx < \infty$ 不成立.

设 $\dfrac{a_0}{2} + \displaystyle\sum_{n=1}^\infty (a_n\cos nx + b_n\sin nx)$ 是三角级数, 它在 $[0,2\pi]$ 上处处收敛到可积函数 $f(x)$, 若三角级数可以逐项积分, 则很容易计算出 $f(x)$ 的 Fourier (傅里叶) 系数就是 a_n, b_n 等. 因此, 研究一个收敛级数是否能够逐项积分是一个很重要的问题.

推论 4.2.3 设 $\{f_n\}$ 是 E 上的可积函数列, 若

$$\sum_{n=1}^{\infty} \int_E |f_n(x)|dx < \infty,$$

则级数 $\sum\limits_{n=1}^{\infty} |f_n(x)|$ 在 E 上几乎处处收敛, $f(x) = \sum\limits_{n=1}^{\infty} f_n(x)$ 是可积的, 并且

$$\sum_{n=1}^{\infty} \int_E f_n(x)dx = \int_E \sum_{n=1}^{\infty} f_n(x)dx = \int_E f(x)dx.$$

证明 (1) 作函数 $F(x) = \sum\limits_{n=1}^{\infty} |f_n(x)|$, 由非负可测函数的逐项积分定理可知

$$\int_E F(x)dx = \sum_{n=1}^{\infty} \int_E |f_n(x)|dx < \infty,$$

因此, $F(x)$ 是 E 上的可积函数, 故 $F(x)$ 在 E 上是几乎处处有限的, 因而级数 $\sum\limits_{n=1}^{\infty} f_n(x)$ 在 E 上几乎处处收敛, 记 $f(x) = \sum\limits_{n=1}^{\infty} f_n(x)$.

(2) 由于 $|f(x)| \leqslant \sum\limits_{n=1}^{\infty} |f_n(x)| = F(x)$ 几乎处处成立, 因此 $f(x)$ 在 E 上是可积的.

(3) 令 $g_n(x) = \sum\limits_{k=1}^{n} f_k(x)$, 则

$$|g_n(x)| \leqslant \sum_{k=1}^{n} |f_k(x)| \leqslant F(x),$$

由控制收敛定理, 有

$$\int_E f(x)dx = \int_E \lim_{n\to\infty} g_n(x)dx = \lim_{n\to\infty} \int_E g_n(x)dx = \sum_{n=1}^{\infty} \int_E f_n(x)dx. \qquad \blacksquare$$

利用上面推论, 还可以验证 Dirichlet 函数 $D(x)$ 在实数集 $\mathbb{R}$ 上的 Lebesgue 积分为零. 实际上, 由于有理数 $\mathbb{Q}$ 是可列集, 因此, $\mathbb{Q}$ 可以写成 $\mathbb{Q} = \{q_n \mid n = 1, 2, \cdots\}$, 对于每个 n, 定义 $f_n(x)$ 为单点集 $\{q_n\}$ 的特征函数, 即 $f_n(x) = \chi_{\{q_n\}}(x)$, 则 $\int_{\mathbb{R}} f_n(x)dx = 0$, 故 $\sum\limits_{n=1}^{\infty} \int_{\mathbb{R}} |f_n(x)|dx = 0$, 因此, 级数 $\sum\limits_{n=1}^{\infty} |f_n(x)|$ 在 E 上几乎处处收敛, 从而 Dirichlet 函数 $D(x) = \sum\limits_{n=1}^{\infty} f_n(x)$ 是可积的, 并且

$$\int_{\mathbb{R}} D(x)dx = \sum_{n=1}^{\infty} \int_{\mathbb{R}} f_n(x)dx = 0.$$

例题 4.2.5　试证明 $f(x) = \sum\limits_{n=0}^{\infty} \dfrac{x^n}{n^2}$ 在 $[0,1]$ 上是 Lebesgue 可积的.

证明　令 $f_n(x) = \dfrac{x^n}{n^2}$, 则

$$\int_0^1 |f_n(x)|dx = \frac{1}{n^2}\int_0^1 x^n dx = \frac{1}{n^2(n+1)}.$$

因此

$$\sum_{n=1}^{\infty}\int_0^1 |f_n(x)|dx = \sum_{n=1}^{\infty}\frac{1}{n^2(n+1)} < \infty,$$

所以

$$\int_0^1 f(x)dx = \int_0^1 \sum_{n=1}^{\infty} f_n(x)dx = \sum_{n=1}^{\infty}\int_0^1 f_n(x)dx$$

$$\leqslant \sum_{n=1}^{\infty}\int_0^1 |f_n(x)|dx = \sum_{n=1}^{\infty}\frac{1}{n^2(n+1)} < \infty.$$

即 $f(x)$ 在 $[0,1]$ 上是 Lebesgue 可积的. ∎

推论 4.2.4　设 $f(x,y)$ 是 $E \times (a,b)$ 上的函数, 若 $f(x,y)$ 看作 x 的函数时在 E 上是可积的, 看作 y 的函数时在 (a,b) 上是可导的, 并且存在可积函数 $F(x)$, 使得

$$\left|\frac{\partial}{\partial y}f(x,y)\right| \leqslant F(x), \quad (x,y) \in E \times (a,b),$$

则积分号下可以求导, 即

$$\frac{d}{dy}\int_E f(x,y)dx = \int_E \frac{\partial}{\partial y}f(x,y)dx.$$

证明　(1) 对于固定的 $y \in (a,b)$ 和 $h_n \to 0$, 记

$$g_n(x) = \frac{f(x,y+h_n)-f(x,y)}{h_n},$$

则

$$\lim_{n\to\infty} g_n(x) = \frac{\partial}{\partial y}f(x,y), \quad x \in E.$$

(2) 由于存在 $0 \leqslant \theta_n \leqslant 1$, 使得

$$\left|\frac{f(x,y+h_n)-f(x,y)}{h_n}\right| = \left|\frac{\partial}{\partial y}f(x,y+\theta_n h_n)\right| \leqslant F(x),$$

因此
$$|g_n(x)| \leqslant F(x).$$

故由控制收敛定理可知
$$\frac{d}{dy}\int_E f(x,y)dx = \lim_{n\to\infty}\int_E \frac{f(x,y+h_n)-f(x,y)}{h_n}dx$$
$$= \lim_{n\to\infty}\int_E g_n(x)dx = \int_E \lim_{n\to\infty}g_n(x)dx = \int_E \frac{\partial}{\partial y}f(x,y)dx. \qquad \blacksquare$$

最后, 回顾一下 Levi 定理的条件是否可以减弱.

问题 4.2.6　若 Levi 定理中条件函数列非负去掉, 结论成立吗?

不一定. 设 $f(x)=0, x\in[0,1]$, 函数列
$$f_n(x) = \begin{cases} -\dfrac{1}{nx}, & 0 < x \leqslant 1, \\ 0, & x = 0. \end{cases}$$

则容易知道
$$f_1(x) \leqslant f_2(x) \leqslant \cdots \leqslant f_n(x) \leqslant \cdots \leqslant \lim_{n\to\infty}f_n(x) = f(x).$$

但
$$\int_0^1 f_n(x)dx = -\infty, \qquad \int_0^1 f(x)dx = 0.$$

所以, $\lim\limits_{n\to\infty}\int_0^1 f_n(x)dx \neq \int_0^1 f(x)dx$, 即 Levi 定理的结论不成立. $\qquad \blacksquare$

问题 4.2.7　若 Levi 定理中条件函数列非负去掉, 并作如下修改: 设 $\{f_n\}$ 是 E 上的递增可积函数列, 即
$$f_1(x) \leqslant f_2(x) \leqslant \cdots \leqslant f_n(x) \leqslant \cdots,$$

并且对于任意 $x\in E$, 都有 $\lim\limits_{n\to\infty}f_n(x) = f(x)$, 则
$$\lim_{n\to\infty}\int_E f_n(x)dx = \int_E \lim_{n\to\infty}f_n(x)dx = \int_E f(x)dx$$

成立吗?

是的. 实际上, 令 $g_n(x) = f_{n+1}(x) - f_n(x)$, 由 $\{f_n\}$ 是 E 上的递增可积函数列可知 $\{g_n\}$ 是 E 上的非负可积函数列. 并且
$$\sum_{n=1}^{\infty}g_n(x) = \lim_{m\to\infty}\sum_{n=1}^{m-1}g_n(x) = \lim_{m\to\infty}[f_m(x)-f_1(x)] = f(x)-f_1(x).$$

由 Lebesgue 逐项积分定理可得

$$\int_E f(x)dx - \int_E f_1(x)dx = \sum_{n=1}^{\infty} \int_E g_n(x)dx$$

$$= \lim_{m \to \infty} \sum_{n=1}^{m} \int_E g_n(x)dx.$$

由于 $f_n(x)$ 在 E 上可积, 因此, $\int_E f_n(x)dx < \infty$, 并且 $\int_E g_n(x)dx < \infty$, 故

$$\int_E g_n(x)dx = \int_E f_{n+1}(x)dx - \int_E f_n(x)dx.$$

从而

$$\int_E f(x)dx - \int_E f_1(x)dx = \lim_{m \to \infty} \sum_{n=1}^{m} \int_E g_n(x)dx$$

$$= \lim_{m \to \infty} \sum_{n=1}^{m} \left[\int_E f_{n+1}(x)dx - \int_E f_n(x)dx \right]$$

$$= \lim_{m \to \infty} \left[\int_E f_{m+1}(x)dx - \int_E f_1(x)dx \right]$$

$$= \lim_{m \to \infty} \int_E f_{m+1}(x)dx - \int_E f_1(x)dx.$$

所以, $\int_E f(x)dx = \lim_{m \to \infty} \int_E f_{m+1}(x)dx$, 即 $\lim_{n \to \infty} \int_E f_n(x)dx = \int_E f(x)dx.$ ∎

* 扩展阅读: 广义函数

若在不满足极限在积分下可以交换的条件下, 考虑将极限与积分号交换, 会产生什么问题呢?

若定义函数 $f_n(x) = \dfrac{1}{\pi}\left(\dfrac{n}{1+n^2x^2}\right)$, 则容易知道 $\displaystyle\int_{-\infty}^{+\infty} f_n(x)dx = 1$, 并且 $\lim_{n \to \infty} f_n(x) = \delta(x)$, 这里 $\delta(x)$ 定义如下:

$$\delta(x) = \begin{cases} 0, & x \neq 0, \\ +\infty, & x = 0. \end{cases}$$

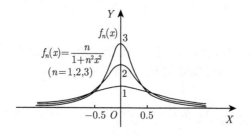

若对于 $f_n(x)$, 可以在积分号下取积分, 则

$$\int_{-\infty}^{+\infty} \delta(x)dx = \int_{-\infty}^{+\infty} \lim_{n\to\infty} f_n(x)dx = \lim_{n\to\infty} \int_{-\infty}^{+\infty} f_n(x)dx = 1.$$

这样就得到 $\int_{-\infty}^{+\infty} \delta(x)dx = 1$, 这个函数就是在物理中有广泛应用的广义函数, $\delta(x)$ 函数是物理学家 Dirac (狄拉克) 由于物理理论的需要引入的. 广义函数的基本理论是 Schwartz (施瓦兹) 给出的, 他还因此获得了 1950 年的 Fields 奖.

4.3 Riemann 积分与 Lebesgue 积分的关系

先回顾一些 Riemann 积分的基本结论.

设 $f(x)$ 是定义在区间 $I = [a, b]$ 上的有界函数, $\{\Delta^{(n)}\}$ 是区间 $[a, b]$ 的划分:

$$\Delta^{(n)} : a = x_0^{(n)} < x_1^{(n)} < x_2^{(n)} < \cdots < x_{k_n}^{(n)} = b \quad (n = 1, 2, 3, \cdots),$$

$$|\Delta^{(n)}| = \max\{x_i^{(n)} - x_{i-1}^{(n)} \mid 1 \leqslant i \leqslant k_n\}, \quad \lim_{n\to\infty} |\Delta^{(n)}| = 0.$$

对于每个 i 和 n, 记

$$M_i^{(n)} = \sup\{f(x) \mid x_{i-1}^{(n)} \leqslant x \leqslant x_i^{(n)}\},$$

$$m_i^{(n)} = \inf\{f(x) \mid x_{i-1}^{(n)} \leqslant x \leqslant x_i^{(n)}\},$$

则关于 $f(x)$ 的 Darboux 上积分和下积分有下面等式成立:

$$\overline{\int_a^b} f(x)dx = \lim_{n\to\infty} \sum_{i=1}^{k_n} M_i^{(n)}(x_i^{(n)} - x_{i-1}^{(n)}),$$

$$\underline{\int_a^b} f(x)dx = \lim_{n\to\infty} \sum_{i=1}^{k_n} m_i^{(n)}(x_i^{(n)} - x_{i-1}^{(n)}).$$

引理 4.3.1   若 $f(x)$ 是区间 $[a, b]$ 上的有界函数, $\omega(x) = \lim_{\delta\to 0} \sup\{|f(x') - f(x'')| \mid x', x'' \in [x - \delta, x + \delta]\}$ 是 $f(x)$ 在 $[a, b]$ 的振幅, 则

$$\int_{[a,b]} \omega(x)dx = \overline{\int_a^b} f(x)dx - \underline{\int_a^b} f(x)dx.$$

证明   (1) 由于 $f(x)$ 在 $[a, b]$ 上是有界的, 因此, $\omega(x)$ 是 $[a, b]$ 上的有界函数.
(2) 不难验证 $\omega(x)$ 是 $[a, b]$ 上的可测函数, 故 $\omega(x)$ 在 $[a, b]$ 上可积.

(3) 对于划分 $\Delta^{(n)}$, 构造函数列

$$\omega_{\Delta^{(n)}} = \begin{cases} M_i^{(n)} - m_i^{(n)}, & x \in (x_{i-1}^{(n)}, x_i^{(n)}), \\ 0, & x \text{ 是 } \Delta^{(n)} \text{ 的分点}, \end{cases}$$

这里 $i = 1, 2, 3, \cdots, k_n, n = 1, 2, 3, \cdots$. 令 $E = \{x \in [a,b] \mid x \text{ 是 } \Delta^{(n)} \ (n = 1, 2, 3, \cdots)$ 的分点 $\}$, 则明显地, 有 $m(E) = 0$, 并且

$$\lim_{n \to \infty} \omega_{\Delta^{(n)}} = \omega(x), \quad x \in [a,b] \backslash E.$$

记 $A = \sup\{f(x) \mid x \in [a,b]\}, B = \inf\{f(x) \mid x \in [a,b]\}$, 则对于所有的 n, 都有 $\omega_{\Delta^{(n)}} \leqslant A - B$.

(4) 根据控制收敛定理, 有

$$\lim_{n \to \infty} \int_{[a,b]} \omega_{\Delta^{(n)}}(x) dx = \int_{[a,b]} \omega(x) dx.$$

(5) 另外, 由于

$$\begin{aligned} \int_{[a,b]} \omega_{\Delta^{(n)}}(x) dx &= \sum_{i=1}^{k_n} (M_i^{(n)} - m_i^{(n)})(x_i^{(n)} - x_{i-1}^{(n)}) \\ &= \sum_{i=1}^{k_n} M_i^{(n)}(x_i^{(n)} - x_{i-1}^{(n)}) - \sum_{i=1}^{k_n} m_i^{(n)}(x_i^{(n)} - x_{i-1}^{(n)}), \end{aligned}$$

因此

$$\int_{[a,b]} \omega(x) dx = \lim_{n \to \infty} \int_{[a,b]} \omega_{\Delta^{(n)}}(x) dx = \overline{\int_a^b} f(x) dx - \underline{\int_a^b} f(x) dx. \qquad \blacksquare$$

Riemann 积分在 1867 年发表后, 人们就试图构造具有无穷多个间断点的 Riemann 可积函数, Darboux 等很多数学家发现函数的 Riemann 可积是由函数的不连续点的 "长度" 决定的. Darboux 在 1875 年讨论了可积函数的许多性质, 并且证明了下面的结论.

定理 4.3.1　若 $f(x)$ 是区间 $[a,b]$ 上的有界函数, 则 $f(x)$ 在 $[a,b]$ 上是 Riemann 可积的当且仅当 $f(x)$ 在 $[a,b]$ 上的不连续点是 Lebesgue 零测集.

证明　(1) 必要性: 若 $f(x)$ 在 $[a,b]$ 上是 Riemann 可积的, 则 $f(x)$ 的 Darboux 上积分和下积分相等, 故 $\int_I \omega(x) dx = \overline{\int_a^b} f(x) dx - \underline{\int_a^b} f(x) dx = 0$.

由于 $\omega(x) \geqslant 0$, 故, $\omega(x)$ 在 $[a,b]$ 上几乎处处为 0, 所以, $f(x)$ 在 $[a,b]$ 上几乎处处连续.

(2) 充分性: 若 $f(x)$ 在 $[a,b]$ 上的不连续点是零测集, 则 $f(x)$ 的振幅函数 $\omega(x)$ 在 $[a,b]$ 上几乎处处等于零. 故

$$\overline{\int_a^b} f(x)dx - \underline{\int_a^b} f(x)dx = \int_I \omega(x)dx = 0.$$

因此, $f(x)$ 的 Darboux 上积分和下积分相等, 所以, $f(x)$ 在 $[a,b]$ 上是 Riemann 可积的. ∎

定理 4.3.2 若 $f(x)$ 在 $[a,b]$ 上是 Riemann 可积的, 则 $f(x)$ 在 $[a,b]$ 上是 Lebesgue 可积的, 并且 $(L)\int_{[a,b]} f(x)dx = (R)\int_{[a,b]} f(x)dx$.

证明 (1) 由于 $f(x)$ 在 $[a,b]$ 上是 Riemann 可积的, 因此, $f(x)$ 在 $[a,b]$ 上几乎处处连续. 故 $f(x)$ 是 $[a,b]$ 上的有界可测函数, 所以, $f(x)$ 在 $[a,b]$ 上是 Lebesgue 可积的.

(2) 对于区间 $[a,b]$ 的每个划分

$$\Delta : a = x_0 < x_1 < x_2 < \cdots < x_n = b,$$

由 Lebesgue 积分的积分区域可加性可知

$$\int_{[a,b]} f(x)dx = \sum_{i=1}^n \int_{[x_{i-1},x_i]} f(x)dx.$$

记 M_i 和 m_i 分别为 $f(x)$ 在 $[x_{i-1},x_i]$ 的上确界和下确界, 则

$$m_i(x_i - x_{i-1}) \leqslant \int_{[x_{i-1},x_i]} f(x)dx \leqslant M_i(x_i - x_{i-1}).$$

故

$$\sum_{i=1}^n m_i(x_i - x_{i-1}) \leqslant \int_{[a,b]} f(x)dx \leqslant \sum_{i=1}^n M_i(x_i - x_{i-1}).$$

在上面不等式左右端对所有划分取上确界和下确界, 得

$$\int_{[a,b]} f(x)dx = \overline{\int_a^b} f(x)dx = \underline{\int_a^b} f(x)dx.$$

所以, $f(x)$ 在 $[a,b]$ 上的 Lebesgue 积分与 $f(x)$ 在 $[a,b]$ 上的 Riemann 积分是相等的. ∎

由于 $[a,b]$ 上的单调函数 $f(x)$ 只有可数个不连续点, 因此, 单调函数 $f(x)$ 在 $[a,b]$ 上的不连续点是 Lebesgue 零测集, 故 $f(x)$ 在 $[a,b]$ 上是 Riemann 可积的, 因而, 下面结论成立.

推论 4.3.1 若 $f(x)$ 是区间 $[a,b]$ 上的单调函数, 则 $f(x)$ 在 $[a,b]$ 上是 Lebesgue 可积的.

例题 4.3.1 设 C 为 Cantor 集, 在 $[0,1]$ 上定义函数 $f(x)$ 如下:

$$f(x) = \begin{cases} 0, & x \in C, \\ \dfrac{1}{2^{n-1}}, & x \text{属于} [0,1] \backslash C \text{的每个长为} \dfrac{1}{3^n} \text{的构成区间}. \end{cases}$$

试求 $(R) \displaystyle\int_0^1 f(x)dx.$

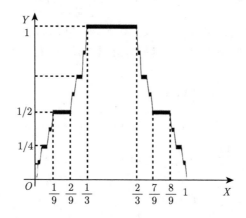

解 (1) 容易知道 $|f(x)| \leqslant 1$, 因此, $f(x)$ 在 $[0,1]$ 上是有界函数.

(2) 由于 $f(x)$ 在 $[0,1] \backslash C$ 的每个构成区间内都是常数, 因此, $f(x)$ 的不连续点一定包含在 C 内, 因此, $f(x)$ 的不连续点全体是零测集. 故 $f(x)$ 在 $[0,1]$ 上是 Riemann 可积的. 因而, $f(x)$ 在 $[0,1]$ 上是 Lebesgue 可积的.

(3) 由于 Lebesgue 积分具有可数可加性, 因此

$$(L) \int_0^1 f(x)dx = \int_{[0,1]\backslash C} f(x)dx + \int_C f(x)dx$$

$$= \int_{[0,1]\backslash C} f(x)dx = \sum_{n=1}^\infty 2^{n-1} \cdot \frac{1}{2^{n-1}} \cdot \frac{1}{3^n} = \frac{1}{2}.$$

(4) 因为 $f(x)$ 在 $[0,1]$ 上是 Riemann 可积的, 则一定有

$$(R) \int_0^1 f(x)dx = (L) \int_0^1 f(x)dx,$$

所以, $(R) \displaystyle\int_0^1 f(x)dx = \dfrac{1}{2}.$ ∎

不妨先回顾无穷限反常 Riemann 积分的定义: 设函数 f 定义在无穷区间 $[a, +\infty)$ 上, 并且在任何有限区间 $[a, u]$ 上 Riemann 可积. 若存在极限 $\lim\limits_{u \to \infty} \int_a^u f(x)dx = I$, 则称此极限 I 为函数 f 在 $[a, +\infty)$ 上的无穷限反常 Riemann 积分 (简称无穷积分), 记作 $I = \int_a^\infty f(x)dx$, 并称 $\int_a^\infty f(x)dx$ 收敛. 若极限不存在, 则称 $\int_a^\infty f(x)dx$ 发散.

对于无穷区间上的广义 Riemann 积分与 Lebesgue 积分, 有下面的部分关系.

定理 4.3.3　若 $f(x)$ 在 $(-\infty, +\infty)$ 的任何有限区间 $[a, b]$ 上都有界, 并且 $f(x)$ 在任何有限区间都 Riemann 可积, 在 $(-\infty, +\infty)$ 上的反常 Riemann 积分绝对收敛, 则 $f(x)$ 在 $(-\infty, +\infty)$ 上是 Lebesgue 可积的, 并且 $(L)\int_{(-\infty, +\infty)} f(x)dx = (R)\int_{-\infty}^{+\infty} f(x)dx$.

证明　由于 $f(x)$ 在任何有限区间 $[n, n+1]$ 上都是 Riemann 可积, 因此, $f(x)$ 在 $[n, n+1]$ 上的不连续点是零测集, 故 $f(x)$ 是 Lebesgue 可测的, 从而, $|f(x)|$ 是非负的 Lebesgue 可测函数.

由于 $|f(x)| = \sum\limits_{n=-\infty}^{+\infty} |f(x)|\chi_{[n,n+1)}(x)$, 因此, 由 Lebesgue 逐项积分定理可得

$$(L)\int_{(-\infty,+\infty)} |f(x)|dx = \sum_{n=-\infty}^{+\infty} (L)\int_{-\infty}^{+\infty} |f(x)|\chi_{[n,n+1)}(x)dx$$

$$= \sum_{n=-\infty}^{+\infty} (L)\int_n^{n+1} |f(x)|dx = \lim_{N \to \infty} (L)\int_{-N}^N |f(x)|dx$$

$$= \lim_{N \to \infty} (R)\int_{-N}^N |f(x)|dx = (R)\int_{-\infty}^{+\infty} |f(x)|dx < \infty.$$

故 $f(x)$ 在 $(-\infty, +\infty)$ 上是 Lebesgue 可积的. 所以

$$(L)\int_{(-\infty,+\infty)} f(x)dx = \lim_{N \to \infty} (L)\int_{-N}^N f(x)dx$$

$$= \lim_{N \to \infty} (R)\int_{-N}^N f(x)dx = (R)\int_{-\infty}^{+\infty} f(x)dx. \qquad \blacksquare$$

问题 4.3.1　若 $f(x)$ 在 $(-\infty, +\infty)$ 上是反常 Riemann 可积收敛的, 则 $f(x)$ 在 $(-\infty, +\infty)$ 上一定是 Lebesgue 可积的吗?

不一定. 实际上, 可以证明反常 Riemann 积分 $\int_0^\infty \sin(x^2)dx$ 存在.

先回顾反常 Riemann 积分 $\displaystyle\int_0^\infty f(x)dx$ 收敛的充要条件: 对于任意的 $\varepsilon > 0$, 存在 $a \geqslant 0$, 只要 $t, s > a$, 就有

$$\left|\int_0^s f(x)dx - \int_0^t f(x)dx\right| = \left|\int_s^t f(x)dx\right| < \varepsilon.$$

设 $t > s > 0$, 做变换 $u = x^2$, 用分部积分法可得

$$\left|\int_s^t \sin(x^2)dx\right| = \frac{1}{2}\left|\int_{s^2}^{t^2} \frac{\sin u}{\sqrt{u}}du\right|$$

$$= \frac{1}{2}\left|\left[\frac{\cos u}{\sqrt{u}}\Big|_{s^2}^{t^2} - \int_{s^2}^{t^2} \cos u\, d(u^{-\frac{1}{2}})\right]\right|$$

$$\leqslant \frac{1}{2}\left[\frac{1}{s} + \frac{1}{t} + \left|\int_{s^2}^{t^2} d(u^{-\frac{1}{2}})\right|\right]$$

$$= \frac{1}{s}.$$

因此, 由上面提到的充要条件可知反常 Riemann 积分 $\displaystyle\int_0^\infty \sin(x^2)dx$ 存在.

另外, 由于

$$\int_{\sqrt{k\pi-\pi}}^{\sqrt{k\pi}} |\sin(x^2)|dx = \frac{1}{2}\int_{k\pi-\pi}^{k\pi} \frac{|\sin u|}{\sqrt{u}}du$$

$$\geqslant \frac{1}{\sqrt{2k\pi}}\int_{k\pi-\pi}^{k\pi} |\sin u|du$$

$$\geqslant \frac{1}{\sqrt{k\pi}},$$

因此

$$\int_0^{\sqrt{n\pi}} |\sin(x^2)|dx = \sum_{k=1}^n \int_{\sqrt{k\pi-\pi}}^{\sqrt{k\pi}} |\sin(x^2)|dx \geqslant \frac{1}{\sqrt{\pi}}\sum_{k=1}^n \frac{1}{\sqrt{k}}.$$

因而, $\displaystyle\int_0^\infty |\sin(x^2)|dx$ 不存在, 所以, $\sin(x^2)$ 在 $[0,\infty)$ 上不是 Lebesgue 可积的. ∎

设 $f(x)$ 为定义在有限区间 $(a,b]$ 上的函数, 在点 a 的任意右邻域内无界, 但对于任意 $0 < \varepsilon < b - a, f(x)$ 在 $[a+\varepsilon, b]$ 上是有界函数, 并且是 Riemann 可积的, 若极限 $\displaystyle\lim_{\varepsilon \to 0^+}(R)\int_a^b f(x)dx$ 存在并且有限, 则称无界函数 $f(x)$ 在 $(a,b]$ 上是广义 Riemann 可积的, 记为

$$(R)\int_a^b f(x)dx = \lim_{\varepsilon \to 0^+}(R)\int_{a+\varepsilon}^b f(x)dx.$$

此时, a 称为 $f(x)$ 的瑕点, 无界函数 $f(x)$ 的广义 Riemann 积分有时也称为反常积分或者瑕积分.

对于有限区间上的广义 Riemann 积分与 Lebesgue 积分, 有下面的关系.

定理 4.3.4 设 $f(x)$ 是有限区间 $(a, b]$ 上的函数, $f(x)$ 除了瑕点 a 外是有界函数, 若 $|f(x)|$ 在 $(a, b]$ 上广义 Riemann 可积, 则 $f(x)$ 在 $(a, b]$ 上是 Lebesgue 可积的.

证明 若 $|f(x)|$ 在 $(a, b]$ 上是广义 Riemann 可积, 则 $|f(x)|$ 在 $\left[a + \dfrac{1}{n}, b\right]$ 上是 Riemann 可积的, 并且 $(R) \displaystyle\int_a^b |f(x)| dx = \lim_{\varepsilon \to 0^+} (R) \displaystyle\int_{a+\varepsilon}^b |f(x)| dx < +\infty$, 故

$$(R) \int_a^b |f(x)| dx = \lim_{n \to \infty} (R) \int_{[a+\frac{1}{n}, b]} |f(x)| dx.$$

由于 $(L) \displaystyle\int_{[a+\frac{1}{n}, b]} |f(x)| dx$ 是非负的, 并且单调递增, 因此

$$(L) \int_a^b |f(x)| dx = \lim_{n \to \infty} (L) \int_{[a+\frac{1}{n}, b]} |f(x)| dx$$
$$= (R) \int_{[a+\frac{1}{n}, b]} |f(x)| dx = (R) \int_a^b |f(x)| dx < +\infty.$$

所以, $f(x)$ 在 $(a, b]$ 上是 Lebesgue 可积的. ∎

对于 $(0, 1]$ 上的函数 $f(x) = \dfrac{1}{x} \sin \dfrac{1}{x}$, 容易知道, $f(x)$ 在 $(0, 1]$ 上是广义 Riemann 可积函数. 这是由于 $\displaystyle\int_0^1 f(x) dx = \int_1^\infty \dfrac{\sin x}{x} dx = \int_1^\infty \left(-\dfrac{1}{x}\right) d\cos x = -\cos 1 - \int_1^\infty \dfrac{\cos x}{x^2} dx$, 因此, 由 $\displaystyle\int_1^\infty \dfrac{\cos x}{x^2} dx \leqslant \int_1^\infty \dfrac{1}{x^2} dx$ 可知 $\displaystyle\int_0^1 \dfrac{1}{x} \sin \dfrac{1}{x} dx$ 收敛. 但是 $|f(x)|$ 不是广义 Riemann 可积函数. 此时, 不难验证 $f(x)$ 在 $(0, 1]$ 不是 Lebesgue 可积的.

实际上, 假如 $f(x)$ 在 $(0, 1]$ 上是 Lebesgue 可积的, 则 $|f(x)| = \dfrac{1}{x} \left| \sin \dfrac{1}{x} \right|$ 一定在 $(0, 1]$ 上是 Lebesgue 可积的. 因此

$$(L) \int_0^1 |f(x)| dx \geqslant (L) \int_{\frac{1}{n}}^1 |f(x)| dx = (R) \int_{\frac{1}{n}}^1 |f(x)| dx \to +\infty.$$

这与 $|f(x)|$ 是 Lebesgue 可积的矛盾, 所以, $f(x)$ 在 $(0, 1]$ 上不是 Lebesgue 可积的.

4.4 重积分与累次积分的关系

对于二元函数 $f(x,y)$, 容易知道在 $\mathbb{R}^2$ 上有三种方式求 f 的积分. 第一种是用二维积分得到 $\int_{\mathbb{R}^2} f(x,y)dxdy$. 第二种是固定 x, 先计算关于 y 的一维积分, 然后再将得到的结果求关于 x 的积分, 从而得到 $\int_{\mathbb{R}} \left(\int_{\mathbb{R}} f(x,y)dy \right) dx$. 第三种是固定 y, 先计算关于 x 的一维积分, 然后再求关于 y 的积分, 从而得到 $\int_{\mathbb{R}} (\int_{\mathbb{R}} f(x,y)dx)dy$. 这三种方式得到的积分是不是相等的呢?

设 $f(x,y) = e^{-xy} - 2e^{-2xy}$, 容易知道 Riemann 积分

$$\int_0^1 dy \int_1^{+\infty} f(x,y)dx = \int_0^1 dy \left(\frac{e^{-xy}}{-y} - 2\frac{e^{-2xy}}{-2y} \right) \Big|_{x=1}^{+\infty}$$
$$= \int_0^1 \left(\frac{e^{-y} - e^{-2y}}{y} \right) dy = \int_0^1 e^{-y} \left(\frac{1 - e^{-y}}{y} \right) dy.$$

由于被积函数 $e^{-y} \left(\dfrac{1 - e^{-y}}{y} \right)$ 在 $(0,1)$ 上连续, 并且大于 0, 因此, 不难证明

$$\int_0^1 dy \int_1^{+\infty} f(x,y)dx > 0.$$

另外, 由 $\dfrac{1 - e^{-x}}{x}$ 在 $(0,+\infty)$ 上连续, 并且大于 0 可知

$$\int_1^{+\infty} dx \int_0^1 f(x,y)dy = \int_1^{+\infty} dx \left(\frac{e^{-xy}}{-x} - 2\frac{e^{-2xy}}{-2x} \right) \Big|_{y=0}^1$$
$$= \int_1^{+\infty} \left(\frac{e^{-2x} - e^{-x}}{x} \right) dx = - \int_1^{+\infty} e^{-x} \left(\frac{1 - e^{-x}}{x} \right) dx < 0.$$

所以, $\int dx \int f(x,y)dy = \int dy \int f(x,y)dx$ 不成立.

在 Riemann 积分理论中, 若函数 $f(x,y)$ 在 $[a,b] \times [c,d]$ 上连续, 则

$$\int_{[a,b]\times[c,d]} f(x,y)dxdy = \int_a^b \left\{ \int_c^d f(x,y)dy \right\} dx.$$

对于 Lebesgue 积分, 可以建立类似的定理.

问题 4.4.1 $f(x,y)$ 满足什么条件时, 下面式子成立?

$$\int_{\mathbb{R}^2} f(x,y)dxdy = \int_{\mathbb{R}} dx \int_{\mathbb{R}} f(x,y)dy.$$

Tonelli (托内利) 定理和 Fubini (富比尼) 定理是类似的, 它们都是想解决被积函数满足什么条件的时候, 它的重积分可以化为相应的累次积分. 区别在于 Tonelli 定理考虑的是被积函数是非负的, 而 Fubini 定理讨论的是一般的函数.

1. Tonelli 定理

积分换序是数学常用的技巧, 在什么情况下, Lebesgue 积分可以交换顺序呢?

定理 4.4.1 设 $f(x, y)$ 是 $\mathbb{R}^2 = \mathbb{R} \times \mathbb{R}$ 上的非负可测函数, 则

(1) 对于几乎处处 $x \in \mathbb{R}, f(x, y)$ 作为 y 的函数是 $\mathbb{R}$ 上的非负可测函数.

(2) $F_f(x) = \displaystyle\int_{\mathbb{R}} f(x, y) dy$ 是 $\mathbb{R}$ 上的非负可测函数.

(3) $\displaystyle\int_{\mathbb{R}} F_f(x) dx = \int_{\mathbb{R}} dx \int_{\mathbb{R}} f(x, y) dy = \int_{\mathbb{R}^2} f(x, y) dx dy.$

(4) $\displaystyle\int_{\mathbb{R}} dx \int_{\mathbb{R}} f(x, y) dy = \int_{\mathbb{R}} dy \int_{\mathbb{R}} f(x, y) dx.$

Tonelli 定理说明对于非负可测函数, 不管它是否 Lebesgue 可积, 积分号总是可以交换.

例题 4.4.1 试证明 $\displaystyle\int_0^{+\infty} e^{-x^2} dx = \frac{\sqrt{\pi}}{2}$.

证明 令 $f(x, y) = ye^{-(1+x^2)y^2}$, 则 $f(x, y)$ 在 $[0, +\infty) \times [0, +\infty)$ 上是非负可测的, 因此, 由 Tonelli 定理, 有

$$\int_0^{+\infty} \left(\int_0^{+\infty} f(x, y) dy \right) dx = \int_0^{+\infty} \left(\int_0^{+\infty} f(x, y) dx \right) dy.$$

容易计算, $\displaystyle\int_0^{+\infty} \left(\int_0^{+\infty} f(x, y) dy \right) dx = \frac{\pi}{4}$, 并且

$$\int_0^{+\infty} \left(\int_0^{+\infty} f(x, y) dx \right) dy = \int_0^{+\infty} \left(\int_0^{+\infty} ye^{-(1+x^2)y^2} dx \right) dy$$

$$= \int_0^{+\infty} e^{-y^2} \left(\int_0^{+\infty} ye^{-x^2y^2} dx \right) dy = \int_0^{+\infty} e^{-y^2} \left(\int_0^{+\infty} e^{-(yx)^2} d(yx) \right) dy$$

$$= \int_0^{+\infty} e^{-y^2} \left(\int_0^{+\infty} e^{-t^2} dt \right) dy = \left(\int_0^{+\infty} e^{-t^2} dt \right) \left(\int_0^{+\infty} e^{-y^2} dy \right)$$

$$= \left(\int_0^{+\infty} e^{-x^2} dx \right)^2.$$

所以, $\displaystyle\int_0^{+\infty} e^{-x^2} dx = \frac{\sqrt{\pi}}{2}$. ■

例题 4.4.2 设 E 是 $\mathbb{R}^2$ 上的 Lebesgue 可测集, 并且对于几乎所有的 $x \in \mathbb{R}$,

集合 $\{y \mid (x,y) \in E\}$ 是 $\mathbb{R}$ 上的零测集, 试证明 E 是零测集, 并且对于几乎所有的 $y \in \mathbb{R}$, 集合 $\{x \mid (x,y) \in E\}$ 是 $\mathbb{R}$ 上的零测集.

证明　对于 E 的特征函数 χ_E, 由于它是非负可测的, 因此, Tonelli 定理成立, 故

$$\int\int_{\mathbb{R}^2} \chi_E(x,y)dxdy = \int_{\mathbb{R}}\left(\int_{\mathbb{R}} \chi_E(x,y)dy\right)dx = \int_{\mathbb{R}}\left(\int_{\mathbb{R}} \chi_E(x,y)dx\right)dy.$$

由题目条件可知, 对于几乎所有的 $x \in \mathbb{R}$, 有

$$\int_{\mathbb{R}} \chi_E(x,y)dy = \int_{\{y|(x,y)\in E\}} 1\, dy = m(\{y \mid (x,y) \in E\}) = 0.$$

因此

$$\int\int_{\mathbb{R}^2} \chi_E(x,y)dxdy = \int_{\mathbb{R}}\left(\int_{\mathbb{R}} \chi_E(x,y)dy\right)dx = \int_{\mathbb{R}} 0\, dx = 0.$$

因而

$$m(E) = \iint_E \chi_E(x,y)dxdy = 0.$$

另外, 由于

$$0 = \int_{\mathbb{R}}\left(\int_{\mathbb{R}} \chi_E(x,y)dx\right)dy = \int_{\mathbb{R}} m(\{x \mid (x,y) \in E\})\, dy,$$

因此, 由 $m(\{x \mid (x,y) \in E\})$ 是非负函数可知, $m(\{x \mid (x,y) \in E\})$ 几乎处处为零. ■

2. Fubini 定理

Fubini 定理是积分理论的基本定理之一, 它是关于二元函数的重积分、累次积分交换积分顺序的定理. Fubini 定理在计算积分方面有广泛的应用.

定理 4.4.2　设 $f(x,y)$ 是 $\mathbb{R}^2 = \mathbb{R} \times \mathbb{R}$ 上的 Lebesgue 可积函数, 则

(1) 对于几乎处处 $x \in \mathbb{R}, f(x,y)$ 作为 y 的函数是 $\mathbb{R}$ 上的 Lebesgue 可积函数.

(2) $F_f(x) = \int_{\mathbb{R}} f(x,y)dy$ 是 $\mathbb{R}$ 上的 Lebesgue 可积函数.

(3) $\int_{\mathbb{R}} F_f(x)dx = \int_{\mathbb{R}} dx \int_{\mathbb{R}} f(x,y)dy = \int_{\mathbb{R}^2} f(x,y)dxdy.$

(4) $\int_{\mathbb{R}} dx \int_{\mathbb{R}} f(x,y)dy = \int_{\mathbb{R}} dy \int_{\mathbb{R}} f(x,y)dx.$

由于 Fubini 定理的证明比较复杂, 因此, 这里不给出它的证明. 由 Fubini 定理可知, 若二元函数 $f(x,y)$ 是 Lebesgue 可积的, 则它的重积分可以化为累次积分, 并且累次积分是可以交换次序的. 因此, 在实际计算时, 只需要在与 $f(x,y)$ 相关的累

次积分中, 计算出比较容易的一个累次积分的值, 则 f 的重积分和其他的累次积分都相等.

例题 4.4.3 试求 $\int_0^\infty (e^{-x} - e^{-3x}) \dfrac{\cos x}{x} dx$.

解 由于

$$
\begin{aligned}
\int_0^\infty (e^{-x} - e^{-3x}) \frac{\cos x}{x} dx &= \int_0^\infty \frac{\cos x}{x} dx \int_3^1 \frac{\partial}{\partial y} e^{-xy} dy \\
&= \int_0^\infty \frac{\cos x}{x} dx \int_3^1 (-x) e^{-xy} dy \\
&= \int_0^\infty x \cdot \frac{\cos x}{x} dx \left(- \int_3^1 e^{-xy} dy \right) \\
&= \int_0^\infty \cos x dx \int_1^3 e^{-xy} dy,
\end{aligned}
$$

因此, 若 Fubini 定理条件满足, 就有

$$
\begin{aligned}
\int_0^\infty \cos x dx \int_1^3 e^{-xy} dy &= \int_1^3 dy \int_0^\infty e^{-xy} \cos x dx \\
&= \int_1^3 \frac{y}{y^2 + 1} dy \\
&= \frac{1}{2}(\ln 10 - \ln 2) = \frac{1}{2} \ln 5.
\end{aligned}
$$

实际上, 由于

$$
\int_{[1,3] \times [0,\infty)} |e^{-xy} \cos x| dx dy \leqslant \int_{[1,3] \times [0,\infty)} e^{-xy} dx dy,
$$

因此, 由 Tonelli 定理可知

$$
\begin{aligned}
\int_{[1,3] \times [0,\infty)} e^{-xy} dx dy &= \int_1^3 \int_0^\infty e^{-xy} dx dy \\
&= \int_1^3 dy \int_0^\infty e^{-xy} dx = \int_1^3 \frac{1}{y} dy < \infty.
\end{aligned}
$$

所以, Fubini 定理条件满足. ∎

问题 4.4.2 若 $f(x, y)$ 的两个累次积分都存在, 并且相等, 则 $f(x, y)$ 一定在 $\mathbb{R}^2$ 上是 Lebesgue 可积的吗?

不一定. 设

$$
f(x, y) = \begin{cases} \dfrac{xy}{(x^2 + y^2)^2}, & (x, y) \in [-1, 1] \times [-1, 1] \backslash \{(0, 0)\}, \\ 0, & (x, y) = (0, 0), \end{cases}
$$

则对于固定的 x 或 y, $f(x,y)$ 是另一个变量的连续函数, 故

$$\int_{-1}^{1} \frac{xy}{(x^2+y^2)^2} dy$$

对 $x \in [-1, 1]$ 都存在, 并且有限.

由于 $\dfrac{xy}{(x^2+y^2)^2}$ 是关于 y 的奇函数, 因此, 积分 $\displaystyle\int_{-1}^{1} \frac{xy}{(x^2+y^2)^2} dy = 0$, 因而

$$\int_{-1}^{1} dx \int_{-1}^{1} \frac{xy}{(x^2+y^2)^2} dy = 0.$$

同理, 有

$$\int_{-1}^{1} dy \int_{-1}^{1} \frac{xy}{(x^2+y^2)^2} dx = 0.$$

但 $f(x,y)$ 在 $[-1,1] \times [-1,1]$ 上不是可积的. 实际上, 假如 $f(x,y)$ 在 $[-1,1] \times [-1,1]$ 上是可积的, 则它在 $[0,1] \times [0,1]$ 上是可积的, 因此, 由 Fubini 定理, 积分 $\displaystyle\int_{0}^{1} dy \int_{0}^{1} \frac{xy}{(x^2+y^2)^2} dx$ 存在并且有限, 但

$$\int_{0}^{1} \frac{xy}{(x^2+y^2)^2} dy = \begin{cases} \dfrac{1}{2x} - \dfrac{x}{2(x^2+1)}, & x \neq 0, \\ 0, & x = 0 \end{cases}$$

在 $[0,1]$ 上不是 Lebesgue 可积的.

4.5 绝对连续性与牛顿–莱布尼茨公式

对于 Lebesgue 可积函数 $f(x)$, 如何计算 $f(x)$ 的 Lebesgue 积分值 $\displaystyle\int_{E} f(x)dx$ 呢? 毕竟能够按照 Lebesgue 积分定义来求 Lebesgue 积分值 $\displaystyle\int_{E} f(x)dx$ 的函数很少. 如果能利用原函数来计算, 那么一定是比较容易的.

问题 4.5.1 若 $f(x)$ 是 $[a,b]$ 上的 Lebesgue 可积函数, $F'(x) = f(x)$ 在 $[a,b]$ 上几乎处处成立, 并且 $F(x)$ 在 $[a,b]$ 上连续, 则

$$(L)\int_{a}^{b} f(x)dx = F(b) - F(a)$$

一定成立吗?

不一定. 实际上, 若 $\Phi(x)$ 是 Cantor 函数, 则函数 $\lambda(x) = \dfrac{1}{2}[\Phi(x)+x]$ 在 $[0,1]$ 严格递增, 并且 $\lambda'(x) = \dfrac{1}{2}$ 在 $[0,1]$ 几乎处处成立, 但 $\displaystyle\int_{0}^{1} \lambda'(x)dx = \dfrac{1}{2} < \lambda(1) - \lambda(0) = 1.$

设 E 是实数集 $\mathbb{R}$ 的子集, $\Gamma = \{I_\alpha\}$ 是一族区间. 若对于任意 $x \in E$ 和 $\varepsilon > 0$, 都一定存在某个 $I_\alpha \in \Gamma$, 使得 $x \in I_\alpha$, 并且区间 I_α 的长度小于 ε, 则称 Γ 是 E 的一个维塔利覆盖 (Vitali cover). 对于 $E = [0,1]$, 容易知道 E 存在 Vitali 覆盖. 实际上, 如果记 $[0,1]$ 上的所有有理数为 $\{q_n\}$, $I_{m,n} = \left[q_n - \dfrac{1}{m}, q_n + \dfrac{1}{m} \right]$, 则不难验证 $\Gamma = \{I_{m,n} \mid m, n = 1, 2, \cdots\}$ 是 E 的一个 Vitali 覆盖.

下面定理称为 Vitali 覆盖定理 (Vitali covering theorem).

定理 4.5.1　设 $E \subseteq \mathbb{R}, m^*(E) < \infty$, 若 Γ 是 E 的一个 Vitali 覆盖, 则对于任意 $\varepsilon > 0$, 一定存在有限个互不相交的 $I_j \in \Gamma$ $(j = 1, 2, \cdots, n)$, 使得

$$m^* \left(E \setminus \bigcup_{j=1}^n I_j \right) < \varepsilon.$$

利用上面的定理, 可以证明: **若 $f(x)$ 是 $[a,b]$ 上的单调上升函数, 则 $f'(x)$ 一定在 E 上几乎处处存在**. 该结论称为 **Lebesgue 定理**, 即单调函数一定是几乎处处可微的.

下面结论是 Vitali 证明的.

定理 4.5.2　若 $f(x)$ 是 $[a,b]$ 上的单调上升函数, 则 $f'(x)$ 一定是 Lebesgue 可积函数, 并且

$$\int_a^b f'(x)dx \leqslant f(b) - f(a).$$

证明　在 $(b, b+1]$ 上补充定义 $f(x) = f(b)$, 则 $f(x)$ 在 $[a, b+1]$ 上有意义. 对于任意自然数 n, 构造函数

$$\varphi_n(x) = \frac{f\left(x + \dfrac{1}{n} \right) - f(x)}{\dfrac{1}{n}},$$

则 $\varphi_n(x)$ 都是 Lebesgue 可积函数, 并且 $\varphi_n(x) \geqslant 0$. 由于

$$\begin{aligned}
\lim_{n \to \infty} \int_a^b \varphi_n(x)dx &= \lim_{n \to \infty} n \left[\int_a^b \left(f\left(x + \frac{1}{n} \right) - f(x) \right) dx \right] \\
&= \varliminf_{n \to \infty} n \left[\int_{a+\frac{1}{n}}^{b+\frac{1}{n}} f(x)dx - \int_a^b f(x)dx \right] \\
&= \varliminf_{n \to \infty} n \left[\int_b^{b+\frac{1}{n}} f(x)dx - \int_a^{a+\frac{1}{n}} f(x)dx \right] \\
&= \varliminf_{n \to \infty} n \left[\int_b^{b+\frac{1}{n}} f(b)dx - \int_a^{a+\frac{1}{n}} f(x)dx \right] \\
&= f(b) - f(a+0) \leqslant f(b) - f(a) < \infty.
\end{aligned}$$

所以, 根据 Fatou 引理, 有

$$\int_a^b f'(x)dx = \int_a^b \lim_{n\to\infty} \varphi_n(x)dx \leqslant \varlimsup_{n\to\infty} \int_a^b \varphi_n(x)dx \leqslant f(b) - f(a). \qquad \blacksquare$$

　　一般都会以为导函数的积分就是原函数, 因此对上面定理的不等号会觉得奇怪, 不过确实存在符合条件但使得等号不成立的函数.

1. 绝对连续函数

　　Vitali 引入了绝对连续函数的概念, 并对它进行了详细的研究.

　　定义 4.5.1　设 $f(x)$ 是 $[a, b]$ 上的实值有限函数, 若对于任意的 $\varepsilon > 0$, 存在 $\delta > 0$, 使得当 $[a, b]$ 中任意有限个互不相交的开区间 (x_i, y_i) $(i = 1, 2, \cdots, n)$ 满足

$$\sum_{i=1}^n (y_i - x_i) < \delta$$

时, 有

$$\sum_{i=1}^n |f(y_i) - f(x_i)| < \varepsilon,$$

则称 $f(x)$ 是 $[a, b]$ 上的绝对连续函数 (absolutely continuous function).

　　例 4.5.1　设 $f(x) = \sin x$, 则 $f(x)$ 是 $[0, 1]$ 上的绝对连续函数. 这是由于对任意的 $\varepsilon > 0$, 存在 $\delta = \dfrac{\varepsilon}{2} > 0$, 使得当 $[0, 1]$ 中任意有限个互不相交的开区间 (x_i, y_i) $(i = 1, 2, \cdots, n)$ 满足

$$\sum_{i=1}^n (y_i - x_i) < \delta$$

时, 有 $x_i \leqslant \xi_i \leqslant y_i$, 使得

$$\sum_{i=1}^n |\sin y_i - \sin x_i| = \sum_{i=1}^n |\cos \xi_i| \cdot |y_i - x_i|$$
$$\leqslant \sum_{i=1}^n |y_i - x_i| < \delta < \varepsilon.$$

因此, $f(x) = \sin x$, 则 $f(x)$ 是 $[0, 1]$ 上的绝对连续函数.

　　从定义可以看出下面性质成立.

　　性质 4.5.1　(1) 若 $f(x)$ 是 $[a, b]$ 上的绝对连续函数, 则 $f(x)$ 在 $[a, b]$ 上一致连续.

　　(2) 若 $f(x)$ 和 $g(x)$ 是 $[a, b]$ 上的绝对连续函数, 则 $\alpha f(x) + \beta g(x)$ 是 $[a, b]$ 上的绝对连续函数.

(3) 若 $f(x)$ 和 $g(x)$ 是 $[a,b]$ 上的绝对连续函数, 则 $f(x) \cdot g(x)$ 是 $[a,b]$ 上的绝对连续函数.

(4) 若 $f(x)$ 和 $g(x)$ 是 $[a,b]$ 上的绝对连续函数, 并且存在 $C > 0$, 使得 $|g(x)| \geqslant C$, 则 $\dfrac{f(x)}{g(x)}$ 是 $[a,b]$ 上的绝对连续函数.

问题 4.5.2 若 $f(x)$ 是 $[a,b]$ 上的一致连续函数, 则 $f(x)$ 一定是 $[a,b]$ 上的绝对连续函数吗?

不一定. 问题 4.5.1 中的函数 $\Phi(x)$ 是 $[0,1]$ 上的一致连续函数, 但它不是 $[0,1]$ 上的绝对连续函数.

直观上来讲, **绝对连续函数与一致连续函数的差异在于绝对连续函数要求函数不仅要连续, 而且函数值的振荡不能太多**, 下面图形中的函数不是绝对连续函数.

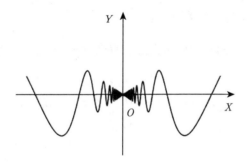

2. 有界变差函数

Jordan 在 1881 年引入了有界变差函数, 并研究了它和单调函数的关系. 下面讨论的 $f(x)$ 都是有限函数, 即对于任意 x, 都有 $|f(x)| < \infty$.

为什么要研究有界变差函数呢? 这是由于 Lebesgue 可积函数 $f(x)$ 的不定积分都可以写成形式 $F(x) = \displaystyle\int_a^x f(t)dt = \int_a^x f^+(t)dt - \int_a^x f^-(t)dt$. 容易知道 $\displaystyle\int_a^x f^+(t)dt$ 和 $\displaystyle\int_a^x f^-(t)dt$ 都是单调上升的函数, 后面的 Jordan 分解定理会证明有界变差函数就是两个单调上升函数的差. 因此, 不定积分一定是有界变差函数.

定义 4.5.2 设 $f(x)$ 是 $[a,b]$ 上的实值函数, 对于 $[a,b]$ 的任意划分

$$\Delta : a = x_0 < x_1 < \cdots < x_n = b,$$

若

$$\sup_{\Delta} \sum_{k=0}^{n-1} |f(x_{k+1}) - f(x_k)| < +\infty,$$

则称 $f(x)$ 是 $[a,b]$ 上的有界变差函数 (functions of bounded variation). 称 $\bigvee\limits_{a}^{b}(f) =$ $\sup\limits_{\Delta}\sum\limits_{k=0}^{n-1}|f(x_{k+1}) - f(x_k)|$ 为 $f(x)$ 在 $[a,b]$ 上的全变差.

从定义容易看出, 若 $f(x)$ 是 $[a,b]$ 上的有界变差函数, $c \in [a,b]$, 则一定有 $\bigvee\limits_{a}^{b}(f) = \bigvee\limits_{a}^{c}(f) + \bigvee\limits_{c}^{b}(f)$ 成立.

性质 4.5.2　(1) 若 $f(x)$ 是 $[a,b]$ 上的有界变差函数, 则 $f(x)$ 在 $[a,b]$ 上是有界的.

(2) 若 $f(x)$ 和 $g(x)$ 是 $[a,b]$ 上的有界变差函数, 则 $\alpha f(x) + \beta g(x)$ 和 $f(x) \cdot g(x)$ 都是 $[a,b]$ 上的有界变差函数.

(3) 若 $f(x)$ 和 $g(x)$ 是 $[a,b]$ 上的有界变差函数, 并且存在 $C > 0$, 使得 $|g(x)| \geqslant C$, 则 $\dfrac{f(x)}{g(x)}$ 是 $[a,b]$ 上的有界变差函数.

证明　(1) 由于 $f(x)$ 是 $[a,b]$ 上的有界变差函数, 因此, 对于任意 $a \leqslant x \leqslant b$, 有

$$|f(x) - f(a)| + |f(b) - f(x)| \leqslant \bigvee\limits_{a}^{b}(f),$$

故

$$|f(x) - f(a)| \leqslant \bigvee\limits_{a}^{b}(f),$$

因此

$$|f(x)| \leqslant |f(x) - f(a)| + |f(a)| \leqslant \bigvee\limits_{a}^{b}(f) + |f(a)|.$$

所以, $f(x)$ 在 $[a,b]$ 上是有界的.

(2) 设 $h(x) = \alpha f(x) + \beta g(x)$, 则

$$|h(x_{k+1}) - h(x_k)| \leqslant |\alpha| \cdot |f(x_{k+1}) - f(x_k)| + |\beta| \cdot |g(x_{k+1}) - g(x_k)|,$$

故

$$\bigvee\limits_{a}^{b}(h) \leqslant |\alpha| \cdot \bigvee\limits_{a}^{b}(f) + |\beta| \cdot \bigvee\limits_{a}^{b}(f).$$

所以, $\alpha f(x) + \beta g(x)$ 是 $[a,b]$ 上的有界变差函数.

设 $k(x) = f(x) \cdot g(x)$, 由于有界变差函数在 $[a,b]$ 上是有界的, 因此, $A =$

$\sup\{|f(x)| \mid x \in [a,b]\}$ 和 $B = \sup\{|g(x)| \mid x \in [a,b]\}$ 都是有限实数. 因为

$$
\begin{aligned}
|k(x_{k+1}) - k(x_k)| &\leqslant |f(x_{k+1}) \cdot g(x_{k+1}) - f(x_k) \cdot g(x_{k+1})| \\
&\quad + |f(x_k) \cdot g(x_{k+1}) - f(x_k) \cdot g(x_k)| \\
&\leqslant B|f(x_{k+1}) - f(x_k)| + A|g(x_{k+1}) - g(x_k)| \\
&\leqslant B \bigvee_a^b (f) + A \bigvee_a^b (g),
\end{aligned}
$$

所以, $f(x) \cdot g(x)$ 是 $[a,b]$ 上的有界变差函数.

(3) 令 $h(x) = \dfrac{1}{g(x)}$, 则

$$
|h(x_{k+1}) - h(x_k)| = \left| \frac{g(x_{k+1}) - g(x_k)}{g(x_k)g(x_{k+1})} \right| \leqslant \frac{1}{C^2} |g(x_{k+1}) - g(x_k)|,
$$

故

$$
\bigvee_a^b (h) \leqslant \frac{1}{C^2} \bigvee_a^b (g).
$$

因此, $\dfrac{1}{g(x)}$ 是 $[a,b]$ 上的有界变差函数. 所以, 由 (2) 可知 $\dfrac{f(x)}{g(x)}$ 是 $[a,b]$ 上的有界变差函数. ∎

例 4.5.2 若 $f(x)$ 是 $[a,b]$ 上的单调函数, 则

$$
\begin{aligned}
\sum_{k=0}^{n-1} |f(x_{k+1}) - f(x_k)| &= \left| \sum_{k=0}^{n-1} [f(x_{k+1}) - f(x_k)] \right| \\
&= |f(b) - f(a)| < \infty,
\end{aligned}
$$

因此, $f(x)$ 是 $[a,b]$ 上的有界变差函数.

由上面例子可知 $[a,b]$ 上的单调上升函数 $g(x)$ 一定是有界变差函数, 因此, 两个单调上升函数 $g(x)$ 和 $h(x)$ 的差一定是有界变差函数. 反过来, Jordan 证明了任意有界变差函数 $f(x)$ 一定是两个单调上升函数 $g(x)$ 和 $h(x)$ 的差.

定理 4.5.3 (Jordan 分解定理) $f(x)$ 是 $[a,b]$ 上的有界变差函数当且仅当存在 $[a,b]$ 上的单调上升函数 $g(x)$ 和 $h(x)$, 使得 $f(x) = g(x) - h(x)$.

证明 充分性: 由于存在 $[a,b]$ 上的单调函数 $g(x)$ 和 $h(x)$, 使得 $f(x) = g(x) - h(x)$, 因此

$$
\bigvee_a^b (f) \leqslant \bigvee_a^b (g) + \bigvee_a^b (h) \leqslant |g(b) - g(a)| + |h(b) - h(a)|.
$$

所以, $f(x)$ 是 $[a,b]$ 上的有界变差函数.

必要性: 令 $g(x) = \bigvee\limits_a^x (f)$, 则 $g(x)$ 在 $[a,b]$ 上单调上升. 记 $h(x) = \bigvee\limits_a^x (f) - f(x)$, 则对于任意 $x, y \in [a,b], x < y$, 有

$$h(y) - h(x) = \left[\bigvee_a^y (f) - f(y) \right] - \left[\bigvee_a^x (f) - f(x) \right]$$
$$= \bigvee_x^y (f) - [f(y) - f(x)].$$

由于 $x = x_0 < x_1 = y$ 是区间 $[x,y]$ 的一个划分, $\bigvee\limits_x^y (f)$ 是区间 $[x,y]$ 的所有划分的上确界, 因此

$$\bigvee_x^y (f) - [f(y) - f(x)] \geqslant 0.$$

故 $h(x)$ 在 $[a,b]$ 上单调上升, 并且 $f(x) = g(x) - h(x)$.   ■

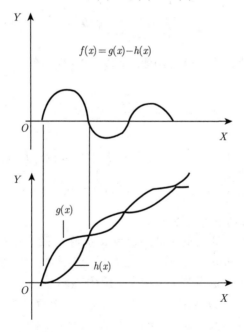

由 Jordan 分解定理可知, 单调上升和单调下降的函数都是有界变差函数, 并且它们的线性组合也是有界变差函数, 因此, 所有的有界变差函数是包含单调函数的最小的线性空间.

推论 4.5.1 $[a,b]$ 上的有界变差函数全体是包含 $[a,b]$ 上的所有单调函数的最小的线性空间.

由于 $f(x)$ 是单调上升函数时, $f'(x)$ 在 $[a,b]$ 几乎处处存在, 并且 $f'(x)$ 是 $[a,b]$ 上的可积函数, 因此, 下面结论成立.

推论 4.5.2 若 $f(x)$ 是 $[a,b]$ 上的有界变差函数, 则 $f'(x)$ 在 $[a,b]$ 上几乎处处存在, 并且 $f'(x)$ 是 $[a,b]$ 上的可积函数.

利用绝对收敛级数, 很容易构造出有界变差函数. 实际上, 不难证明: 若级数 $\sum\limits_{k=1}^{\infty} |a_k| < \infty$, 则 $f(x) = \sum\limits_{k=1}^{\infty} a_k x^k$ 是 $[0,1]$ 上的有界变差函数.

例题 4.5.1 试证明 $f(x)$ 是有界变差函数的充要条件为存在单调上升函数 $g(x)$, 使得当 $x_2 > x_1$ 时, 有

$$f(x_2) - f(x_1) \leqslant g(x_2) - g(x_1).$$

证明 必要性: 若 $f(x)$ 为有界变差函数, 则存在两个单调上升函数 $g(x)$ 和 $h(x)$, 使得 $f(x) = g(x) - h(x)$, 故对于 $x_2 > x_1$, 有

$$f(x_2) - f(x_1) = g(x_2) - g(x_1) - [h(x_2) - h(x_1)].$$

由于 $h(x_2) \geqslant h(x_1)$, 因此, $f(x_2) - f(x_1) \leqslant g(x_2) - g(x_1)$.

充分性: 反过来, 若存在单调上升函数 $g(x)$, 使得当 $x_2 > x_1$ 时, 有 $f(x_2) - f(x_1) \leqslant g(x_2) - g(x_1)$. 令 $h(x) = g(x) - f(x)$, 则对于任意 $x_2 > x_1$, 有

$$h(x_2) - h(x_1) = g(x_2) - g(x_1) - [f(x_2) - f(x_1)] \geqslant 0.$$

因此, $h(x)$ 是单调上升函数, 所以, $f(x)$ 是两个单调上升函数的差, 从而 $f(x)$ 是有界变差函数. ∎

绝对连续函数与有界变差函数有什么关系呢? 直观上来说, 若 $f(x)$ 在开集 $U = \bigcup\limits_{i=1}^{n}(x_i, y_i)$ 的全变差 $\bigvee\limits_U(f) = \sum\limits_{i=1}^{n} \bigvee\limits_{x_i}^{y_i}(f)$ 在 U 的测度趋于 0 时一定趋于 0, 则 $f(x)$ 就是绝对连续函数.

性质 4.5.3 若 $f(x)$ 是 $[a,b]$ 上的绝对连续函数, 则 $f(x)$ 是 $[a,b]$ 上的有界变差函数.

证明 由于 $f(x)$ 是 $[a,b]$ 上的绝对连续函数, 因此, 对于 $\varepsilon = 1$, 存在 $\delta > 0$, 使得当 $[a,b]$ 中任意有限个互不相交的开区间 (x_i, y_i) $(i = 1, 2, \cdots, n)$ 满足

$$\sum_{i=1}^{n}(y_i - x_i) < \delta$$

时, 有

$$\sum_{i=1}^{n}|f(y_i) - f(x_i)| < \varepsilon.$$

取 n 为满足 $\dfrac{b-a}{n} < \delta$ 的最小正整数, 然后将 $[a,b]$ 作 n 等份划分 $\Delta: a = c_0 < c_1 < \cdots < c_n = b, c_k = a + k \cdot \dfrac{b-a}{n}$, 则

$$c_{k+1} - c_k < \delta, \quad k = 0, 1, 2, \cdots, n-1.$$

此时, 有

$$\bigvee_{c_k}^{c_{k+1}}(f) \leqslant 1, \quad k = 0, 1, 2, \cdots, n-1.$$

因此, $\bigvee\limits_a^b(f) = \sum\limits_{k=0}^{n-1} \bigvee\limits_{c_k}^{c_{k+1}}(f) \leqslant n$. 因为 $\varepsilon = 1$ 取定后, 对应的 δ 也可以认为是固定的, 故满足 $\dfrac{b-a}{n} < \delta$ 的最小正整数 n 是固定的. 所以, $f(x)$ 是 $[a,b]$ 上的有界变差函数. ∎

问题 4.5.3 若 $f(x)$ 是 $[a,b]$ 上的连续函数, 则 $f(x)$ 一定是 $[a,b]$ 上的有界变差函数吗?

不一定. 若定义函数 $f(x)$ 如下:

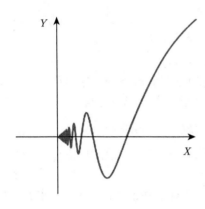

$$f(x) = \begin{cases} 0, & x = 0, \\ x\sin\dfrac{1}{x}, & x \neq 0, \end{cases}$$

则 $f(x)$ 在 $\left[0, \dfrac{2}{\pi}\right]$ 上是连续的, 但 $f(x)$ 在区间 $\left[0, \dfrac{2}{\pi}\right]$ 上不是有界变差函数. 实际上, 对于每个 $k \in \mathbb{N}$, 考虑划分 $\Delta: 0 < \dfrac{2}{(2k+1)\pi} < \cdots < \dfrac{2}{(2k-2i+3)\pi} < \cdots < \dfrac{2}{3\pi} < \dfrac{2}{\pi}$, 这里 $x_0 = 0$, $x_i = \dfrac{2}{(2k-2i+3)\pi}, i = 1, 2, \cdots, k+1$.

则

$$\begin{aligned}
|f(x_i) - f(x_{i-1})| &= \left| x_i \sin\dfrac{1}{x_i} - x_{i-1}\sin\dfrac{1}{x_{i-1}} \right| \\
&= \left| \dfrac{2}{(2k-2i+3)\pi}(-1)^{k-i+1} - \dfrac{2}{(2k-2i+5)\pi}(-1)^{k-i+2} \right| \\
&= \dfrac{2}{\pi} \left| \dfrac{1}{2k-2i+3}(-1)^{k-i+1} + \dfrac{1}{2k-2i+5}(-1)^{k-i+1} \right| \\
&= \dfrac{2}{\pi} \left| \dfrac{1}{2k-2i+3} + \dfrac{1}{2k-2i+5} \right| \\
&> \dfrac{2}{\pi} \cdot \dfrac{1}{2k-2i+3}.
\end{aligned}$$

故 $\bigvee\limits_0^{\frac{2}{\pi}}(f) \geqslant \left(\dfrac{2}{\pi}\sum\limits_{i=1}^{k+1}\dfrac{1}{2k-2i+3} \right)$, 因为级数 $\sum\limits_{i=1}^{k+1}\dfrac{1}{2k-2i+3}$ 发散, 所以, $f(x)$ 在区间

$\left[0, \dfrac{2}{\pi}\right]$ 上不是有界变差函数.

问题 4.5.4 若 $f(x)$ 是 $[a,b]$ 上的有界变差函数, 则 $f(x)$ 一定是 $[a,b]$ 上的连续函数吗?

不一定. 实际上, 只需定义

$$f(x) = \begin{cases} 1, & x \in [0,1), \\ 2, & x \in [1,2], \end{cases}$$

则 $f(x)$ 是 $[0,2]$ 上不连续的单调上升函数, 故 $f(x)$ 是有界变差函数. 因此, 有界变差函数不一定是连续函数.

若 $f(x)$ 是 $[a,b]$ 上的绝对连续函数, 则 $f(x)$ 是有界变差函数. 因此, 下面结论成立.

推论 4.5.3 若 $f(x)$ 是 $[a,b]$ 上的绝对连续函数, 则 $f'(x)$ 在 $[a,b]$ 上几乎处处存在, 并且 $f'(x)$ 是 $[a,b]$ 上的可积函数.

另外, $[a,b]$ 上的单调函数 $f(x)$ 在 $[a,b]$ 上的不连续点最多只有可数个, 故有界变差函数 $f(x)$ 在 $[a,b]$ 上的不连续点最多只有可数个. 因而 $f(x)$ 是 $[a,b]$ 上的绝对连续函数时, $f(x)$ 在 $[a,b]$ 上除了最多可数个点都是连续的.

定理 4.5.4 若 $f(x)$ 是 $[a,b]$ 上的可积函数, 则 $F(x) = \displaystyle\int_a^x f(t)dt$ 在 $[a,b]$ 上是绝对连续函数.

证明 由积分的绝对连续性, 对任意 $\varepsilon > 0$, 存在 $\delta > 0$, 只要 $E \subseteq [a,b], m(E) < \delta$, 则 $\displaystyle\int_E |f(x)|dx < \varepsilon$.

若 (x_i, y_i) 是 $[a,b]$ 中互不相交的开区间, 且 $\displaystyle\sum_{i=1}^n (y_i - x_i) < \delta$, 则 $m\left(\bigcup_{i=1}^n (x_i, y_i)\right) < \delta$. 因而

$$\begin{aligned} \sum_{i=1}^n \left| F(y_i) - F(x_i) \right| &= \sum_{i=1}^n \left| \int_{x_i}^{y_i} f(t)dt \right| \\ &\leqslant \sum_{i=1}^n \int_{x_i}^{y_i} |f(t)|dt \\ &= \int_{\bigcup\limits_{i=1}^n (x_i, y_i)} |f(x)|dx < \varepsilon. \end{aligned}$$

所以, $F(x)$ 在 $[a,b]$ 上是绝对连续函数. ∎

定理 4.5.5 若 $f(x)$ 是 $[a,b]$ 上的绝对连续函数, 并且 $f'(x) = 0$ 在 $[a,b]$ 上几乎处处成立, 则 $f(x)$ 在 $[a,b]$ 上是常数函数.

该定理证明比较复杂, 这里省略它的证明. 后面会证明当 $f(x)$ 是 $[a,b]$ 上的可

积函数时, 对于 $F(x) = \displaystyle\int_a^x f(t)dt$, 有 $F'(x) = f(x)$ 在 $[a,b]$ 上几乎处处成立.

若 $f(x)$ 不是绝对连续函数, 则结论不一定成立. 实际上, 存在 $[0,1]$ 上的连续函数 $f(x)$ 是单调上升的, 但 $f'(x)$ 在 $[a,b]$ 上几乎处处为 0. 例如, Cantor 函数 $\Phi(x)$ 在 $[0,1]$ 上是单调上升的连续函数, 因此它不是常数函数, 但 $f'(x)$ 在 $[a,b]$ 上几乎处处为 0. 如果不考虑连续性, 则容易找到 $[0,1]$ 上的分段函数 $f(x)$ 是单调上升的, 但 $f'(x)$ 在 $[a,b]$ 上几乎处处为 0, 并且 $f(x)$ 不是常数.

3. 可积函数与连续函数的关系

设 $f(x)$ 为实数集 $\mathbb{R}$ 的子集 E 上的函数, 则 $\{x \in E \mid f(x) \neq 0\}$ 的闭包为 f 的支撑集 supp f. 若 f 的支撑集是紧集, 则 f 是具有紧支撑集的函数. **容易知道 $\mathbb{R}$ 的子集 A 是紧集的充要条件为 A 是有界闭集**.

引理 4.5.1　若 $f(x)$ 为实数集 $\mathbb{R}$ 的有界子集 E 上的可测函数, 则对于任意 $\varepsilon > 0$, 存在具有紧支撑集的连续函数 $g(x)$, 使得 $m(\{x \in E \mid f(x) \neq g(x)\}) < \varepsilon$.

证明　由于 $f(x)$ 在 E 上可测, 因此, 由 Lusin 定理的相关结论可知, 对于任意 $\varepsilon > 0$, 一定存在 $\mathbb{R}$ 上的连续函数 $h(x)$, 使得

$$m(\{x \in E \mid f(x) \neq h(x)\}) < \varepsilon.$$

由于 E 是有界集, 因此, 存在 $r > 0$, 使得 E 包含在 $[-r,r]$ 内, 定义函数 $g(x)$ 如下:

$$g(x) = \begin{cases} h(x), & |x| \leqslant r, \\ \left(2 - \dfrac{|x|}{r}\right) h(x), & r < |x| \leqslant 2r, \\ 0, & |x| > 2r. \end{cases}$$

则 $g(x)$ 是 $\mathbb{R}$ 上具有紧支撑集的连续函数, 并且 $m(\{x \in E \mid f(x) \neq g(x)\}) < \varepsilon$. ∎

引理 4.5.2　设 $\displaystyle\int_{\mathbb{R}} f(x)dx < \infty$, 则对于任意 $\varepsilon > 0$, 有在 $\mathbb{R}$ 上具有紧支撑集的连续函数 $g(x)$, 使得

$$\int_{\mathbb{R}} |f(x) - g(x)|dx < \varepsilon.$$

证明　令

$$f_n(x) = \begin{cases} f(x), & |f(x)| \leqslant n \text{ 并且 } |x| \leqslant n, \\ 0, & \text{其他,} \end{cases}$$

则 $f_n(x)$ 是可测函数, 并且 $\displaystyle\lim_{n \to \infty} f_n(x) = f(x)$ 在 $\mathbb{R}$ 上几乎处处成立.

由于 $|f_n(x) - f(x)| \leqslant 2|f(x)|$, 因此, 由 Lebesgue 控制收敛定理, 有

$$\lim_{n \to \infty} \int_{\mathbb{R}} |f_n(x) - f(x)| dx = \int_{\mathbb{R}} \lim_{n \to \infty} |f_n(x) - f(x)| dx = 0.$$

因而, 对于任意 $\varepsilon > 0$, 存在 N, 使得

$$\int_{\mathbb{R}} |f_N(x) - f(x)| dx < \frac{\varepsilon}{2}.$$

由 Lusin 定理, 存在 $\mathbb{R}$ 上具有紧支撑集的连续函数 $g(x)$, 使得 $|g(x)| \leqslant N$, 并且 $m(\{x \in \mathbb{R} \mid g(x) \neq f_N(x)\}) \leqslant \dfrac{\varepsilon}{4N}$. 故

$$\int_{\mathbb{R}} |f_N(x) - g(x)| dx = \int_{\{x \in \mathbb{R} \mid g(x) \neq f_N(x)\}} |f_N(x) - g(x)| dx$$

$$\leqslant 2N \cdot m(\{x \in \mathbb{R} \mid g(x) \neq f_N(x)\}) < \frac{\varepsilon}{2}.$$

所以

$$\int_{\mathbb{R}} |f(x) - g(x)| dx \leqslant \int_{\mathbb{R}} |f(x) - f_N(x)| dx + \int_{\mathbb{R}} |f_N(x) - g(x)| dx < \varepsilon. \quad \blacksquare$$

利用上面引理, 可以证明平均连续性成立.

例题 4.5.2 若 $\displaystyle\int_{\mathbb{R}} f(x) dx < \infty$, 试证明

$$\lim_{h \to 0} \int_{\mathbb{R}} \left| f(x+h) - f(x) \right| dx = 0.$$

证明 (1) 对于任意 $\varepsilon > 0$, 存在紧支撑集的连续函数 $g(x)$, 使得

$$\int_{\mathbb{R}} |f(x) - g(x)| dx < \frac{\varepsilon}{3}.$$

由于 $g(x)$ 的支撑集是紧集, 因此, $\operatorname{supp} g$ 的闭包一定是有界闭集, 故存在 N, 使得 $\operatorname{supp} g$ 包含在 $[-N, N]$ 里面, 因而 $|g(x)|$ 在 $\operatorname{supp} g$ 有界, 记 $M = \sup\{|g(x)| \mid x \in \operatorname{supp} g\}$.

(2) 由于 $g(x)$ 在 $\mathbb{R}$ 上是一致连续的, 因此, 对于上面的 ε, 存在 $0 < \delta < 1$, 使得当 $|h| < \delta$ 时, 有

$$|g(x+h) - g(x)| < \frac{\varepsilon}{6(N+1)}.$$

故

$$\int_{\mathbb{R}} |g(x+h) - g(x)| dx \leqslant \int_{[-N-1, N+1]} |g(x+h) - g(x)| dx$$

$$< \frac{\varepsilon}{6(N+1)} \int_{[-N-1, N+1]} dx = \frac{\varepsilon}{3}.$$

因此

$$\int_{\mathbb{R}} |f(x+h) - f(x)| dx \leqslant \int_{\mathbb{R}} |f(x+h) - g(x+h)| dx + \int_{\mathbb{R}} |g(x+h) - g(x)| dx$$
$$+ \int_{\mathbb{R}} |g(x) - f(x)| dx < \frac{\varepsilon}{3} + \frac{\varepsilon}{3} + \frac{\varepsilon}{3} = \varepsilon.$$

所以,

$$\lim_{h \to 0} \int_{\mathbb{R}} \Big| f(x+h) - f(x) \Big| dx = 0.$$　∎

4. 原函数的可微性

在数学分析中, 若 $f(x)$ 是定义在 $[a, b]$ 上的 **Riemann** 可积函数, 并且在 x_0 点连续, 则函数

$$F(x) = \int_a^x f(t) dt, \quad x \in [a, b]$$

在 x_0 处是可微的, 并且 $F'(x_0) = f(x_0)$. 不过, 若函数 $f(x)$ 在 $[a, b]$ 上不连续, 则它未必是 Riemann 可积的, 即使 $f(x)$ 在 $[a, b]$ 上是 Riemann 可积的, 它的不定积分也未必一定是其原函数.

Lebesgue 在 1901 年的论文中给出了 Lebesgue 积分的一个重要作用: 解释了有界函数的原函数问题. 即若函数 $f(x)$ 在区间上可导, 并且它的导数 $f'(x)$ 有界, 则 $f(x) - \int_0^x f'(t) dt$ 是一个常数. 明显地, 若 $f'(x)$ 是 Riemann 可积的, 则结论一定成立. 可是 Volterra 给出过 $f'(x)$ 存在并且有界, 但它不是 Riemann 可积的函数. Denjoy 在 1912 年推广了 Lebesgue 的结果, 去掉了 $f'(x)$ 有界的条件.

定理 4.5.6　若 $\int_a^b f(x) dx < \infty, F(x) = \int_a^x f(t) dt$, 则 $F'(x) = f(x)$, 在 $[a, b]$ 上几乎处处成立.

也就是说, $[a, b]$ 上可积函数 $f(x)$ 的 Lebesgue 不定积分 $F(x) = \int_a^x f(t) dt$ 几乎处处可微, 并且它的导数几乎处处等于被积函数 $f(x)$. 这说明只要 $f(x)$ 在 $[a, b]$ 上是 Lebesgue 可积的, 则其不定积分一定与原函数一致, 因此, 可以认为 Lebesgue 积分比 Riemann 积分优越.

证明　(1) 由于 $f(x)$ 的 Lebesgue 不定积分 $F(x) = \int_a^x f(t) dt$ 是绝对连续函数, 因此, $F(x)$ 几乎处处可微.

(2) 下面先证明 $\int_a^b |F'(x)| dx \leqslant \int_a^b |f(t)| dt$.

实际上, 由于 $f(x) = f^+(x) - f^-(x)$, 因此, $F_+(x) = \int_a^x f^+(t) dt$ 和 $F_-(x) = \int_a^x f^-(t) dt$ 都是单调上升函数, 故 $F'_+(x)$ 和 $F'_-(x)$ 几乎处处存在, $F'_+(x) \geqslant 0, F'_-(x) \geqslant$

0, 并且 $F'_+(x)$ 和 $F'_-(x)$ 都是 Lebesgue 可积的. 故

$$|F'(x)| = \left|\left(\int_a^x f(t)dt\right)'\right| \leqslant \left|\left(\int_a^x f^+(t)dt + \int_a^x f^-(t)dt\right)'\right| = F'_+(x) + F'_-(x)$$

几乎处处成立. 因此

$$\int_a^b |F'(x)|dx \leqslant \int_a^b [F'_+(x) + F'_-(x)]dx$$

$$= \int_a^b F'_+(x)dx + \int_a^b F'_-(x)dx$$

$$\leqslant [F_+(b) - F_+(a)] + [F_-(b) - F_-(a)],$$

这里用到对于单调上升函数 $F_+(x)$, 有 $\int_a^b F'_+(x)dx \leqslant F_+(b) - F_+(a)$ 成立.

由 $F_+(x) = \int_a^x f^+(t)dt$ 可知 $F_+(b) = \int_a^b f^+(t)dt$, 并且 $F_+(a) = \int_a^a f^+(t)dt = 0$. 故

$$\int_a^b |F'(x)|dx \leqslant \int_a^b f^+(t)dt + \int_a^b f^-(t)dt = \int_a^b |f(t)|dt.$$

(3) 最后证明 $F'(x) = f(x)$ 在 $[a,b]$ 上几乎处处成立.

由于 $\int_a^b f(x)dx < \infty$, 因此, 由引理 4.5.2 可知, 对于任意 $\varepsilon > 0$, 存在 $[a,b]$ 上的连续函数 $g(x)$, 使得

$$\int_a^b |f(x) - g(x)|dx < \varepsilon.$$

对于连续函数 $g(x)$, 它的 Riemann 积分一定存在, 并且 Lebesgue 积分和 Riemann 积分相等, 令 $G(x) = \int_a^x g(t)dt$, 由数学分析可知 $G'(x) = g(x)$ 成立.

由于

$$\int_a^b |F'(x) - f(x)|dx = \int_a^b |F'(x) - G'(x) + G'(x) - f(x)|dx$$

$$\leqslant \int_a^b |F'(x) - G'(x)|dx + \int_a^b |G'(x) - f(x)|dx$$

$$< \int_a^b |F'(x) - G'(x)|dx + \varepsilon,$$

另外, 因为

$$F(x) - G(x) = \int_a^x f(t)dt - \int_a^x g(t)dt = \int_a^x [f(t) - g(t)]dt,$$

所以, 从 (2) 的推导可以看出

$$\int_a^b |F'(x) - G'(x)|dx = \int_a^b |[F(x) - G(x)]'|dx$$
$$\leqslant \int_a^b |f(t) - g(t)|dt < \varepsilon.$$

代入上面的不等式, 得

$$\int_a^b |F'(x) - f(x)|dx < \varepsilon + \varepsilon = 2\varepsilon.$$

由于 ε 可以是任意小的, 因此, $\int_a^b |F'(x) - f(x)|dx = 0$, 因而, $F'(x) = f(x)$ 在 $[a,b]$ 上几乎处处成立. ∎

5. 牛顿–莱布尼茨公式

下面的重要定理一般称为微积分基本定理或者牛顿–莱布尼茨公式 (Newton-Leibniz formula).

定理 4.5.7 (牛顿–莱布尼茨公式)   若 $f(x)$ 是 $[a,b]$ 上的可积函数, $F'(x) = f(x)$ 在 $[a,b]$ 上几乎处处成立, 并且 $F(x)$ 在 $[a,b]$ 上绝对连续, 则

$$(L)\int_a^b f(x)dx = F(b) - F(a).$$

证明   由于 $F(x)$ 和 $\int_a^x f(t)dt$ 在 $[a,b]$ 上绝对连续, 并且

$$\left(F(x) - \int_a^x f(t)dt\right)' = 0, \quad \text{a.e. } x \in [a,b].$$

由上面定理可知, $F(x) - \int_a^x f(t)dt$ 在 $[a,b]$ 上是常数函数. 故

$$F(x) - \int_a^x f(t)dt = F(a) - \int_a^a f(t)dt = F(a),$$

将 $x = b$ 代入 $F(x) - \int_a^x f(t)dt = F(a)$, 得

$$F(b) - F(a) = \int_a^b f(t)dt.$$

所以, 牛顿–莱布尼茨公式成立. ∎

由推论 4.5.3 可知, 若 $F(x)$ 是 $[a,b]$ 上的绝对连续函数, 则 $F'(x)$ 在 $[a,b]$ 上几乎处处存在, 并且 $F'(x)$ 是 $[a,b]$ 上的可积函数. 另外, 定理 4.5.4 指出若 $f(x)$ 是 $[a,b]$ 上的可积函数, 则 $F(x) = \int_a^x f(t)dt$ 在 $[a,b]$ 上是绝对连续函数. 因此, 下面形式的牛顿–莱布尼茨公式成立.

推论 4.5.4 $F(x)$ 是 $[a,b]$ 上的绝对连续函数当且仅当

$$(L)\int_a^x F'(x)dx = F(x) - F(a)$$

对任意 $x \in [a,b]$ 都成立.

在数学分析中, 容易知道, 若 $F(x)$ 是定义在 $[a,b]$ 上的可微函数, $F'(x)$ 在 $[a,b]$ 上是 Riemann 可积函数, 则 $F(x)$ 是其导函数的不定积分, 即

$$\int_a^x F'(x)dx = F(x) - F(a), \quad x \in [a,b].$$

定理 4.5.8 (分部积分法) 若 $f(x), g(x)$ 是 $[a,b]$ 上的绝对连续函数, 则

$$(L)\int_a^b f(x)g'(x)dx = f(x)g(x)\big|_a^b - \int_a^b f'(x)g(x)dx.$$

证明 由于 $f(x), g(x)$ 在 $[a,b]$ 上绝对连续, 因此, $f(x)g(x)$ 在 $[a,b]$ 上绝对连续, 并且

$$[f(x)g(x)]' = f'(x)g(x) + f(x)g'(x)$$

在 $[a,b]$ 上几乎处处成立.

由于 $[f(x)g(x)]', f'(x)g(x)$ 和 $f(x)g'(x)$ 都是 $[a,b]$ 上的可积函数, 因此

$$\int_a^b [f(x)g(x)]'dx = f(x)g(x)\big|_a^b = \int_a^b f'(x)g(x)dx + \int_a^b f(x)g'(x)dx.$$

所以, $(L)\int_a^b f(x)g'(x)dx = f(x)g(x)\big|_a^b - \int_a^b f'(x)g(x)dx.$ ■

例题 4.5.3 设 $f(x)$ 是 $[a,b]$ 上的绝对连续函数, 并且 $f'(x) \geqslant 0$ 在 $[a,b]$ 上几乎处处成立, 试证明 $f(x)$ 在 $[a,b]$ 上是单调上升函数.

证明 对于任意 $x_1, x_2 \in [a,b]$, $x_1 < x_2$, 由于 $f(x)$ 是 $[a,b]$ 上的绝对连续函数, 因此

$$f(x_1) - f(a) = \int_a^{x_1} f'(t)dt,$$

$$f(x_2) - f(a) = \int_a^{x_2} f'(t)dt.$$

因此
$$f(x_2) - f(x_1) = \int_{x_1}^{x_2} f'(t)dt.$$

由于 $f'(x) \geqslant 0$ 在 $[a,b]$ 上几乎处处成立, 因此, $\int_{x_1}^{x_2} f'(t)dt \geqslant 0$, 故 $f(x_1) \leqslant f(x_2)$.
所以, $f(x)$ 在 $[a,b]$ 上是单调上升函数. ∎

* 扩展阅读: 复函数的 Lebesgue 积分

设 f 是 $E \subseteq \mathbb{R}$ 上的复值函数, 则可以写成 $f(x) = u(x) + iv(x)$, 这里 u 和 v 是实值函数, 分别称为 f 的实部和虚部. 若函数 $|f(x)| = \left(u(x)^2 + v(x)^2\right)^{\frac{1}{2}}$ 是 Lebesgue 可积的, 则称复函数 $f(x)$ 是 Lebesgue 可积的.

明显地, 对于任意 x, 有

$$|u(x)| \leqslant |f(x)|, \quad |v(x)| \leqslant |f(x)|.$$

另外, 对于任意 $a, b \geqslant 0$, 有 $(a+b)^{\frac{1}{2}} \leqslant a^{\frac{1}{2}} + b^{\frac{1}{2}}$, 故

$$|f(x)| \leqslant |u(x)| + |v(x)|.$$

因此, 复函数 $f(x)$ 是 Lebesgue 可积的充要条件是 f 的实部和虚部都是 Lebesgue 可积的, 此时 f 的 Lebesgue 积分为

$$\int_E f(x)dx = \int_E u(x)dx + i \int_E v(x)dx.$$

定理 4.5.9　若复函数 $f(x)$ 在 E 上是 Lebesgue 可积的, 则 $|f(x)|$ 一定是 Lebesgue 可积的, 并且

$$\left| \int_E f(x)dx \right| \leqslant \int_E |f(x)|dx.$$

习　题　4

习题 4.1　设 E 为 $\mathbb{R}$ 的子集, $m(E) < \infty, f(x)$ 是 E 上的非负可测函数, 若 $f^3(x)$ 在 E 上 Lebesgue 可积, 试证明 $f(x)$ 在 E 上也是可积的.

习题 4.2　若 $m(E) < \infty$, f 是在 E 上几乎处处有限的非负函数, 试证明 $\int_E f(x)\mathrm{d}x < \infty$ 的充要条件是 $\sum_{n=1}^{\infty} n \cdot m(\{x \in E \mid n \leqslant f(x) < n+1\}) < \infty$.

习题 4.3　若 $f(x)$ 是 $\mathbb{R}$ 上的非负可积函数, 试证明函数列 $f(2^n x)$ 在 $\mathbb{R}$ 上几乎处处收敛到 0.

习题 4.4 设 $f(x)$ 是 $[0,1]$ 上的非负单调递增函数, 试证明对于 $[0,1]$ 中的可测集 $E, m(E) = a$, 有

$$\int_0^a f(x)dx \leqslant \int_E f(x)dx.$$

习题 4.5 若 $f(x)$ 是 $[0,+\infty)$ 上的非负可积函数, $f(0) = 0$, 并且 $f(x)$ 在 0 点的导数存在, 试证明 $\dfrac{f(x)}{x}$ 是 $[0,+\infty)$ 上的 Lebesgue 可积函数.

习题 4.6 试用 Lebesgue 逐项积分定理证明 Levi 定理.

习题 4.7 试用 Lebesgue 逐项积分定理证明 Fatou 引理.

习题 4.8 试用 Fatou 引理证明 Levi 定理.

习题 4.9 若 $f(x)$ 是 $\mathbb{R}^n$ 的子集 E 上几乎处处大于零的可测函数, 并且 $\int_E f(x)dx = 0$, 试证明 E 的 Lebesgue 测度是零.

习题 4.10 试证明对于任意 $1 < a < \infty$, 有 $\lim\limits_{n\to\infty} n(a^{\frac{1}{n}} - 1) = \ln a$.

习题 4.11 试求 $\lim\limits_{n\to\infty} \int_0^\infty e^{-x^n} dx$.

习题 4.12 试证明 $\int_0^1 \dfrac{x\ln x}{x-1} dx = \sum\limits_{n=1}^\infty \dfrac{1}{(n+1)^2}$.

习题 4.13 试证明 $\lim_{n\to\infty} \int_0^n \left(1 - \dfrac{x}{n}\right)^n dx = 1$.

习题 4.14 设 $m(E) < \infty, \{f_n\}$ 是集 E 上的可测函数列, 试证当 $n \to \infty$ 时, f_n 依测度收敛于 0 的充分必要条件是

$$\lim_{n\to\infty} \int_E \frac{|f_n(x)|}{1 + |f_n(x)|} dx = 0.$$

习题 4.15 试求 Lebesgue 积分 $\int_0^\pi f(x)dx$, 这里 $f(x)$ 的定义如下:

$$f(x) = \begin{cases} \sin x, & x \text{ 是有理数}, \\ \cos x, & x \text{ 是无理数}. \end{cases}$$

习题 4.16 设 $f(x,y)$ 是定义在 $E = [0,1] \times [0,1]$ 上的二元函数:

$$f(x,y) = \begin{cases} -1, & xy \text{ 是有理数}, \\ 1, & xy \text{ 是无理数}. \end{cases}$$

试求 Lebesgue 积分 $\int_E f(x,y)dxdy.$

习题 4.17　试求 $\int_0^\infty e^{-[x]}dx$, 这里 $[x]$ 是实数 x 的整数部分.

习题 4.18　设 $f(x)$ 是 $[0,1]$ 上的 Lebesgue 可积函数, 对 $x \in [0,1]$, 定义 $F(x) = \int_x^1 \dfrac{f(t)}{t}\mathrm{d}t$, 试证明 $\int_0^1 F(x)dx < \infty$.

习题 4.19　试确定 α, 使得 $f(x) = \dfrac{1}{x^\alpha}\sin\dfrac{1}{x}$ 在 $(0,1]$ 上 Lebesgue 可积.

习题 4.20　试证明 $f(x)$ 在 $[a,b]$ 上是常数函数的充要条件为 $\bigvee\limits_a^b(f) = 0$.

习题 4.21　试证明 $f(x) = \sum\limits_{k=1}^\infty \dfrac{x^k}{k^2}$ 在 $[0,1]$ 上是有界变差函数.

习题 4.22　两个绝对连续函数的复合一定是绝对连续函数吗?

习题 4.23　设 $f(x)$ 在 $[a,b]$ 上绝对连续, 并且 $|f'(x)| \leqslant M$ 对 $x \in [a,b]$ 几乎处处成立, 试证明 $|f(y) - f(x)| \leqslant M|x - y|$.

习题 4.24　设 $f(x)$ 在有限闭区间 $[a,b]$ 上绝对连续, 并且 E 是 $[a,b]$ 中的零测集, 试证明 $f(E)$ 一定是零测集.

习题 4.25　设 $f(x)$ 和 $g(x)$ 在有限闭区间 $[a,b]$ 上绝对连续, 试证明 $f(x)g(x)$ 在 $[a,b]$ 上绝对连续.

➫ 学 习 指 导

本章重点

1. Lebesgue 控制收敛定理.

2. Levi 定理.

3. Fatou 引理.

4. 牛顿–莱布尼茨公式.

基本内容

1. Lebesgue 积分的定义.

2. Lebesgue 积分的性质.

3. 积分的极限定理:

(1) Levi 定理.

(2) Fatou 引理.

(3) Lebesgue 控制收敛定理.

(4) Lebesgue 逐项积分定理.

这四个定理是可以相互证明的.

4. 控制收敛定理的应用.

5. Riemann 反常积分和 Lebesgue 积分的关系.

(1) 设 $f(x)$ 是 $[a,b]$ 上的非负有限函数, 并且 $\lim\limits_{n \to a^+} f(x) = \infty$, 若 $f(x)$ 在 $[a,b]$ 上的 Riemann 反常积分存在, 则 $f(x)$ 在 $[a,b]$ 上 Lebesgue 可积, 并且

$$(R) \int_a^b f(x)dx = (L) \int_{[a,b]} f(x)dx.$$

(2) 若对于任意 $0 < \varepsilon < b-a$, $f(x)$ 在 $[a+\varepsilon, b]$ 上 Riemann 可积, 并且 $f(x)$ 在 $[a,b]$ 上 Lebesgue 可积, 则 $f(x)$ 在 $[a,b]$ 上的 Riemann 反常积分存在, 并且

$$(R) \int_a^b f(x)dx = (L) \int_{[a,b]} f(x)dx.$$

6. 重积分与累次积分的关系.

(1) Tonelli 定理.

(2) Fubini 定理.

7. 绝对连续性与牛顿–莱布尼茨公式.

(1) 单调函数的性质: 若 $f(x)$ 为 $[a,b]$ 上的单调函数, 则

(a) $f(x)$ 在 $[a,b]$ 上几乎处处存在导数 $f'(x)$.

(b) $f'(x)$ 在 $[a,b]$ 上 Lebesgue 可积.

(c) 若 $f(x)$ 是单调上升函数, 则 $\int_a^b f'(x)dx \leqslant f(b) - f(a)$.

(2) 有界变差函数.

(a) 在有限闭区间上满足 Lipschitz 条件的函数一定是有界变差函数.

(b) 在有限闭区间上的单调函数一定是有界变差函数.

(c) 连续函数不一定是有界变差函数.

(d) 有界变差函数不一定是连续函数.

(e) 有限闭区间上的有界变差函数一定有界.

(f) 有限闭区间上的有界变差函数一定是两个单调上升函数的差.

(g) 有限闭区间上的有界变差函数全体构成一个线性空间.

(h) 若 $f(x)$ 是有限闭区间 $[a,b]$ 上的有界变差函数, 则 $f(x)$ 在 $[a,b]$ 上的导数 $f'(x)$ 几乎处处存在, 并且 $f'(x)$ 在 $[a,b]$ 上 Lebesgue 可积.

(i) 若 $f_n(x)$ 是有限闭区间 $[a,b]$ 上的有界变差函数, 并且 $f_n(x)$ 收敛到 $f(x)$, 则 $f(x)$ 不一定是有界变差函数.

令

$$f_n(x) = \begin{cases} \dfrac{1}{n} \sin n, & 0 \leqslant x < \dfrac{1}{n}, \\ x \sin \dfrac{1}{x}, & \dfrac{1}{n} \leqslant x \leqslant 1, \end{cases}$$

则对于任意 $n, f_n(x)$ 在 $\left[0, \dfrac{1}{n}\right]$ 和 $\left[\dfrac{1}{n}, 1\right]$ 上满足 Lipshitz 条件, 因此, $f_n(x)$ 是有界变差函数. 记

$$f(x) = \begin{cases} 0, & x = 0, \\ x \sin \dfrac{1}{x}, & 0 < x \leqslant 1, \end{cases}$$

则 $f_n(x)$ 收敛到 $f(x)$, 但 $f(x)$ 不是有界变差函数.

(3) 绝对连续函数.

(a) 若 $f(x)$ 在 $[a, b]$ 上是 Lebesgue 可积, 则 $f(x)$ 的不定积分是绝对连续函数.

(b) 绝对连续函数一定是有界变差函数.

(c) 绝对连续函数一定是一致连续函数.

(d) 设 $F(x)$ 是绝对连续函数, 并且 $F'(x) = 0$ 在 $[a, b]$ 上几乎处处成立, 则 $F(x)$ 一定是常数.

(e) 设 $f(x)$ 在 $[a, b]$ 上是 Lebesgue 可积, 则存在绝对连续函数 $F(x) = \displaystyle\int_a^x f(t)dt$, 使得 $F'(x) = f(x)$ 在 $[a, b]$ 上几乎处处成立.

(f) 若 $F(x)$ 是 $[a, b]$ 上绝对连续函数, 则存在几乎处处有定义的 $F'(x)$ 在 $[a, b]$ 上 Lebesgue 可积, 并且

$$F(x) = F(a) + \int_a^x F'(t)dt.$$

(g) 若 $f(x), g(x)$ 在 $[a, b]$ 上绝对连续, 则

$$\int_a^b f(x)g'(x)dx = f(x)g(x)\big|_a^b - \int_a^b f'(x)g(x)dx.$$

这就是分部积分法.

(4) 对于实数集 $\mathbb{R}$ 的有界闭集 E 上的函数, 有下面的包含关系成立.

连续可微函数 $\subseteq$ Lipschitz 连续函数 $\subseteq$ 绝对连续函数 $\subseteq$ 有界变差函数 $\subseteq$ 几乎处处可微函数.

释疑解难

1. 函数序列的积分之极限与该函数序列的极限之积分是否相等是微积分中的重要问题, 也是困难的问题. 该问题在 Lebesgue 积分范围内得到比在 Riemann 积分范围内更为完满的解决. 相关的内容主要有 Levi 定理、Lebesgue 控制收敛定理和 Fatou 引理等.

2. 若 $f_n(x)$ 是 Riemann 可积的, 并且 $f_n(x)$ 收敛到 $f(x)$, 则 $f(x)$ 不一定是 Riemann 可积的. 若 $f_n(x)$ 是 Lebesgue 可积的, 并且 $f_n(x)$ 收敛到 $f(x)$, 则 $f(x)$ 一定是 Lebesgue 可积的.

3. 若 $f(x)$ 是非绝对收敛的反常 Riemann 可积函数, 则它不是 Lebesgue 可积的.

4. 是不是存在 $[0,1] \times [0,1]$ 上的正连续函数 $f(x,y)$, 它的 Lebesgue 积分

$$\int_{[0,1]\times[0,1]} f(x,y)dxdy < \infty,$$

但存在某些 $x \in [0,1]$, 使得 $\int_{[0,1]} f(x,y)dy = \infty$ 呢?

是的. 实际上, 取 $f(x,y) = \dfrac{1}{y^{1-\sqrt{\left|x-\frac{1}{2}\right|}}}$, 则

$$\int_{[0,1]} f(x,y) = \begin{cases} \dfrac{1}{\sqrt{\left|1-\dfrac{1}{2}\right|}}, & x \neq \dfrac{1}{2}, \\ \infty, & x = \dfrac{1}{2}. \end{cases}$$

并且

$$\int_{[0,1]} \left(\int_{[0,1]} f(x,y)dy \right) dx = 2\sqrt{2}.$$

因此, 由 Tonelli 定理可知

$$\int_{[0,1]\times[0,1]} f(x,y)dxdy = 2\sqrt{2}.$$

5. 对于实数集 $\mathbb{R}$ 的任意子集 E, 它都有 Vitali 覆盖吗?

是的. 实际上, 对于任意 $x \in E$, 只需令 $I_n^x = \left[x, x+\dfrac{1}{n}\right]$, 则 $\Gamma = \{I_n^x \mid x \in E, n = 1, 2, \cdots\}$ 就是 E 的一个 Vitali 覆盖.

6. 在数学分析中, 有微积分基本定理:

(1) 若 $f(x)$ 在 $[a,b]$ 上连续, 则 $\dfrac{d}{dx}\left[(R)\int_a^x f(t)dt\right] = f(x)$.

(2) 若 $F'(x)$ 在 $[a,b]$ 上连续, 则 $(R)\int_a^x F'(t)dt = F(x) - F(a)$.

7. 在 Lebesgue 积分中, 有

(1) 若 $f(x)$ 为单调上升函数, 则 $\int_{[a,b]} f'(x)dx \leqslant f(b) - f(a)$. 但即使 $f(x)$ 是 $[a,b]$ 上的连续单调上升函数等号也不一定成立.

(2) 若 $F(x)$ 在 $[a,b]$ 上绝对连续, 则 $(L)\int_a^x F'(t)dt = F(x) - F(a)$.

8. 在数学分析中, 若 $f'(x)$ 在 $[a,b]$ 上恒等于 0, 则 $f(x)$ 在 $[a,b]$ 上一定是常数. 在实变函数论中, 若 $f(x)$ 是 $[a,b]$ 上的绝对连续函数, 并且 $f'(x)$ 在 $[a,b]$ 上几乎处处等于 0, 则 $f(x)$ 在 $[a,b]$ 上一定是常数. 但可以构造出在 $[a,b]$ 上不恒等于常数的连续上升函数 $f(x)$, 使得 $f'(x)$ 在 $[a,b]$ 上几乎处处等于 0.

9. 在数学分析中可以证明只有在 $f(x)$ 的连续点 x, 才有 $\dfrac{d}{dx}\displaystyle\int_a^x f(t)dt = f(x)$ 成立. 在 Lebesgue 积分中, 若 $f(x)$ 在 $[a,b]$ 上 Lebesgue 可积, 则 $\dfrac{d}{dx}\displaystyle\int_a^x f(t)dt = f(x)$ 在 $[a,b]$ 上几乎处处成立.

10. 若 $f(x)$ 是区间 $[a,b]$ 上的实值绝对连续函数, 则对于 $[a,b]$ 的任意零测集 E_0, 都有 $f(E_0)$ 也是零测集. 反过来就不一定是对的, 若 $D(x)$ 是实数集 $\mathbb{R}$ 上的 Dirichlet 函数, 则 $D(x)$ 将 $[a,b]$ 的任意零测集 E_0 都映为零测集, 但明显地, $D(x)$ 不是 $[a,b]$ 上的绝对连续函数.

知识点联系图

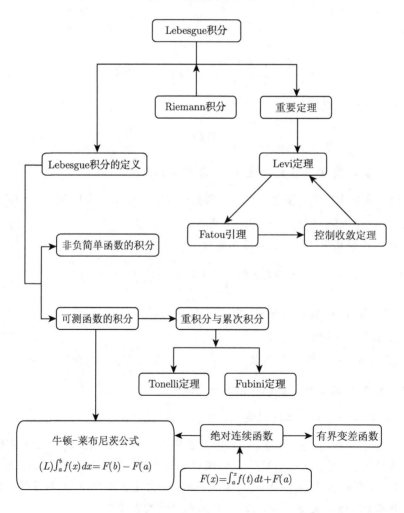

第5章 平方可积函数空间 L^2

Poincaré (庞加莱) 和 Hilbert 是两位数学泰斗, 但 Hilbert 更加出名, 主要原因不仅是他在 1900 年的国际数学家大会上提出了二十三个著名的数学问题, 而且还因为著名的 Hilbert 空间.

L^p $(1 \leqslant p < \infty)$ 空间是 Riesz 在 1910 年引入的, 容易证明 L^p 空间按照函数的加法和数乘构成一个线性空间, L^p 空间理论主要是研究各种可积函数类的整体结果和相互关系的. 本章在 L^2 空间建立了内积, 并且引入了内积空间的正交性, 讨论了正交规范基的性质. 还给出了赋范空间 L^p 的一些重要不等式和性质.

5.1 L^2 空 间

1. 平方可积函数的积分

定义 5.1.1 设 E 是 $\mathbb{R}^n$ 的可测集, f 是定义在 E 上的可测函数, 记 $\|f\|_2 = \left(\int_E |f(x)|^2 \, dx \right)^{\frac{1}{2}}$, 称使得 $\|f\|_2 < \infty$ 的函数全体为 L^2 空间. 记为 $L^2(E)$ 或简记为 L^2.

有时候为了简明, 可以考虑 E 为 $\mathbb{R}$ 的闭区间 $[a,b]$ 的情形, 然后再拓广到一般的情形.

性质 5.1.1 若 $m(E) < \infty, f(x)$ 是 E 上的平方可积函数, 则它一定是 E 上的可积函数.

证明 由于对于任意实数 a, b, 都有 $a^2 + b^2 \geqslant 2|ab|$, 因此

$$|f(x)| \leqslant \frac{1 + f^2(x)}{2}.$$

所以, 若 $\int_E f^2(x)dx < \infty$, 则一定有 $\int_E |f(x)|dx < \infty$, 故 $f(x)$ 是 E 上的可积函数. ∎

问题 5.1.1 若 $m(E) = \infty, f(x)$ 是 E 上的平方可积函数, 则它一定是 E 上的可积函数吗?

不一定. 容易知道 $f(x) = \dfrac{1}{x}$ 在 $[1, +\infty)$ 上是平方可积函数, 但 $f(x)$ 在 $[1, +\infty)$ 上不是可积的.

性质 5.1.2　若 $f(x)$ 和 $g(x)$ 是 E 上的平方可积函数, 则 $f(x)g(x)$ 一定是 E 上的可积函数.

证明　根据

$$|f(x)g(x)| \leqslant \frac{f^2(x) + g^2(x)}{2},$$

容易知道结论成立.　∎

性质 5.1.3　若 $f(x)$ 和 $g(x)$ 是 E 上的平方可积函数, 则 $f(x) + g(x)$ 和 $f(x) - g(x)$ 都是 E 上的平方可积函数.

证明　由于 $f(x)$ 和 $g(x)$ 是 E 上的平方可积函数, 因此, $f^2(x), g^2(x)$ 和 $f(x)g(x)$ 都是 E 上的可积函数. 既然

$$[f(x) \pm g(x)]^2 = f^2(x) \pm 2f(x)g(x) + g^2(x),$$

所以, $f(x) + g(x)$ 和 $f(x) - g(x)$ 都是 E 上的平方可积函数.　∎

由于对于有限的实数 α, 当 $f(x)$ 是 E 上的平方可积函数时, 容易知道 $\alpha f(x)$ 也是 E 上的平方可积函数, 因此, 下面定理成立.

性质 5.1.4　若 E 是 $\mathbb{R}^n$ 的可测集, 则 E 上的平方可积函数全体 L^2 是一个线性空间.

2. 积分不等式

下面是 Schwarz 不等式 (Schwarz's inequality).

性质 5.1.5　若 $f(x)$ 和 $g(x)$ 是 E 上的平方可积函数, 则

$$\left[\int_E f(x)g(x)dx \right]^2 \leqslant \left[\int_E f^2(x)dx \right] \cdot \left[\int_E g^2(x)dx \right].$$

证明　首先注意对于二次函数 $\varphi(t) = at^2 + 2bt + c, a > 0$, 若 $\varphi(t) \geqslant 0$ 对于所有的 t 都成立, 则容易知道一定有

$$(2b)^2 - 4ac \leqslant 0.$$

否则, 必有

$$\varphi\left(-\frac{b}{a} \right) = \frac{1}{a}(ac - b^2) < 0.$$

由于

$$\varphi(t) = \int_E [f(x) \cdot t + g(x)]^2 dx$$

$$= \left[\int_E f^2(x)dx \right] \cdot t^2 + \left[2 \int_E f(x)g(x)dx \right] \cdot t + \int_E g^2(x)dx,$$

因此, 对于任意 t, 都有 $\varphi(t) \geqslant 0$, 所以

$$\left[\int_E f(x)g(x)dx\right]^2 \leqslant \left[\int_E f^2(x)dx\right] \cdot \left[\int_E g^2(x)dx\right].$$

特别地, 若 $f(x)$ 是 $\mathbb{R}$ 的区间 $[a,b]$ 上的平方可积函数, 取 $g(x) = 1$, 则

$$\int_a^b |f(x)|dx \leqslant (b-a)^{\frac{1}{2}} \cdot \left[\int_a^b f^2(x)dx\right]^{\frac{1}{2}}.$$

性质 5.1.6 (Cauchy 不等式)   若 $f(x)$ 和 $g(x)$ 是 E 上的平方可积函数, 则

$$\left(\int_E [f(x)+g(x)]^2 dx\right)^{\frac{1}{2}} \leqslant \left[\int_E f^2(x)dx\right]^{\frac{1}{2}} + \left[\int_E g^2(x)dx\right]^{\frac{1}{2}}.$$

证明   由 Schwarz 不等式, 有

$$\left[\int_E f(x)g(x)dx\right]^2 \leqslant \left[\int_E f^2(x)dx\right] \cdot \left[\int_E g^2(x)dx\right].$$

故

$$\int_E f(x)g(x)dx \leqslant \left[\int_E f^2(x)dx\right]^{\frac{1}{2}} \cdot \left[\int_E g^2(x)dx\right]^{\frac{1}{2}}.$$

不等式两边乘以 2 后, 加上 $\int_E f^2(x)dx + \int_E g^2(x)dx$, 则

$$\int_E [f(x)+g(x)]^2 dx \leqslant \left\{\left[\int_E f^2(x)dx\right]^{\frac{1}{2}} + \left[\int_E g^2(x)dx\right]^{\frac{1}{2}}\right\}^2.$$

所以,Cauchy 不等式成立.

3. 内积和范数

定义 5.1.2   对于任意 $f, g \in L^2$, 称 $\int_E f(x)g(x)dx$ 为 f 和 g 的内积 (inner product), 记为 (f,g).

但线性空间中的内积, 都必须满足 $(f,f) = 0$ 当且仅当 $f = 0$, 后面会知道这样定义的内积还不能满足这样的条件, 因此, 还会对 L^2 做一些约定.

由 Schwarz 不等式, 对于任意 $f, g \in L^2$, 有

$$\left[\int_E f(x)g(x)dx\right]^2 \leqslant \left[\int_E f^2(x)dx\right] \cdot \left[\int_E g^2(x)dx\right].$$

因此, $|(f,g)|$ 是一个大于等于 0 的有限实数.

不难验证, L^2 空间的内积具有下面的性质.

性质 5.1.7　L^2 空间的内积具有下面的性质:

(1) $(f, g) = (g, f)$.

(2) 对于任意实数 $\alpha \in \mathbb{R}$, 有 $(\alpha \cdot f, g) = \alpha \cdot (f, g)$.

(3) 对于任意 $f, g, h \in L^2$, 有 $(f + g, h) = (f, h) + (g, h)$.

(4) $(f, f) \geqslant 0$, 并且 $(f, f) = 0$ 当且仅当 f 几乎处处为 0.

由上面性质可知, 若**将 L^2 中几乎处处相等的函数都看作相同的函数**, 不过仍然用 L^2 来表示该函数空间, 则 $(\cdot, \cdot)$ 才是 L^2 上真正意义上的内积.

若实线性空间 X 可以定义 $(\cdot, \cdot)$, 它满足性质 5.1.7 的条件 (1)—(3), 并且条件 (4) 换为 $(f, f) \geqslant 0$, 并且 $(f, f) = 0$ 当且仅当 f 等于 0, 则称 $(X, (\cdot, \cdot))$ 为内积空间.

定义 5.1.3　设 X 是实线性空间, $(\cdot, \cdot)$ 是 $X \times X$ 到 $\mathbb{R}$ 的函数, 并且它满足下列条件:

(1) $(x, y) = (y, x)$.

(2) 对于任意实数 $\alpha \in \mathbb{R}$, 有 $(\alpha x, y) = \alpha(x, y)$.

(3) 对于任意 $x, y, z \in X$, 有 $(x + y, z) = (x, z) + (y, z)$.

(4) $(x, x) \geqslant 0$, 并且 $(x, x) = 0$ 当且仅当 x 为 0.

则称 $(\cdot, \cdot)$ 是 X 的一个内积, $(X, (\cdot, \cdot))$ 为内积空间.

在 L^2 内积空间定义 $\|f\|_2 = (f, f)^{\frac{1}{2}}$, 则 $\|\cdot\|_2$ 具有与实数或者复数的绝对值 $|\cdot|$ 类似的性质.

性质 5.1.8　L^2 空间的 $\|\cdot\|_2$ 具有下面的性质:

(1) 对于任意实数 $\alpha \in \mathbb{R}$, 有 $\|\alpha \cdot f\|_2 = |\alpha| \cdot \|f\|_2$.

(2) 对于任意 $f, g, h \in L^2$, 有 $\|f + g\|_2 \leqslant \|f\|_2 + \|g\|_2$.

(3) $\|f\|_2 \geqslant 0$, 并且 $\|f\|_2 = 0$ 当且仅当 f 几乎处处为 0.

同样的道理, 可将 L^2 中几乎处处相等的函数都看作相同的函数, 则 $\|f\|_2 = 0$ 当且仅当 f 是零函数. 此时, 称 $(L^2, \|\cdot\|_2)$ 是一个赋范空间, 称 $\|\cdot\|_2$ 为 L^2 的范数 (norm).

若线性空间 X 可以定义 $\|\cdot\|$, 满足性质 5.1.8 的条件 (1) 和 (2), 并且条件 (3) 换为 $\|f\| \geqslant 0$, 并且 $\|f\| = 0$ 当且仅当 f 等于 0, 则称 $(X, \|\cdot\|)$ 为赋范空间 (normed space).

4. 依范数收敛

定义 5.1.4　设 $f_n, f \in L^2$, 若 $\|f_n - f\|_2 \to 0$, 则称 f_n 依范数 $\|\cdot\|_2$ 收敛到 f.

可以证明, 范数和内积都是连续的, 即映射 $T: L^2 \to [0, +\infty), f \to \|f\|_2$ 是连续的, 对于固定的 g, 映射 $S: L^2 \to [0, +\infty), f \to (f, g)$ 也是连续的.

性质 5.1.9　(1) 若 f_n 依范数 $\|\cdot\|_2$ 收敛到 f, 则 $\|f_n\|_2 \to \|f\|_2$.

(2) 若 f_n 依范数 $\|\cdot\|_2$ 收敛到 f, 则对于任意 $g \in L^2$ 都有 $(f_n, g) \to (f, g)$.

证明 (1) 由于 $\|f_n\|_2 = \|(f_n - f) + f\|_2 \leqslant \|f_n - f\|_2 + \|f\|_2$, 因此,

$$\|f_n\|_2 - \|f\|_2 \leqslant \|f_n - f\|_2,$$

另外, 由 $\|f\|_2 = \| - (f_n - f) + f_n\|_2 \leqslant \|f_n - f\|_2 + \|f_n\|_2$ 可知

$$\|f\|_2 - \|f_n\|_2 \leqslant \|f_n - f\|_2,$$

故

$$| \, \|f\|_2 - \|f_n\|_2 \, | \leqslant \|f_n - f\|_2.$$

所以, f_n 依范数 $\|\cdot\|_2$ 收敛到 f 时, 有 $\|f_n\|_2 \to \|f\|_2$.

(2) 利用 Schwarz 不等式, 有

$$| \, (f_n, g) - (f, g) \, | = | \, (f_n - f, g) \, | \leqslant \|f_n - f\|_2 \cdot \|g\|_2,$$

所以, 当 f_n 依范数 $\|\cdot\|_2$ 收敛到 f 时, 对于任意 $g \in L^2$, 都有 $(f_n, g) \to (f, g)$. ■

定理 5.1.1 若 $f_n, f \in L^2, \{f_n\}$ 依范数收敛到 f, 则 $\{f_n(x)\}$ 依测度收敛到 $f(x)$.

证明 对于任意 $\varepsilon > 0$, 记 $A_n(\varepsilon) = \{x \in E \mid |f_n(x) - f(x)| \geqslant \varepsilon\}$, 则

$$\int_E |f_n(x) - f(x)|^2 dx \geqslant \int_{A_n(\varepsilon)} |f_n(x) - f(x)|^2 dx \geqslant \varepsilon^2 \cdot m(A_n(\varepsilon)).$$

由于 $\displaystyle\int_E |f_n(x) - f(x)|^2 dx = \|f_n - f\|_2^2 \to 0$, 因此

$$m(\{x \in E \mid |f_n(x) - f(x)| \geqslant \varepsilon\}) \to 0.$$

所以, $\{f_n(x)\}$ 依测度收敛到 $f(x)$. ■

由 Riesz 定理, 容易知道下面推论成立.

推论 5.1.1 若 $f_n, f \in L^2, \{f_n\}$ 依范数收敛到 f, 则 $\{f_n(x)\}$ 一定存在子序列 $\{f_{n_k}(x)\}$ 几乎处处收敛到 $f(x)$.

5. L^2 空间是完备的

若 $f_n \in L^2, \|f_m - f_n\|_2 \to 0 \ (m, n \to \infty)$, 则称 $\{f_n\}$ 是 L^2 空间的 Cauchy 列. 容易证明若 $\{f_n\}$ 是 L^2 空间的依范数收敛列, 则它一定是 Cauchy 列. 反过来, Fischer 证明了下面的结论.

定理 5.1.2 若 E 的测度有限, $f_n, f \in L^2, \{f_n\}$ 是 Cauchy 列, 则 $\{f_n\}$ 一定依范数收敛到某个 $f \in L^2$.

证明　(1) 由于 $\{f_n\}$ 是 Cauchy 列, 因此, 对于任意 $\varepsilon > 0$, 存在自然数 N, 使得 $m, n > N$ 时, 都有 $\|f_m - f_n\|_2 < \varepsilon$. 故对于 $\varepsilon_k = \dfrac{1}{2^k}$, 存在 $n_1 < n_2 < \cdots < n_k < \cdots$, 使得 $n > n_k, m > n_k$ 时, 有 $\|f_m - f_n\|_2 < \dfrac{1}{2^k}$. 故

$$\|f_{n_{k+1}} - f_{n_k}\|_2 < \frac{1}{2^k}.$$

因此

$$\sum_{k=1}^{\infty} \|f_{n_{k+1}} - f_{n_k}\|_2 < +\infty.$$

因而, 级数

$$\sum_{k=1}^{\infty} \int_E |f_{n_{k+1}}(x) - f_{n_k}(x)|\, dx \leqslant m(E) \cdot \left(\sum_{k=1}^{\infty} \|f_{n_{k+1}} - f_{n_k}\|_2 \right) < +\infty.$$

由第 4 章的定理可知, 级数

$$|f_{n_1}(x)| + \sum_{k=1}^{\infty} |f_{n_{k+1}}(x) - f_{n_k}(x)|$$

在 E 上几乎处处收敛, 因此, 级数

$$f_{n_1}(x) + \sum_{k=1}^{\infty} \left[f_{n_{k+1}}(x) - f_{n_k}(x) \right]$$

在 E 上几乎处处收敛, 因此, $\lim\limits_{k \to \infty} f_{n_k}(x)$ 几乎处处存在. 定义 $f(x)$ 如下:

$$f(x) = \begin{cases} \lim\limits_{k \to \infty} f_{n_k}(x), & x \in E, \text{并且 } \lim\limits_{k \to \infty} f_{n_k}(x) \text{ 存在}, \\ 0, & \text{其他的 } x \in E. \end{cases}$$

则 $\lim\limits_{k \to \infty} f_{n_k}(x)$ 几乎处处收敛到 $f(x)$, 并且 $f(x)$ 是可测函数.

(2) 下面证明 $f \in L^2$.

由于对于任意 $\varepsilon > 0$, 存在自然数 N, 使得 $m, n > N$ 时, 都有 $\|f_m - f_n\|_2 < \varepsilon$. 因此, 取足够大的 k_0, 使得 $n_{k_0} > N$, 则 $n > N, k > k_0$ 时, 有

$$\int_E [f_n(x) - f_{n_k}(x)]^2 dx = \|f_n - f_{n_k}\|_2^2 < \varepsilon^2.$$

利用 Fatou 引理, 有

$$\int_E \varliminf_{k \to \infty} [f_n(x) - f_{n_k}(x)]^2 dx \leqslant \varliminf_{k \to \infty} \int_E (f_n - f_{n_k})^2 dx.$$

因而

$$\int_E [f_n(x) - f(x)]^2 dx \leqslant \varepsilon^2.$$

故 $f_n - f \in L^2$, 因此, $f \in L^2$. 并且由上面不等式可知 $\|f_n - f\|_2 \leqslant \varepsilon$. 所以, $\{f_n\}$ 依范数收敛到 f. ■

每个 Cauchy 列都一定是收敛列的度量空间或赋范空间称为完备的. 顺便提醒一下, $[0,1]$ 上所有 Riemann 平方可积函数 $R^2[0,1]$ 在范数

$$\|f\| = \left[\int_0^1 |f(x)|^2 dx \right]^{\frac{1}{2}}$$

下构成的赋范空间不是完备的, 即 $R^2[0,1]$ **中的 Cauchy 列不一定是收敛列**.

6. 正交规范集

定义 5.1.5 设 $f, g \in L^2$, 若 $(f,g) = 0$, 即 $\int_E f(x)g(x)dx = 0$, 则称 f 和 g 是正交的 (orthogonal), 记为 $f \perp g$.

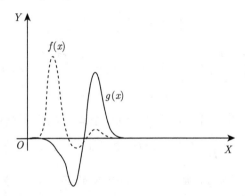

定义 5.1.6 设 $\varphi_n \in L^2$, 若 $\{\varphi_n\}$ 中任意两个不同的函数都是正交的, 则称 $\{\varphi_n\}$ 是 L^2 的一个正交集或正交系 (orthogonal system). 若对于每个 $n \in \mathbb{N}$, 有 $(\varphi_n, \varphi_n) = 1$, 即 $\int_E \varphi_n^2(x)dx = 1$, 则称 $\{\varphi_n\}$ 是 L^2 的一个正交规范集或正交规范系 (orthogonal system).

若 $\{\varphi_n\}$ 是 L^2 的一个正交规范集, 则

$$\|\varphi_n\|_2 = 1,$$
$$\varphi_m \perp \varphi_n,$$
$$\|\varphi_m - \varphi_n\|_2 = \sqrt{2}$$

对任意 $m, n \in \mathbb{N}, m \neq n$ 都成立.

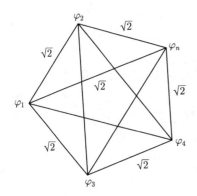

例 5.1.1   不难验证三角函数系

$$S = \left\{ \frac{1}{\sqrt{2\pi}}, \frac{\cos x}{\sqrt{\pi}}, \frac{\sin x}{\sqrt{\pi}}, \frac{\cos 2x}{\sqrt{\pi}}, \frac{\sin 2x}{\sqrt{\pi}}, \cdots \right\}$$

是 $L^2[-\pi, \pi] = \left\{ f(x) \ \middle| \ \int_{-\pi}^{\pi} f^2(x)dx < \infty \right\}$ 的一个正交规范集, 这里 f 和 g 的内积为 $(f, g) = \int_{-\pi}^{\pi} f(x)g(x)dx$.

设 $f \in L^2[-\pi, \pi]$ 是 S 中某些函数的线性组合, 则

$$f(x) = a_0 + \sum_{k=1}^{n} (a_k \cos kx + b_k \sin kx)$$

在两边乘以 S 中的某个函数, 可得到系数如下:

$$a_0 = \frac{1}{2\pi} \int_{-\pi}^{\pi} f(x)dx,$$

$$a_k = \frac{1}{\pi} \int_{-\pi}^{\pi} f(x) \cos kx dx, \quad b_k = \frac{1}{\pi} \int_{-\pi}^{\pi} f(x) \sin kx dx.$$

定义 5.1.7   若 $S = \{\varphi_n\}$ 是 L^2 的一个正交规范集或正交规范系, $f(x) \in L^2$, 则称 $c_k = (f, \varphi_k) = \int_E f(x)\varphi_k(x)dx$ 为 $f(x)$ 关于 S 的 Fourier 系数 (Fourier coefficient). 级数 $\sum_{k=1}^{\infty} c_k\varphi_k(x)$ 称为 $f(x)$ 关于 S 的 Fourier 级数 (Fourier series).

下面是 Bessel 不等式 (Bessel's inequality).

定理 5.1.3 (Bessel 不等式)   设 $S = \{\varphi_n\}$ 是 L^2 空间的正交规范集, 若 $f \in L^2, c_k = (f, \varphi_k)$ 是 f 关于 S 的 Fourier 系数, 则 $\sum_{k=1}^{\infty} c_k^2 \leqslant \|f\|_2^2$.

证明   设 $S_n(x) = \sum_{k=1}^{n} c_k\varphi_k(x)$, 则

$$\int_E f(x)S_n(x)dx = \sum_{k=1}^{n} c_k \int_E f(x)\varphi_k(x)dx = \sum_{k=1}^{n} c_k^2,$$

另外

$$\int_E S_n^2(x)dx = \sum_{k=1}^{n}\sum_{i=1}^{n} c_i c_k \int_E \varphi_i(x)\varphi_k(x)dx = \sum_{k=1}^{n} c_k^2,$$

故

$$\int_E [f(x) - S_n(x)]^2 dx = \int_E f^2(x)dx - \sum_{k=1}^n c_k^2,$$

因此

$$\int_E f^2(x)dx - \sum_{k=1}^n c_k^2 \geqslant 0,$$

从而, $\sum_{k=1}^n c_k^2 \leqslant \int_E f^2(x)dx = \|f\|_2^2$ 对任意 $n \in \mathbb{N}$ 都成立, 所以, $\sum_{k=1}^\infty c_k^2 \leqslant \|f\|_2^2$. ∎

从上面的证明, 容易看出下面结论成立.

推论 5.1.2 设 $S = \{\varphi_n\}$ 是 L^2 空间的正交规范集, $f \in L^2, c_k = (f, \varphi_k)$ 是 f 关于 S 的 Fourier 系数, 若 $\sum_{k=1}^\infty c_k^2 = \|f\|_2^2$, 则一定有 $\left\| f - \sum_{k=1}^\infty c_k\varphi_k \right\|_2 \to 0$, 故 $f(x) = \sum_{k=1}^\infty c_k\varphi_k(x)$ 在 E 上几乎处处成立.

实际上, 由于 $\int_E [f(x) - S_n(x)]^2 dx = \int_E f^2(x)dx - \sum_{k=1}^n c_k^2, \sum_{k=1}^\infty c_k^2 = \|f\|_2^2$, 因此,

$\lim_{n\to\infty} \int_E [f(x) - S_n(x)]^2 dx = 0$, 故 $f(x) = \lim_{n\to\infty} S_n(x)$ 几乎处处成立.

7. 正交规范基

定义 5.1.8 若 $S = \{\varphi_n\}$ 是 L^2 的一个正交规范集, 若对于任意 $f \in L^2$, 都有 $f(x) = \sum_{k=1}^\infty c_k\varphi_k(x)$, 这里 $c_k = (f, \varphi_k)$, 则称 S 为 L^2 的一个正交规范基 (orthonormal basis).

例 5.1.2 不难验证, 三角函数系 $\left\{ \dfrac{1}{\sqrt{2\pi}}, \dfrac{\cos x}{\sqrt{\pi}}, \dfrac{\sin x}{\sqrt{\pi}}, \dfrac{\cos 2x}{\sqrt{\pi}}, \dfrac{\sin 2x}{\sqrt{\pi}}, \cdots \right\}$ 是 $L^2[-\pi, \pi]$ 的一个正交规范基.

定理 5.1.4 设 $S = \{\varphi_n\}$ 是 L^2 空间的正交规范集, 则 S 是 L^2 空间的一个正交规范基当且仅当下面条件之一成立:

(1) 对于任意 $f \in L^2$, 有 $\sum_{k=1}^\infty c_k^2 = \|f\|_2^2$, 该等式称为 Parseval(帕塞瓦尔) 等式.

(2) 若 $f \in L^2$, 并且对于任意 $\varphi_n \in S$, 都有 $(f, \varphi_n) = 0$, 则 f 一定是零函数. 这里按照前面的规定, L^2 中函数是零函数的充要条件是它几乎处处等于零.

证明 (1) 实际上, Bessel 不等式和推论 5.1.2 的讨论已经证明结论成立.

(2) 若 $S = \{\varphi_n\}$ 是 L^2 空间的正交规范基, $f \in L^2$, 并且对于任意 $\varphi_n \in S$, 都有 $(f, \varphi_n) = 0$, 则由 $f(x) = \sum_{k=1}^\infty c_k\varphi_k(x)$ 可知 $(f, f) = \left(f, \sum_{k=1}^\infty c_k\varphi_k \right) = \sum_{k=1}^\infty c_k(f, \varphi_k) = 0$, 因此, f 是零函数.

反过来, 若 $f \in L^2$, 并且对于任意 $\varphi_n \in S$, 都有 $(f, \varphi_n) = 0$, 则 f 一定是零函数. 欲证明 $S = \{\varphi_n\}$ 是 L^2 空间的正交规范基. 实际上, 对于任意 $f \in L^2$, 令 $g(x) = f(x) - \sum\limits_{k=1}^{\infty} c_k \varphi_k(x)$, 则 $(g, \varphi_k) = 0$ 对任意 $k \in \mathbb{N}$ 都成立, 故 $g = 0$, 因此, $f(x) = \sum\limits_{k=1}^{\infty} c_k \varphi_k(x)$, 所以, $S = \{\varphi_n\}$ 是 L^2 空间的正交规范基.   ∎

若 L^2 空间的正交规范集 $S = \{\varphi_n\}$ 对于满足 $(f, \varphi_n) = 0$ $(n = 1, 2, 3, \cdots)$ 的 $f \in L^2$, 必有 f 是零函数, 则称正交规范集 S 是完全的.

在 $L^2[-\pi, \pi]$ 中, $S_1 = \left\{ \dfrac{1}{\sqrt{\pi}} \cos x, \dfrac{1}{\sqrt{\pi}} \sin x, \cdots, \dfrac{1}{\sqrt{\pi}} \cos kx, \dfrac{1}{\sqrt{\pi}} \sin kx, \cdots \right\}$ 是正交规范集. 由于 $f(x) = 1$ 与 S_1 中的每个元素都是正交的, 因此, S_1 不是完全的. 容易验证 $S_2 = \left\{ \dfrac{1}{\sqrt{2\pi}}, \dfrac{1}{\sqrt{\pi}} \cos x, \dfrac{1}{\sqrt{\pi}} \sin x, \cdots, \dfrac{1}{\sqrt{\pi}} \cos kx, \dfrac{1}{\sqrt{\pi}} \sin kx, \cdots \right\}$ 是完全的正交规范集.

下面结论是 Riesz 和 Fisher(费希尔) 得到的.

定理 5.1.5   设 $S = \{\varphi_n\}$ 是 L^2 空间的正交规范集, 若实数 $c_k \in \mathbb{R}$ $(k = 1, 2, \cdots)$ 满足 $\sum\limits_{k=1}^{\infty} c_k^2 < \infty$, 则存在 $f \in L^2$, 并且

(1) c_k 是 $f(x)$ 关于 S 的 Fourier 系数.

(2) $\sum\limits_{k=1}^{\infty} c_k^2 = \|f\|_2^2$.

证明   (1) 令 $S_n(x) = \sum\limits_{k=1}^{n} c_k \varphi_k(x)$, 则对于任意自然数 $m > n$, 有

$$\|S_m - S_n\|_2^2 = \int_E \left(\sum_{k=n+1}^{m} c_k \varphi_k(x) \right)^2 dx$$
$$= \sum_{i=n+1}^{m} \sum_{k=n+1}^{m} c_i c_k \int_E \varphi_i(x) \varphi_k(x) dx$$
$$= \sum_{k=n+1}^{m} c_k^2.$$

由于 $\sum\limits_{k=1}^{\infty} c_k^2 < \infty$, 因此, $\{S_n\}$ 是 L^2 中的 Cauchy 列, 因此, 由 L^2 是完备的可知存在 $f \in L^2$, 使得 S_n 依范数收敛到 f, 即 $f(x) = \sum\limits_{k=1}^{\infty} c_k \varphi_k(x)$. 容易验证, $f(x)$ 关于 S 的 Fourier 系数是 $(f, \varphi_k) = c_k$.

由于 $(S_n, S_n) = \sum\limits_{k=1}^{n} c_k^2$, 因此, 由 S_n 收敛到 f 可知 $\sum\limits_{k=1}^{\infty} c_k^2 = \|f\|_2^2$.   ∎

8. 数列空间 l_2

在 $\mathbb{R}^n$ 中定义 $(\alpha, \beta) = \sum\limits_{k=1}^{n} \alpha_k \beta_k$, 则 $(\cdot, \cdot)$ 是 $\mathbb{R}^n$ 的内积, 这里 $\alpha = (\alpha_k), \beta = (\beta_k) \in \mathbb{R}^n$. 容易想到将 $\mathbb{R}^n$ 推广到无穷多个坐标的空间, 这就是 Hilbert 最早研究的空间, 现在都将抽象的完备内积空间称为 Hilbert 空间.

定义 5.1.9 称 $\left\{ (\alpha_k) \,\middle|\, \alpha_k \in \mathbb{R}, \sum\limits_{k=1}^{\infty} \alpha_k^2 < \infty \right\}$ 为 l_2 空间.

容易验证, l_2 空间是线性空间, 并且 $(\alpha, \beta) = \sum\limits_{k=1}^{\infty} \alpha_k \beta_k$ 是 l_2 的内积, 这里 $\alpha = (\alpha_k), \beta = (\beta_k) \in l_2$.

若对于任意 $\alpha = (\alpha_k), \beta = (\beta_k) \in l_2$, 定义 $f_\alpha(x) = \sum\limits_{k=1}^{\infty} \alpha_k \chi_{[k-1,k)}(x), f_\beta(x) = \sum\limits_{k=1}^{\infty} \beta_k \chi_{[k-1,k)}(x)$, 则 $f_\alpha(x) \in L^2[0, +\infty)$ 当且仅当 $\alpha \in l_2$, 并且 $(\alpha, \beta) = (f_\alpha, f_\beta)$, 因此, l_2 也可以看作 L^2 中形如 $\sum\limits_{k=1}^{\infty} \alpha_k \chi_{[k-1,k)}(x)$ 的简单函数全体构成的子空间.

容易知道, 在 l_2 空间也可以讨论与 L^2 空间类似的正交规范集等问题, 它们具有类似的性质. 另外, 还可以证明它们是同构的.

定理 5.1.6 存在 L^2 空间到 l_2 空间的映射 T, T 是一一对应的, 并且 T 是保范同构的, 即对于任意 $f \in L^2$, 都有 $\|Tf\|_{l_2} = \|f\|_2$, 这里 $\|\cdot\|_{l_2}$ 是 l_2 空间的范数.

证明 取定 L^2 空间的一个正交规范基 $S = \{\varphi_k\}$, 则对于任意 $f \in L^2$, 都有

$$f(x) = \sum_{k=1}^{\infty} c_k \varphi_k(x),$$

因此, 可以定义 $T : L^2 \to l_2$ 为 $Tf = c$, 这里 $c = (c_k)$.

容易验证, T 是一一对应的, 并且 $\|f\|_2 = \|c\|_{l_2}$ 对任意 $f \in L^2$ 都成立, 所以, L^2 空间与 l_2 空间是保范同构的. ∎

实际上, 在泛函分析中可以证明任意一个可分的 Hilbert 空间都与 l_2 空间保范同构, 因此, 任意一个可分的 Hilbert 空间也都与 L^2 空间保范同构.

5.2 L^p 空 间

1. L^p 空间的定义

定义 5.2.1 设 E 是 $\mathbb{R}^n$ 的可测集, $1 \leqslant p < \infty, f$ 是定义在 E 上的可测函数, 记 $\|f\|_p = \left(\int_E |f(x)|^p \, dx \right)^{\frac{1}{p}}$, 称使得 $\|f\|_p < \infty$ 的函数全体为 $L^p(E)$ 空间, 一般简记为 L^p.

不难验证, L^p 空间是线性空间, 并且利用后面的 Minkowski 不等式可以证明

$\|f\|_p = \left(\int_E |f(x)|^p \, dx \right)^{\frac{1}{p}}$ 是 L^p 的范数, 因此, L^p 是赋范空间. **不过, 需要提醒的是, 在 L^p 中, 将几乎处处相等的函数看作一样时**, $(L^p, \| \cdot \|_p)$ 才是赋范空间.

例 5.2.1 设 E 的 Lebesgue 测度是有限的, 则任意有界函数 f 都属于 L^p 空间.

为了得到 L^p 空间中的一些重要不等式, 先考虑函数 $f(x) = x^t \ (0 < t < 1)$, 由微分中值定理, 对于 $x \geqslant 1$, 有

$$f(x) - f(1) = f'(\xi)(x - 1) \leqslant t(x - 1),$$

这里 $\xi \in (1, x)$. 容易知道等号只在 $x = 1$ 时成立.

对于 $a \geqslant b > 0$, 令 $x = \dfrac{a}{b}$, 则 $x \geqslant 1$, 故

$$\frac{a^t}{b^t} - 1 \leqslant t \left(\frac{a}{b} - 1 \right).$$

因此

$$a^t b^{1-t} \leqslant b + t(a - b) = ta + (1 - t)b,$$

令 $\alpha = t, \beta = 1 - t$, 则 $\alpha + \beta = 1, a^\alpha b^\beta \leqslant \alpha a + \beta b$, 并且等号成立当且仅当 $a = b$.

利用不等式, 若 a, b, α, β 都是大于 0 的实数, 并且 $\alpha + \beta = 1$, 则 $a^\alpha b^\beta \leqslant \alpha a + \beta b$, 并且等号成立当且仅当 $a = b$. 可以证明下面的赫尔德不等式 (Hölder's inequality).

定理 5.2.1 若 $p > 1, q > 1, \dfrac{1}{p} + \dfrac{1}{q} = 1, f \in L^p, g \in L^q$, 则

$$\int_E |f(x)g(x)| dx \leqslant \left(\int_E |f(x)|^p dx \right)^{\frac{1}{p}} \cdot \left(\int_E |g(x)|^q dx \right)^{\frac{1}{q}}.$$

并且等号成立当且仅当 $|f|^p$ 与 $|g|^q$ 只相差一个常数.

证明 明显地, 若 $\|f\|_p = 0$ 或者 $\|g\|_p = 0$, 则 $f(x)$ 或者 $g(x)$ 在 E 上是几乎处处为 0, 故 $f(x)g(x)$ 在 E 上是几乎处处为 0, 因此, $\displaystyle\int_E |f(x)g(x)| dx = 0$, 所以, 结论成立.

若 $\|f\|_p > 0$ 并且 $\|g\|_p > 0$, 令

$$a = \frac{|f(x)|^p}{\|f\|_p^p}, \quad b = \frac{|g(x)|^q}{\|g\|_q^q}, \quad \alpha = \frac{1}{p}, \quad \beta = \frac{1}{q},$$

由上面的不等式, 有

$$\frac{|f(x)g(x)|}{\|f\|_p \|g\|_q} \leqslant \frac{1}{p} \frac{|f(x)|^p}{\|f\|_p^p} + \frac{1}{q} \frac{|g(x)|^q}{\|g\|_q^q},$$

等式两边取积分, 则

$$\int_E \frac{|f(x)g(x)|}{\|f\|_p\|g\|_q}dx \leqslant \int_E \frac{1}{p}\frac{|f(x)|^p}{\|f\|_p^p}dx + \int_E \frac{1}{q}\frac{|g(x)|^q}{\|g\|_q^q}dx,$$

故

$$\int_E |f(x)g(x)|dx \leqslant \frac{1}{p}\left(\int_E \frac{|f(x)|^p}{\|f\|_p^p}dx\right)\|f\|_p\|g\|_q + \frac{1}{q}\left(\int_E \frac{|g(x)|^q}{\|g\|_q^q}dx\right)\|f\|_p\|g\|_q,$$
$$= \left(\frac{1}{p} + \frac{1}{q}\right)\|f\|_p\|g\|_q.$$

所以

$$\int_E |f(x)g(x)|dx \leqslant \left(\int_E |f(x)|^p dx\right)^{\frac{1}{p}} \cdot \left(\int_E |g(x)|^q dx\right)^{\frac{1}{q}}. \qquad \blacksquare$$

Hölder 不等式有一个很有用的推论, 若函数 $f_1, f_2, \cdots, f_n \in L^p$, 并且 $\frac{1}{p} = \frac{1}{p_1} + \frac{1}{p_2} + \cdots + \frac{1}{p_n} \leqslant 1$, 则

$$\left(\int_E |f(x)|^p dx\right)^{\frac{1}{p}} \leqslant \left(\int_E |f_1(x)|^{p_1} dx\right)^{\frac{1}{p_1}} \cdots \left(\int_E |f_n(x)|^{p_n} dx\right)^{\frac{1}{p_n}}.$$

这里 $f(x) = f_1(x)f_2(x)\cdots f_n(x)$.

下面的 Minkowski 不等式 (Minkowski's inequality) 在证明 $\|f\|_p = \left(\int_E |f(x)|^p dx\right)^{\frac{1}{p}}$ 是 L^p 空间的范数时起着重要的作用.

定理 5.2.2 对于任意 $f, g \in L^p$ $(1 \leqslant p < \infty)$, 有

$$\|f + g\|_p \leqslant \|f\|_p + \|g\|_p.$$

证明 明显地, 若 $p = 1$, 则

$$\|f + g\|_p = \int_E |f(x) + g(x)|dx \leqslant \int_E [|f(x)| + |g(x)|]dx = \|f\|_p + \|g\|_p.$$

若 $1 < p < \infty$, 记 $q = \frac{p}{p-1}$, 则 $\frac{1}{p} + \frac{1}{q} = 1$. 由于

$$\int_E |fx) + g(x)|^p dx = \int_E |f(x) + g(x)| \cdot |f(x) + g(x)|^{p-1} dx$$
$$\leqslant \int_E |f(x)| \cdot |f(x) + g(x)|^{p-1} dx + \int_E |g(x)| \cdot |f(x) + g(x)|^{p-1} dx,$$

利用 Hölder 不等式, 得

$$\int_E |f(x)| \cdot |f(x) + g(x)|^{p-1} dx \leqslant \|f\|_p \cdot \|f + g\|_p^{p-1},$$

$$\int_E |g(x)| \cdot |f(x) + g(x)|^{p-1} dx \leqslant \|g\|_p \cdot \|f+g\|_p^{p-1},$$

因此

$$\|f+g\|_p^p \leqslant (\|f\|_p + \|g\|_p)\|f+g\|_p^{p-1}.$$

若 $\|f+g\|_p = 0$, 则容易知道 Minkowski 不等式明显成立. 若 $\|f+g\|_p \neq 0$, 则由上面不等式可得

$$\|f+g\|_p \leqslant \|f\|_p + \|g\|_p. \quad\blacksquare$$

在 Minkowski 不等式中, 有 $1 \leqslant p < \infty$, 如果 $0 < p < 1$, 那么 Minkowski 不等式还成立吗?

问题 5.2.1　对于 $0 < p < 1$, 不等式

$$\left(\int_E |f(x) + g(x)|^p dx \right)^{\frac{1}{p}} \leqslant \left(\int_E |f(x)|^p dx \right)^{\frac{1}{p}} + \left(\int_E |g(x)|^p dx \right)^{\frac{1}{p}}$$

一定成立吗?

不一定. 设 $p = \dfrac{1}{2}, E = [0,2]$, 构造函数

$$f(x) = \begin{cases} 1, & 0 \leqslant x \leqslant 1, \\ 0, & 1 < x \leqslant 2. \end{cases}$$

$$g(x) = \begin{cases} 0, & 0 \leqslant x \leqslant 1, \\ 1, & 1 < x \leqslant 2. \end{cases}$$

则

$$\left(\int_0^2 |f(x) + g(x)|^{\frac{1}{2}} dx \right)^2 = \left(\int_0^2 1^{\frac{1}{2}} dx \right)^2 = 4.$$

并且

$$\left(\int_0^2 |f(x)|^{\frac{1}{2}} dx \right)^2 = \left(\int_0^1 1^{\frac{1}{2}} dx \right)^2 = 1,$$

$$\left(\int_0^2 |g(x)|^{\frac{1}{2}} dx \right]^2 = \left(\int_1^2 1^{\frac{1}{2}} dx \right)^2 = 1,$$

所以

$$\left(\int_E |f(x) + g(x)|^{\frac{1}{2}} dx \right)^2 > \left(\int_E |f(x)|^{\frac{1}{2}} dx \right)^2 + \left(\int_E |g(x)|^{\frac{1}{2}} dx \right)^2 \quad\blacksquare$$

当 $1 \leqslant p < \infty$ 时, 利用 Minkowski 不等式, 容易验证 $\|f\|_p = \left(\displaystyle\int_E |f(x)|^p \, dx \right)^{\frac{1}{p}}$

是 $L^p(E)$ 上的范数. 类似于 L^2 空间, 可以证明 L^p $(1 \leqslant p < \infty)$ 在范数 $\|f\|_p = \left(\int_E |f(x)|^p \, dx \right)^{\frac{1}{p}}$ 下是完备的赋范空间.

例题 5.2.1 设 $f_n, f \in L^p(E), g_n, g \in L^q(E)$, 这里 $p > 1$, 并且 $\dfrac{1}{p} + \dfrac{1}{q} = 1$, 若 $\|f_n - f\|_p \to 0, \|g_n - g\|_q \to 0$, 试证明

$$\lim_{n \to \infty} \int_E |f_n(x)g_n(x) - f(x)g(x)| dx = 0.$$

证明 由于

$$f_n(x)g_n(x) - f(x)g(x) = [f_n(x) - f(x)][g_n(x) - g(x)]$$
$$+ f(x)[g_n(x) - g(x)] + g(x)[f_n(x) - f(x)],$$

因此

$$\int_E |f_n(x)g_n(x) - f(x)g(x)| dx$$
$$\leqslant \int_E |f_n(x) - f(x)| \cdot |g_n(x) - g(x)| dx$$
$$+ \int_E |f(x)| \cdot |g_n(x) - g(x)| dx + \int_E |g(x)| \cdot |f_n(x) - f(x)| dx$$
$$\leqslant \|f_n - f\|_p \cdot \|g_n - g\|_q + \|f\|_p \cdot \|g_n - g\|_q + \|g\|_q \cdot \|f_n - f\|_p.$$

由 $\|f_n - f\|_p \to 0$ 可知, 对于 $\varepsilon = 1$, 存在 N, 使得 $n > N$ 时, 有 $\|f_n - f\|_p < \varepsilon = 1$, 因此, 当 $n > N$ 时, 有 $\|f_n\|_p = \|(f_n - f) + f\|_p \leqslant \|f_n - f\|_p + \|f\|_p < 1 + \|f\|_p$. 令 $M = \max\{\|f_1\|_p, \|f_2\|_p, \cdots, \|f_N\|_p, \|f\| + 1\}$, 则 $\|f_n\|_p \leqslant M$ 对所有 n 都成立. 类似地, 不难验证 $\|g_n\|_q$ 也是有界数列. 所以

$$\lim_{n \to \infty} \int_E |f_n(x)g_n(x) - f(x)g(x)| dx = 0. \qquad \blacksquare$$

定理 5.2.3 设 E 的测度有限, 若 $1 \leqslant p_1 < p_2 < \infty$, 则线性空间 $L^{p_1}(E)$ 一定包含线性空间 $L^{p_2}(E)$.

证明 令 $s = \dfrac{p_2}{p_1}$, 则 $s > 1$. 若 $t > 1$ 满足 $\dfrac{1}{s} + \dfrac{1}{t} = 1$, 则对于任意 $f \in L^{p_2}(E)$, 利用 Hölder 不等式, 有

$$\int_E |f(x)|^{p_1} dx = \int_E [\, |f(x)|^{p_1} \cdot 1 \,] dx$$
$$\leqslant \left(\int_E |f(x)|^{p_1 \cdot s} dx \right)^{\frac{1}{s}} \cdot \left(\int_E 1^t \, dx \right)^{\frac{1}{t}}$$

$$= \left(\int_E |f(x)|^{p_2} dx \right)^{\frac{1}{s}} \cdot [m(E)]^{\frac{1}{t}}.$$

故

$$\|f\|_{p_1} = \left(\int_E |f(x)|^{p_1} dx \right)^{\frac{1}{p_1}}$$

$$\leqslant \left(\int_E |f(x)|^{p_2} dx \right)^{\frac{1}{sp_1}} \cdot [m(E)]^{\frac{1}{tp_1}}$$

$$= \left(\int_E |f(x)|^{p_2} dx \right)^{\frac{1}{p_2}} \cdot [m(E)]^{\frac{1}{p_1} - \frac{1}{p_2}}$$

$$= [m(E)]^{\frac{1}{p_1} - \frac{1}{p_2}} \cdot \|f\|_{p_2}.$$

因此, 若 $f \in L^{p_2}(E)$, 则 $\|f\|_{p_2} < \infty$, 因而, $\|f\|_{p_1} < \infty$, 故 $f \in L^{p_1}(E)$, 所以, $L^{p_2}(E) \subseteq L^{p_1}(E)$. ■

需要注意的是: 虽然线性空间 $L^{p_1}(E)$ 一定包含线性空间 $L^{p_2}(E)$, 但是赋范空间 $L^{p_1}(E)$ 和赋范空间 $L^{p_2}(E)$ 的范数是不同的, 因此, 赋范空间 $L^{p_2}(E)$ 并不是赋范空间 $L^{p_1}(E)$ 的子空间. 另外, 当 $E = (0,1]$ 时, 取 $f(x) = x^{-\frac{1}{4}}$, 则 $\int_0^1 |f(x)|^2 dx = 2$, 故 $f(x) \in L^2(E)$. 由于 $\int_0^1 |f(x)|^4 dx = +\infty$, 因此, $f(x) \notin L^4(E)$. 所以, $L^4(E) \subseteq L^2(E)$, 并且 $L^4(E) \neq L^2(E)$.

推论 5.2.1　设 E 的测度有限, 若 $1 \leqslant p < \infty$, 则线性空间 $L(E)$ 一定包含线性空间 $L^p(E)$.

问题 5.2.2　设 $m(E) = \infty$, 若 $1 \leqslant p_1 < p_2 < \infty$, 则线性空间 $L^{p_1}(E)$ 包含线性空间 $L^{p_2}(E)$ 一定成立吗?

不一定. 设 $E = (1, +\infty), p_1 = 1, p_2 = 2$, 则对于 $f(x) = \dfrac{1}{x}$, 有 $\left[\int_E |f(x)|^2 dx \right]^{\frac{1}{2}} = 1 < \infty$, 但 $\int_E |f(x)| dx = +\infty$, 故 f 不属于 $L(E)$, 所以, $L^2(E) \subseteq L(E)$ 不成立. ■

问题 5.2.3　设 E 不是零测集, $1 \leqslant p < \infty, p \neq 2$, 对于任意 $f, g \in L^p(E)$, 定义 $(f, g) = \int_E f(x)g(x)dx$, 则 $(\cdot, \cdot)$ 是 $L^p(E)$ 的内积吗?

不是. 取 E 的两个测度相等, 互不相交, 并且测度不为 0 的子集 E_1 和 E_2, 令

$$f(x) = \frac{\chi_{E_1}(x)}{m(E_1)^{\frac{1}{p}}}, \quad g(x) = \frac{\chi_{E_2}(x)}{m(E_2)^{\frac{1}{p}}},$$

假如 (f, g) 是 $L^p(E)$ 的内积, 则一定有

$$\|f + g\|_p^2 + \|f - g\|_p^2 = 2\|f\|_p^2 + 2\|g\|_p^2.$$

但是

$$\|f+g\|_p^2 + \|f-g\|_p^2 = 2^{\frac{2}{p}} + 2^{\frac{2}{p}},$$

$$2\|f\|_p^2 + 2\|g\|_p^2 = 2(1^2 + 1^2) = 4.$$

所以, $p \neq 2$ 时, (f, g) 一定不是 $L^p(E)$ 的内积. ∎

例题 5.2.2 设 $f_n, f \in L^p(E)$, 若 $\|f_n - f\|_p \to 0$, 试证明 f_n 依测度收敛到 f.

证明 对于任意 $\varepsilon > 0$, 由于

$$\|f_n - f\|_p^p = \int_E |f_n(x) - f(x)|^p dx$$

$$\geqslant \int_{\{x \in E \mid |f_n(x)-f(x)| \geqslant \varepsilon\}} |f_n(x) - f(x)|^p dx$$

$$\geqslant \int_{\{x \in E \mid |f_n(x)-f(x)| \geqslant \varepsilon\}} \varepsilon^p dx$$

$$= m(\{x \in E \mid |f_n(x) - f(x)| \geqslant \varepsilon\}) \cdot \varepsilon^p,$$

因此

$$m(\{x \in E \mid |f_n(x) - f(x)| \geqslant \varepsilon\}) \leqslant \frac{1}{\varepsilon^p} \|f_n - f\|_p^p \to 0.$$

所以, f_n 依测度收敛到 f. ∎

由此可知, 若 $f_n, f \in L^p, f_n$ 依范数收敛到 f, 则 f_n 一定在 E 中依测度收敛到 f, 从而存在子序列 f_{n_k} 在 E 中几乎处处收敛到 f.

* **扩展阅读:** L^p $(0 < p < 1)$ **空间的性质**

定理 5.2.4 若 $0 < p < 1$, 则 $\|f\|_p = \left(\int_0^1 |f(x)|^p dx \right)^{\frac{1}{p}}$ 不是 $L^p[0,1]$ 的范数.

证明 令 $f(x) = \chi_{(0,\frac{1}{2})}, g(x) = \chi_{(\frac{1}{2},1)}$, 则

$$\|f+g\|_p = 1, \quad \|f\|_p + \|g\|_p = \left(\frac{1}{2}\right)^{\frac{1}{p}} + \left(\frac{1}{2}\right)^{\frac{1}{p}},$$

因此, $\|f+g\|_p \geqslant \|f\|_p + \|g\|_p$, 所以, $\|\cdot\|_p$ 不是 $L^p[0,1]$ 的范数. ∎

定理 5.2.5 若 $0 < p < 1$, 则 $d(x,y) = \|f-g\|_p = \int_0^1 |f(x) - g(x)|^p dx$ 是 $L^p[0,1]$ 的度量.

证明 对于 $a > 0, b > 0, 0 < p < 1$, 有

$$(a+b)^p = (a+b)(a+b)^{p-1} = a(a+b)^{p-1} + b(a+b)^{p-1},$$

$$aa^{p-1} + bb^{p-1} = a^p + b^p,$$

因此

$$(a+b)^p \leqslant a^p + b^p$$

对任意 $a \geqslant 0, b \geqslant 0$ 都成立. 故 $d(f,g) \leqslant d(f,h) + d(g,h)$, 所以, $d(f,g)$ 是 $L^p[0,1]$ 的度量. 不过这里还是要规定 f 与 g 几乎处处相等时是一样的函数. ∎

定理 5.2.6　若 $0 < p < 1, d(x,y) = \int_0^1 |f(x) - g(x)|^p dx$, 则 $L^p[0,1]$ 是完备的度量空间.

证明　设 $\{f_n\}$ 是度量空间的 Cauchy 列, 则对于任意 $\varepsilon > 0$, 都存在 N, 使得 $m,n > N$ 时, 有 $d(f_m, f_n) < \varepsilon$. 通过选取子列, 不妨假设 $\{f_n\}$ 满足 $d(f_{n+1}, f_n) = \int_0^1 |f_{n+1}(x) - f_n(x)|^p \, dx < \frac{1}{2^n}$ 对所有的 $n \in \mathbb{N}$ 都成立.

令 $g_1 = 0, g_n = |f_1| + |f_2 - f_1| + \cdots + |f_n - f_{n-1}| \ (n \geqslant 2)$, 则 $g_n(x) \geqslant 0, \{g_n\}$ 单调上升, 并且

$$\int_0^1 |g_n(x)|^p dx \leqslant \int_0^1 |f_1(x)|^p dx + \sum_{i=2}^n \int_0^1 |f_i(x) - f_{i-1}(x)|^p dx$$
$$\leqslant \int_0^1 |f_1(x)|^p dx + \sum_{i=2}^n \frac{1}{2^i} \leqslant \int_0^1 |f_1(x)|^p dx + 1 < \infty,$$

由 Levi 定理, 存在 $g \in L^p[0,1]$, 使得 g_n 在 $[0,1]$ 上几乎处处收敛到 g.

由于

$$|f_{n+k}(x) - f_n(x)| = \left| \sum_{i=n+1}^{n+k} [f_i(x) - f_{i-1}(x)] \right|$$
$$\leqslant \sum_{i=n+1}^{n+k} |f_i(x) - f_{i-1}(x)| = g_{n+k}(x) - g_n(x).$$

因此, $\{f_n(x)\}$ 在 $[0,1]$ 上几乎处处收敛到某个 $f(x)$.

由 $|f_n(x)| = \left| f_1(x) + \sum_{i=2}^n [f_i(x) - f_{i-1}(x)] \right| \leqslant g_n(x) \leqslant g(x)$ 在 $[0,1]$ 上几乎处处成立可知, $|f(x)| \leqslant g(x)$ 在 $[0,1]$ 上几乎处处成立, 因此, $f \in L^p[0,1]$.

另外, 由于 $|f_n(x) - f(x)| \leqslant 2g(x)$, 并且 $|f_n(x) - f(x)|^p \to 0$, 因此, 由控制收敛定理, 有

$$\lim_{n \to \infty} d(f_n, f) = \lim_{n \to \infty} \int_0^1 |f_n(x) - f(x)|^p dx = \int_0^1 \lim_{n \to \infty} |f_n(x) - f(x)|^p dx = 0.$$

所以, $L^p[0,1]$ 是完备的度量空间. ∎

习 题 5

习题 5.1   设 $f, g \in L^2$, 若 $\int_E f(x)g(x)dx = 0$, 试证明 $\|f+g\|_2^2 = \|f\|_2^2 + \|g\|_2^2$.

习题 5.2   设 $f, g \in L^2$, 试证明 $\|f+g\|_2^2 + \|f-g\|_2^2 = 2\|f\|_2^2 + 2\|g\|_2^2$.

习题 5.3   设 $f \in L^2[0,1]$, 若 $\|f\|_2 \neq 0$, $F(x) = \int_0^x f(t)dt$, 试证明 $\|F\|_2 < \|f\|_2$.

习题 5.4   试用 Schwarz 不等式证明 $4\sin^2 1 - \sin 2 \leqslant 2$.

习题 5.5   设 $f \in L^2(E), E_0$ 是 E 的可测子集, 证明

$$\left(\int_E |f(x)|^2 dx\right)^{\frac{1}{2}} \leqslant \left(\int_{E_0} |f(x)|^2 dx\right)^{\frac{1}{2}} + \left(\int_{E\setminus E_0} |f(x)|^2 dx\right)^{\frac{1}{2}}.$$

习题 5.6   设 $f \in L^2[0,\pi]$, 若 $\int_0^\pi [f(x) - \sin x]^2 dx \leqslant \dfrac{1}{4}$, 试用 Cauchy 不等式证明 $\int_0^\pi [f(x) + \cos x]^2 dx > \dfrac{1}{4}$.

习题 5.7   设 $f \in L^2(E)$, 若对于任意 $g \in L^2(E)$, 都有 $\|f \cdot g\|_2 \leqslant M\|g\|_2$, 试证明 $|f(x)| \leqslant M$ 在 E 上几乎处处成立.

习题 5.8   设 $\{f_n\}$ 是 $L^2(E)$ 的范数有界序列, 即存在常数 $M > 0$, 使得 $\|f_n\|_2 \leqslant M$ 对所有的 n 都成立, 试证明 $\dfrac{1}{n}f_n(x)$ 在 E 上几乎处处收敛到 0.

习题 5.9   若 $f \in L^2(E)$, 试证明 $\|f\|_2 = \sup\limits_{\|g\|_2=1} \int_E f(x)g(x)dx$.

习题 5.10   设 $f_n(x)$ 是 E 上的可测函数, $F \in L^p(E)$ $(p \geqslant 1)$, 若 $|f_n(x)| \leqslant F(x)$, $\lim\limits_{n\to\infty} f_n(x) = f(x)$ 在 E 上几乎处处成立, 试证明 $\|f_n - f\|_p \to 0$ $(n \to \infty)$.

习题 5.11   设 E 的测度大于 0, 若存在 $M > 0$, 使得对任意 $p > 1$, 都有 $\|f\|_p \leqslant M$, 试证明一定存在 N, 使得 $|f(x)| \leqslant N$ 在 E 上几乎处处有界.

习题 5.12   设 $p \geqslant 1$, 若 $f_n, g_n, f, g \in L^{2p}(E)$, $\|f_n - f\|_{2p} \to 0$, $\|g_n - g\|_{2p} \to 0$, 试证明 $\|f_n g_n - fg\|_p \to 0$.

习题 5.13   设 $f \in L(E)$, 并且 $f \in L^2(E)$, 试证明 $f \in L^p(E)$ 对任意 $1 \leqslant p \leqslant 2$ 都成立.

习题 5.14   设 $f_n \in L^2([0,1])$, 并且存在 $M > 0$, 使得 $|f_n(x)| \leqslant M$ 对任意 n 都成立, 若 $f_n(x)$ 在 $[0,1]$ 上依测度收敛到 0, 试证明 $\int_0^1 |f_n(x)|dx \to 0$.

学 习 指 导

本章重点

1. 重要不等式

(1) Hölder 不等式.

(2) Minkowski 不等式.

2. 内积

(1) 内积的性质.

(2) 正交集和正交规范基的性质.

(3) $L^p(E)$ 是完备的度量空间.

3. 解题技巧: 利用不等式判定函数是否可积.

释疑解难

1. $L^p(p \neq 2)$ 不是内积空间.

2. Riemann 积分意义下 $[0,1]$ 上的平方可积函数全体不是完备的赋范空间, 这里范数为 $\|f\| = \left(\int_0^1 |f(x)|^2 dx \right)^{\frac{1}{2}}$.

3. L^2 中的完全的规范正交集一定是最大的规范正交集.

实际上, 设 S 是 L^2 中的完全的规范正交集, 但 H 是包含 S 的正交规范集, 则对于任意 $f \in H \setminus S, f$ 与 S 中任意元素都是正交的, 由 S 是完全的规范正交集可知 $f = 0$, 但这与 $\|f\| = 1$ 矛盾, 因此, $H = S$.

4. L^2 中的有限个元素的规范正交集一定不是完全的.

5. 设 E 的测度有限, 若 $1 \leqslant p_1 < p_2 < \infty$, 则集合 $L^{p_1}(E)$ 一定包含集合 $L^{p_2}(E)$, 但赋范空间 $L^{p_1}(E)$ 与赋范空间 $L^{p_2}(E)$ 的范数是不同的. 对于任意 $f_n, f \in L^{p_2}(E)$, 存在常数 $M \geqslant 0$, 使得

$$\|f_n - f\|_{p_1} \leqslant M\|f_n - f\|_{p_2}.$$

因此, 当 $\|f_n - f\|_{p_2} \to 0$ 时, 一定有 $\|f_n - f\|_{p_1} \to 0$.

知识点联系图

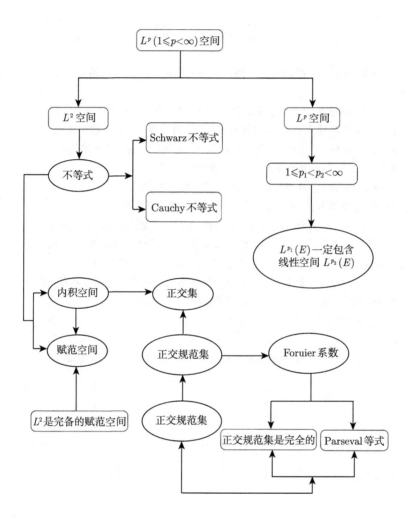

参 考 文 献

程其襄, 张奠宙, 胡善文, 薛以锋. 1983. 实变函数论与泛函分析基础. 北京: 高等教育出版社.

郭大钧, 黄春朝, 梁方豪. 1986. 实变函数与泛函分析. 济南: 山东大学出版社.

胡适耕. 1999. 实变函数. 北京: 高等教育出版社; 海德堡: 施普林格出版社.

胡适耕. 2001. 泛函分析. 北京: 高等教育出版社; 海德堡: 施普林格出版社.

江泽坚, 孙善利. 1994. 泛函分析. 北京: 高等教育出版社.

江泽坚, 吴智泉. 1994. 实变函数论. 2 版. 北京: 高等教育出版社.

那汤松. 1958. 实变函数论. 徐瑞云, 译, 北京: 高等教育出版社.

夏道行, 严绍宗. 1987. 实变函数论与泛函分析. 2 版. 北京: 高等教育出版社.

徐森林, 胡自胜, 金亚东, 薛春华. 2011. 实变函数习题精选, 北京: 清华大学出版社.

张恭庆, 林源渠. 1987. 泛函分析讲义 (上册). 北京: 北京大学出版社.

郑维行, 王声望. 1989. 实变函数与泛函数分析概要. 2 版. 北京: 高等教育出版社.

周民强. 1985. 实变函数. 北京: 北京大学出版社.

周性伟. 2004. 实变函数. 北京: 科学出版社.

Rudin W. 1974. Real and Complex Analysis. New York: McGraw-Hill.

Rudin W. 1991. Functional Analysis. 2nd ed. New York: McGraw-Hill.

习题提示和解答

习 题 1

习题 1.1　若 $\{E_n \mid n \in \mathbb{N}\}$ 是集合 X 的一列互不相交的子集, 试证明 $\lim\limits_{n\to\infty} E_n$ 存在, 并且 $\lim\limits_{n\to\infty} E_n = \varnothing$.

提示　容易验证 $\varliminf\limits_{n\to\infty} E_n = \varnothing$, 并且 $\varlimsup\limits_{n\to\infty} E_n = \varnothing$, 因此, $\lim\limits_{n\to\infty} E_n = \varnothing$. ■

习题 1.2　若 $A\backslash B$ 与 $B\backslash A$ 对等, 试证明 A 与 B 对等.

提示　只需注意到 $A = (A\backslash B) \cup (A \cap B), B = (B\backslash A) \cup (A \cap B)$. ■

习题 1.3　试证明自然数 $\mathbb{N}$ 的所有有限子集构成的集合是可列集.

提示　对于任意给定的 n, 包含 n 个自然数的子集一共有 2^n 个. ■

习题 1.4　试证明 $[a,b]$ 上的连续函数全体 $C[a,b]$ 的基数是 $\aleph$.

提示　根据 Bernstein 定理, 只需证明:

(1) 实数集 $(-\infty, +\infty)$ 与 $C[a,b]$ 的一个子集对等, 从而 $C[a,b]$ 的基数大于等于 $\aleph$. 例如, 定义 $T: (-\infty, +\infty) \to C[a,b]$ 为 $T(\alpha) = x^2 + \alpha$, 则 T 是单射.

(2) $C[a,b]$ 与某个基数为 $\aleph$ 的集合的子集对等, 因此, $C[a,b]$ 的基数小于等于 $\aleph$.

关键　记 $[a,b]$ 上的所有有理数为 $\{q_n\}$, 对于任意 $x_0 \in [a,b]$, 都一定存在有理数数列 $\{q_{n_i}\}$, 使得 q_{n_i} 收敛到 x_0. 由于 $f(x)$ 连续, 故 $f(q_{n_i})$ 收敛到 $f(x_0)$, 因此, 任意 $f \in C[a,b]$ 都可由 f 在所有有理数点的值唯一确定, 即 f 与一个实数数列 $\{x_n\}$ 对应, 这里 $\{x_n\}$ 是 f 在有理数点 $\{q_n\}$ 对应的值 $x_n = f(q_n)$. 另外, 容易证明所有的实数数列构成的集合的基数是 $\aleph$. ■

习题 1.5　试证明 $[0,1]$ 与 $[3,9]$ 对等.

提示　只需证明映射 $f(x) = 3(1-x) + 9x = 6x + 3$ 是一一对应的. ■

习题 1.6　设 E 为 $(0, +\infty)$ 的一个基数为 $\aleph$ 的子集, 试证明一定存在 $a > 0$, 使得 $E \cap (a, +\infty)$ 不是可列集.

提示　采用反证法. 假如对于任意自然数 n, 都有 $E \cap \left(\dfrac{1}{n}, +\infty\right)$ 是可列集, 则 $E = E \cap (0, +\infty) = E \cap \left[\bigcup\limits_{n=1}^{\infty} \left(\dfrac{1}{n}, +\infty\right)\right]$, 因此, E 是可列集, 矛盾. ■

习题 1.7　设函数 $f: [0,1]$ 满足下面性质: 存在固定常数 $M \geqslant 0$, 使得对于任意正整数 n, 任意 n 个点 $x_1, x_2, \cdots, x_n \in [0,1]$, 都有

$$|f(x_1) + f(x_2) + \cdots + f(x_n)| \leqslant M.$$

试证明集合 $\{x \in [0,1] \mid f(x) \neq 0\}$ 是可数的.

提示　(1) 令 $A_k = \left\{ x \in [0,1] \,\middle|\, f(x) \geqslant \dfrac{1}{k} \right\}$, 假如 A_k 包含 $l > Mk$ 个元素, 则对于 $x_1, x_2, \cdots, x_l \in A_k$, 有

$$|f(x_1) + f(x_2) + \cdots + f(x_l)| \geqslant Mk \cdot \frac{1}{k} = M.$$

这与题目的条件矛盾. 因此, 对于每个 k, 集合 A_k 只能包含小于或等于 Mk 个元素.

(2) 令 $B_k = \left\{ x \in [0,1] \,\middle|\, f(x) \leqslant -\dfrac{1}{k} \right\}$, 则类似可以证明对于每个 k, 集合 A_k 只能包含小于或等于 Mk 个元素.

(3) 明显地, 有

$$\{x \in [0,1] \mid f(x) \neq 0\} = \left(\bigcup_{k=1}^{\infty} A_k \right) \cup \left(\bigcup_{k=1}^{\infty} B_k \right).$$

由于可数个有限集合的并集一定是可数集, 因此, $\{x \in [0,1] \mid f(x) \neq 0\}$ 是可数的.

习题 1.8　设 E_n 为 $(-\infty, +\infty)$ 的一列基数为 $\aleph$ 的子集, 若 $E_n \supseteq E_{n+1}$ 对任意 n 都成立, 则 $\bigcap\limits_{n=1}^{\infty} E_n$ 的基数一定是 $\aleph$ 吗?

提示　考虑 $E_n = \left[0, \dfrac{1}{n} \right]$. ■

习题 1.9　设 x, y 为平面 $\mathbb{R}^2$ 上两个不同的点, 并且 x 和 y 的坐标 (x_1, x_2) 和 (y_1, y_2) 不属于 $\mathbb{Q} \times \mathbb{Q}$, 这里 $\mathbb{Q}$ 是有理数集, 试证明一定存在某条连接 x 和 y 的折线, 使得该折线不包含任何坐标 x_1 和 x_2 同时都是有理数的点.

提示　(1) 可以作线段 xy 的中垂线 L, 则对于任意 L 上的点 z, 线段 xz 和线段 zy 构成连接 x 和 y 的折线 L_z, 记 $A = \{L_z \mid z \in \mathbb{R}^2\}$, 则容易验证 A 的基数为 $\aleph$.

(2) 假如 A 中的每条折线 L_z 都包含坐标 x_1 和 x_2 同时都是有理数的点 p_z, 则容易知道存在 A 到 $\mathbb{Q} \times \mathbb{Q}$ 的单射, 因此, A 的基数小于等于 $\aleph_0$. 但这与 A 的基数为 $\aleph$ 矛盾. ■

习题 1.10　设 $\mathbb{Z}^+$ 是正整数集, E 为 $\mathbb{Z}^+ \times \mathbb{Z}^+$ 的任意子集, 试证明一定存在 E 的子集 A 和 B, 使得 $E = A \cup B, A \cap B = \varnothing$, 并且对于任意正整数 m, A 中只有有限个点具有 $(x, m), x \in \mathbb{Z}^+$ 的形式. 对于任意正整数 n, B 中只有有限个点具有 $(n, y), y \in \mathbb{Z}^+$ 的形式.

提示　(1) 令 $A = \{(x, y) \in E \mid x \leqslant y\}, B = \{(x, y) \in E \mid y < x\}$, 则 $A \cap B = \varnothing$, 并且 $E = A \cup B$.

(2) 对于任意正整数 m, 明显地只有有限个 $x \in \mathbb{Z}^+$, 使得 $x \leqslant m$. 另外, 对于任意正整数 n, 只有有限个 $y \in \mathbb{Z}^+$, 使得 $y < m$.

习题 1.11　设 E 是 $(-\infty, +\infty)$ 的无穷子集, 若 E 中任意两个点 x 和 y 的距离 $|x - y|$ 都是有理数, 试证明 E 一定是可列集.

提示　(1) 取 $x_0 \in E$, 考虑 $E - \{x_0\} = \{x - x_0 \mid x \in E\}$, 则容易知道 E 和 $E - \{x_0\}$ 是对等的.

(2) 定义 $f : E - \{x_0\} \to Q$ 为 $f(x - x_0) = x - x_0$, 则 f 是一一对应的. 由于有理数全体 Q 是可列集, 因此, $E - \{x_0\}$ 是可列集. 所以, E 是可列集.

习题 1.12　设 A 为 $(-\infty, +\infty)$ 的可列集, 记 $x + A = \{x + y \mid y \in A\}$, 试证明一定存在某个 x_0, 使得 $A \cap (x_0 + A)$ 是空集.

提示 反证法. 若 A 是可列集, 则容易验证 $A - A = \{x - y \mid x, y \in A\}$ 是可列集. 另外, 假如对任意 x, 都有 $A \cap (x_0 + A)$ 不是空集, 则可以证明 $A - A = (-\infty, +\infty)$. 但这与 $(-\infty, +\infty)$ 不是可列集矛盾. ∎

习题 1.13 试证明 $\mathbb{R}^2$ 的基数与实数集 $\mathbb{R}$ 的基数相等.

提示 (1) 由于 $(0,1)$ 的基数与实数集 $\mathbb{R}$ 的基数相等, 因此, 只需证明 $(0,1) \times (0,1)$ 的基数与实数集 $(0,1)$ 的基数相等.

(2) 容易验证 $(0,1) \times (0,1)$ 的基数大于或者等于 $(0,1)$ 的基数.

(3) 将任意 $x, y \in (0,1)$ 写成无限小数的形式, $x = 0.a_1 a_2 \cdots a_n \cdots, y = 0.b_1 b_2 \cdots b_n \cdots$, 定义 $(0,1) \times (0,1)$ 到 $(0,1)$ 的映射 f 为 $f(x, y) = 0.a_1 b_1 a_2 b_2 \cdots a_n b_n \cdots$, 则容易验证 f 是单射, 因此, $(0,1) \times (0,1)$ 的基数小于或者等于 $(0,1)$ 的基数.

所以, $(0,1) \times (0,1)$ 的基数与实数集 $(0,1)$ 的基数相等. ∎

注 (2) 略 (3) 中定义的 f 是一一对应的吗? 实际上, 对于 $z = 0.0909090909 \cdots \in (0,1)$, 若取 $x = 0, y = 0.9999 \cdots$, 虽然 $f(x, y) = z$, 但 x 和 y 都不属于 $(0,1)$, 因此, f 不是满射.

习题 1.14 设 A 是所有自然数 $\mathbb{N}$ 的子集构成的集合, 试证明 A 的基数是 $\aleph$.

提示 (1) 由于 $(0,1)$ 的基数是 $\aleph$, 因此, 若将 $(0,1)$ 内的元素都写成二进制的形式, 即 $a \in (0,1)$ 都写成 $a = 0.a_1 a_2 \cdots a_n \cdots$, 这里 a_i 都是 0 或者 1. 故 $(0,1)$ 内的二进制小数全体构成的集合 B 的基数是 $\aleph$.

(2) 定义 f 为 A 到 $(0,1)$ 内的二进制小数全体构成的集合 B 的映射, 对于每个 $\mathbb{N}$ 的子集 $C, f(C) = 0.c_1 c_2 \cdots c_n \cdots$, 这里若 $i \in C$, 则取 $c_i = 1$. 否则取 $c_i = 0$, 不难验证 f 是一一对应的. 所以, A 的基数是 $\aleph$. ∎

习题 1.15 设 A 是所有从自然数 $\mathbb{N}$ 到 $\{0,1\}$ 的函数构成的集合, 试证明 A 的基数是 $\aleph$.

提示 (1) 定义映射 $g : A \to B$, 这里 B 为 $\mathbb{N}$ 的所有子集构成的集合, 对于任意 $f \in A$, 有 $g(f) = \{n \in \mathbb{N} \mid f(n) = 1\}$, 即 $g(f)$ 为满足 $f(n) = 1$ 的自然数全体.

(2) 验证 g 是一一对应的.

(3) 由于 $\mathbb{N}$ 的所有子集构成的集合 B 的基数是 $\aleph$, 因此, A 的基数是 $\aleph$. ∎

注 容易知道, 用上面的方法同样可以证明所有取值为 0 或者 1 的数列全体构成的集合的基数是 $\aleph$.

习题 1.16 试证明对于开区间 (a, b), 一定有 (a, b) 内的点都是 (a, b) 的极限点.

提示 若 $x_0 \in (a, b)$, 则存在足够大的自然数 $N \in \mathbb{N}$, 使得 $n > N$ 时, 有 $x_n = x_0 + \dfrac{1}{n} \in (a, b)$, 故 $x_n \to x_0$, 因此, x_0 属于 (a, b) 的导集. ∎

习题 1.17 若 U 是实数集 $(-\infty, +\infty)$ 的开集, 则一定有 U 的极限点全体 U' 包含 U 吗? 若 F 是实数集 $(-\infty, +\infty)$ 的闭集, 则 $F \subseteq F'$ 也成立吗?

提示 (1) 由于 U 是开集, 因此, U 可以写成可数个互不相交的构成区间的并集, 因此, $U \subseteq U'$ 一定成立.

(2) 例如, $F = \{1, 2, 3\}$ 是 $(-\infty, +\infty)$ 的闭集, 则 F' 是空集, 因此, $F \subseteq F'$ 不成立. ∎

习题 1.18 试证明有限区间 $(0,1)$ 不可能表示成有限个互不相交的闭集的并集.

提示   反证法. 假如 $(0,1) = \bigcup\limits_{i=1}^{n} F_i$, 并且 $\{F_i\}$ 为 n 个互不相交的闭集, 若 $x_n \in (0,1)$, 并且 $x_n \to 0$, 则由 $(0,1) = \bigcup\limits_{i=1}^{n} F_i$ 可知, 一定存在某个 F_{i_0}, 使得 F_{i_0} 包含 $\{x_n\}$ 的一个子列 $\{x_{n_k}\}$, 由 F_{i_0} 是闭集可知 $0 \in F_{i_0} \subseteq (0,1)$, 矛盾, 所以, 由反证法原理可知结论成立. ■

习题 1.19   若 $f(x)$ 是 $(-\infty,+\infty)$ 上只取整数值的函数, 即 f 是 $\mathbb{R}$ 到 $\mathbb{Z}$ 的函数, 试证明 $f(x)$ 的连续点全体 C_f 是开集, $f(x)$ 的不连续点是闭集.

提示   (1) 对于任意 $x_0 \in C_f$, 由于 $f(x)$ 在 x_0 点连续, 因此, 对于 $\varepsilon = 0.1 > 0$, 存在 $\delta > 0$, 使得 $x \in (x_0 - \delta, x_0 + \delta)$ 时, 有 $f(x_0) - 0.1 < f(x) < f(x_0) + 0.1$. 由于 $f(x)$ 和 $f(x_0)$ 都是整数, 因此, 一定有 $f(x) = f(x_0)$. 故对于任意 $x \in (x_0 - \delta, x_0 + \delta)$, 有 $f(x)$ 恒等于 $f(x_0)$, 因此, $f(x)$ 在 $(x_0 - \delta, x_0 + \delta)$ 上的每个点都是连续的, 从而, $(x_0 - \delta, x_0 + \delta) \subseteq C_f$, 即 C_f 的每个点都是内点. 所以, C_f 是开集.

(2) 由于 $f(x)$ 的不连续点全体就是 C_f 的补集, 因此, 由 C_f 是开集可知, $f(x)$ 的不连续点是闭集. ■

习题 1.20   试证明 $A = \{q^3 \mid q \text{ 是有理数}\}$ 在 $(-\infty,+\infty)$ 上稠密.

提示   (1) $f(x) = x^3$ 在 $(-\infty,+\infty)$ 上是单调增加函数.

(2) 对于任意 y_0 和任意 $\varepsilon > 0$, 存在 x_1, x_2, 使得 $f(x_1) > y_0 - \varepsilon, f(x_2) < y_0 + \varepsilon$. 由于有理数在 $(-\infty,+\infty)$ 上稠密, 因此, 对于 ε, 存在有理数 q_ε, 满足 $x_1 < q_\varepsilon < x_2$. 由于 $f(x)$ 是单调增加函数, 故 $y_0 - \varepsilon < f(x_1) < f(q_\varepsilon) < f(x_2) < y_0 + \varepsilon$, 因而, $f(q_\varepsilon)$ 属于 y_0 的邻域 $(y_0 - \varepsilon, y_0 + \varepsilon)$, 所以, A 在 $(-\infty,+\infty)$ 上稠密. ■

习题 1.21   试证明 $A = \{m + n\sqrt{2} \mid m,n \text{ 是整数}\}$ 在 $(-\infty,+\infty)$ 上稠密.

证明思路   要证明 A 在 $(-\infty,+\infty)$ 上稠密, 就是要证 A 的闭包等于 $(-\infty,+\infty)$, 即要证明任意 $x \in (-\infty,+\infty)$ 都属于 A 的闭包. 因此, 若能够证明包含 x 的任意小的开区间 (a,b), 都有 $(a,b) \cap A$ 不是空集就可以了.

证明   明显地, 只需证明对于任意 $x \in (-\infty,+\infty)$, 包含 x 的任意小区间 (a,b), 都有 $(a,b) \cap A$ 不是空集.

(1) 对于任意 x, 包含 x 的开区间 (a,b) $(a < b)$, 一定存在正整数 n_0, 使得

$$\frac{1}{n_0} < b - a.$$

(2) 不难验证, 对于任意正整数 $n, n\sqrt{2}$ 一定是无理数, 并且

$$[n\sqrt{2}] < n\sqrt{2} < [n\sqrt{2}] + 1.$$

这里 $[n\sqrt{2}]$ 为 $n\sqrt{2}$ 的整数部分. 记 $x_n = n\sqrt{2} - [n\sqrt{2}]$, 则对于任意 n, 都有 $0 < x_n < 1$.

(3) 对于 (1) 中选好的 n_0, 考虑 $(0,1)$ 内的 $n_0 + 1$ 个互不相同的点: $x_1, x_2, \cdots, x_{n_0+1}$. 假如任意 $1 \leqslant n_1 < n_2 \leqslant n_0 + 1$, 都有 $|x_{n_2} - x_{n_1}| \geqslant \dfrac{1}{n_0}$, 那么就有 $x_1, x_2, \cdots, x_{n_0+1}$ 中最大的点与最小的点之间的距离大于 1, 这与 $x_i \in (0,1)$ 矛盾. 故一定存在某两个 $1 \leqslant n_1 < n_2 \leqslant n_0 + 1$, 使得

$$|x_{n_2} - x_{n_1}| < \frac{1}{n_0}.$$

(4) 由于 $x_{n_2} - x_{n_1} = (n_2 - n_1)\sqrt{2} - ([n_2\sqrt{2}] - [n_1\sqrt{2}]) \neq 0$, 并且

$$|x_{n_2} - x_{n_1}| \leqslant \frac{1}{n_0} < b - a.$$

既然对于正整数 n, 相邻近的两个点 $(n+1)(x_{n_2} - x_{n_1})$ 和 $n(x_{n_2} - x_{n_1})$, 它们之间的距离都有 $|(n+1)(x_{n_2} - x_{n_1}) - n(x_{n_2} - x_{n_1})| = |x_{n_2} - x_{n_1}|$ 小于区间 (a,b) 的长度 $b - a$. 因此, 当 k 取遍整数 $\mathbb{Z}$ 时, 一定有某个点 $k_0(x_{n_2} - x_{n_1})$ 落在区间 (a,b) 内, 故存在正整数 k_0, 使得 $k_0(x_{n_2} - x_{n_1}) \in (a,b)$, 或者 $-k_0(x_{n_2} - x_{n_1}) \in (a,b)$.

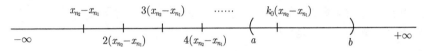

(5) 由于 $\pm k_0(x_{n_2} - x_{n_1})$ 具有 $m + n\sqrt{2}$ 的形式, 因此, 对于包含 x 的任意开区间 (a,b), 都有 $(a,b) \cap A \neq \varnothing$. 故 x 一定属于 A 的闭包, 即 A 的闭包等于 $(-\infty, +\infty)$. 所以, A 在 $(-\infty, +\infty)$ 上稠密. ■

由于 $[0,1]$ 中所有的有理数构成的集合 $\{q_1, q_2, \cdots, q_n, \cdots\}$ 是可列集, 而只包含一个有理数的集合 $\{q_n\}$ 是闭集, 因此, 容易知道它可以表示成可列个闭集的并集 $\bigcup\limits_{n=1}^{\infty} \{q_n\}$. 不过 $[0,1]$ 中所有的无理数构成的集合不是可列集, 它能不能写成可列个闭集的并集呢?

习题 1.22　设 A 是 $[0,1]$ 中所有的无理数, 试证明 A 不可以表示成可列个闭集的并集.

提示　(1) $[0,1]$ 中所有的有理数构成的集合 $\{q_1, q_2, \cdots, q_n, \cdots\}$ 可以写成可列个疏朗集的并集.

(2) 假如 $[0,1]$ 中所有的无理数构成的集合可以写成可列个疏朗集的并集, 那么由 (1) 可知 $[0,1]$ 就可以写成可列个疏朗集的并集. 这样由上面例题就可以得出矛盾.

关键　若 $[0,1]$ 中所有的无理数构成的集合可以写成可列个闭集 F_n 的并集, 则想办法证明 F_n 是疏朗集就可以了.

实际上, 对于任意开区间 (a,b), 若 F_n 与 (a,b) 的交集不是空集, 则一定存在 $x \in F_n$ 和开区间 $(x-\varepsilon, x+\varepsilon) \subseteq (a,b)$. 既然 F_n 是无理数的子集, 因此, 一定存在有理数 $q \in (x-\varepsilon, x+\varepsilon)$, 并且 q 不属于 F_n. 由于 F_n 是闭集, 因此, F_n^C 是开集. 故存在构成区间 $(a_{n,m}, b_{n,m})$, 使得 $F_n^C = \bigcup\limits_{m=1}^{\infty} (a_{n,m}, b_{n,m})$. 另外, 由 $q \in F_n^C$ 可知, 存在某个 (a_{n,m_0}, b_{n,m_0}), 使得 $q \in (a_{n,m_0}, b_{n,m_0})$. 故 $(x-\varepsilon, x+\varepsilon) \cap (a_{n,m_0}, b_{n,m_0})$ 是一个开区间, 不妨记为 (α, β), 则 $(\alpha, \beta) \subseteq (x-\varepsilon, x+\varepsilon) \subseteq (a,b)$. 由 $(\alpha, \beta) \cap F_n \subseteq F_n^C \cap F_n$ 可知, $(\alpha, \beta) \cap F_n$ 是空集. 所以, F_n 一定是疏朗集. ■

习题 1.23　试证明不存在 $[0,1]$ 上在有理数都连续, 在无理数都不连续的函数 $f(x)$.

提示　(1) 令 $A_n = \left\{ x \;\middle|\; \text{对包含 } x \text{ 的任意开区间 } (\alpha, \beta), \text{ 存在 } x_1, x_2 \in (\alpha, \beta), \text{ 使得} \right.$ $\left. |f(x_1) - f(x_2)| \geqslant \frac{1}{n} \right\}$, 记 $A = \bigcup\limits_{n=1}^{\infty} A_n$.

(2) 用 $f(x)$ 连续的定义直接验证 A 就是 $f(x)$ 的不连续点全体.

(3) 证明 A_n 都是闭集. 实际上, 若 x 是 A_n 的极限点, 则对于包含 x 的任意开区间 (α, β), 一定存在另外一个不同于 x 的点 y, 使得 $y \in (\alpha, \beta) \cap A_n$. 由于 (α, β) 是包含 y 的开区间,

因此, 存在 $x_1, x_2 \in (\alpha, \beta)$, 使得 $|f(x_1) - f(x_2)| \geqslant \dfrac{1}{n}$, 这说明 $x \in A_n$. 既然 A_n 的每个极限点都属于 A_n, 因此, A_n 是闭集.

(4) 假如 $f(x)$ 的不连续点为 $[0, 1]$ 的所有无理数, 则 $[0, 1]$ 的所有无理数 A 可以写成可列个闭集 A_n 的并集, 但这是不可能的, 所以, 命题得证. ■

习题 1.24   设 A 是实数集, 若 A 的极限点 A' 不是空集, 并且 A' 是有限集或可列集, 试证明 A 一定是可列集.

提示   (1) 设 $B = A \backslash A'$, 则 B 是有限集或者可列集.

(2) A 是 B 和 $A \cap A'$ 的并集.

(3) 由于 A' 是有限集或者可列集, 因此, A 的子集 $A \cap A'$ 是有限集或可列集. 所以, A 是两个可列集的并集, 从而, A 是可列集. ■

习题 1.25   试证明 $x = \dfrac{1}{4}$ 和 $y = \dfrac{1}{13}$ 都属于 Cantor 集 C.

提示   (1) 明显地, Cantor 集 C 上的点写成三进制小数的时候, 小数点后面的数字一定是 0 或者 2.

(2) 由于 $x = \dfrac{1}{4} = \dfrac{2}{3^2} \cdot \dfrac{1}{1 - \dfrac{1}{3^2}} = \sum\limits_{n=1}^{\infty} \dfrac{2}{3^{2n}}$, 因此, x 写成三进制小数就是 $0.020202 \cdots$.

(3) 由于 $y = \dfrac{1}{13} = \dfrac{2}{3^3} \cdot \dfrac{1}{1 - \dfrac{1}{3^3}} = \sum\limits_{n=1}^{\infty} \dfrac{2}{3^{3n}}$, 因此, y 写成三进制小数就是 $0.002002002 \cdots$.

所以, x 和 y 都属于 Cantor 集 C.

习 题 2

习题 2.1   设 S 是 $(-\infty, +\infty)$ 的所有形如 $[a, b)$ 的有限半开半闭区间生成的环, 试证明 S 不是 σ-环, 并且 S 不是代数.

容易依定义验证.

习题 2.2   设 f 是集合 X 到集合 Y 的映射, 若 S 是 Y 的子集构成的 σ-代数, 试证明 $\{f^{-1}(E) \mid E \in S\}$ 是一个 σ-代数.

容易证明.

习题 2.3   设 S 是 $(-\infty, +\infty)$ 中可数子集和补集是可数的子集的全体, 试证明 S 是 σ-代数.

证明不难.

习题 2.4   设 S 是集合 X 的子集构成的 σ-代数, Y 是 X 的子集, 试证明 $T = \{A \cap Y \mid A \in S\}$ 是 Y 的子集构成的 σ-代数.

提示   (1) 由于 $X \in S$, 因此, $Y = X \cap Y \in T$.

(2) 对于任意 $B \in T$, 有某个 $A \in S$, 使得 $B = A \cap Y$, 因此

$$Y \backslash B = (X \cap Y) \backslash (A \cap Y) = (X \backslash A) \cap Y = A^C \cap Y.$$

由 $A \in S$ 可知 $A^C \in S$, 故 $A^C \cap Y \in T$, 所以, $Y \backslash B \in T$.

(3) 若 $B_n \in T$, 则存在 $A_n \in S$, 使得 $B_n = A_n \cap Y$, 故

$$\bigcup_{n=1}^{\infty} B_n = \bigcup_{n=1}^{\infty} (A_n \cap Y) = \left(\bigcup_{n=1}^{\infty} A_n\right) \cap Y.$$

既然 S 是 σ-代数, 因此, $\bigcup_{n=1}^{\infty} A_n \in S$, 故 $\bigcup_{n=1}^{\infty} B_n \in T$, 所以, T 是 σ-代数. ■

习题 2.5 设 S 是集合 X 的某些子集构成的集合, 若 $X \in S$, 并且 $E_1, E_2 \in S$ 时, 有 $E_1 \backslash E_2 \in S$, 试证明 S 是一个代数.

提示 (1) 若 $E \in S$, 则 $E^C = X \backslash E \in S$.

(2) 对于 $E_1, E_2 \in S$, 有

$$(E_1 \cup E_2)^C = E_1^C \cap E_2^C = E_1^C \backslash E_2.$$ ■

习题 2.6 设 S 是集合 X 的某些子集构成的代数, 若 $E_n \in S$, 并且 $E_1 \subseteq E_2 \subseteq E_3 \subseteq \cdots \subseteq E_n \subseteq E_{n+1} \subseteq \cdots$ 时, 有 $\bigcup_{n=1}^{\infty} E_n \in S$, 试证明 S 是 σ-代数.

提示 若 $A_n \in S$, 令 $E_n = \bigcup_{i=1}^{n} A_i$, 则 $E_n \in S$, 并且 $E_1 \subseteq E_2 \subseteq E_3 \subseteq \cdots \subseteq E_n \subseteq E_{n+1} \subseteq \cdots$ 时, 故 $\bigcup_{n=1}^{\infty} E_n \in S$.

由于 $\bigcup_{n=1}^{\infty} A_n = \bigcup_{n=1}^{\infty} E_n$, 因此, $\bigcup_{n=1}^{\infty} A_n \in S$, 所以, S 是 σ-代数. ■

习题 2.7 设 $X = (0, +\infty)$, $T = \{I_k \mid$ 这里 $I_k = (k-1, k]\}$, 若 S 是 T 的任意多个 I_k 的并集构成的集合, 对于每个 $A \in S$, 定义 $\mu(A)$ 为构成 A 的 I_k 的个数, 试证明:

(1) S 是一个 σ-代数.

(2) μ 是 σ-代数 S 的一个测度.

(3) 若 $A_n = (n, +\infty)$, 则 $\lim\limits_{n \to \infty} \mu(A_n) \neq \mu\left(\lim\limits_{n \to \infty} A_n\right)$.

提示 (1) 和 (2) 容易验证. 若 $A_n = (n, +\infty)$, 则 $\mu(A_n) = \infty$, 并且 $\lim\limits_{n \to \infty} A_n = \bigcap\limits_{k=n}^{\infty} A_k$ 是空集. ■

习题 2.8 设 S 是集合 X 的子集构成的 σ-环, μ 是 σ-环 S 上的测度, $\mu(X) < \infty$, 若 $T = \{E_\alpha \mid \alpha \in \Lambda\}$ 是 S 中互不相交的具有正测度的元素构成的集合, 即 $E_\alpha \in T$ 时, 有 $\mu(E_\alpha) > 0$, 试证明 T 一定是可数集.

提示 (1) 既然对于任意 $E_\alpha \in T$, 都有 $\mu(E_\alpha) > 0$, 因此, 存在某个正整数 k, 使得 $\mu(E_\alpha) > \dfrac{1}{k}$.

(2) 设 $T_k = \left\{E_\alpha \mid E_\alpha \in T, \mu(E_\alpha) > \dfrac{1}{k}\right\}$, 则 $T = \bigcup\limits_{k=1}^{\infty} T_k$.

(3) 反证法. 假如 T 不是可数集, 由于 $T = \bigcup\limits_{k=1}^{\infty} T_k$, 因此, 一定有某个 k_0, 使得 T_{k_0} 是不可数集. 否则, T 就一定是可数集, 矛盾.

(4) 故在 T_{k_0} 中一定存在无限个互不相交的元素 $\{E_n\}$, 因而, 由 S 是 σ-环可知 $\bigcup\limits_{n=1}^{\infty} E_n \in S$, 并且 $\bigcup\limits_{n=1}^{\infty} E_n \subseteq X$, 故 $\mu\left(\bigcup\limits_{n=1}^{\infty} E_n\right) \leqslant \mu(X) < \infty$.

(5) 由于 $\{E_n\}$ 是 T_{k_0} 中无限个互不相交的元素, 并且, $\mu(E_n) \geqslant \dfrac{1}{k_0}$, 因此, $\mu\left(\bigcup\limits_{n=1}^{\infty} E_n\right) = \sum\limits_{n=1}^{\infty} \mu(E_n) = +\infty$, 矛盾. ■

由反证法原理可知, 结论成立. ■

习题 2.9 设 X 是可列集, S 是 X 的所有子集构成的 σ-代数, 定义函数如下:

$$\mu(E) = \begin{cases} 0, & E \text{ 是有限集}, \\ \infty, & \text{其他}. \end{cases}$$

试证明: (1) μ 是可加的, 但不是可数可加的.

(2) 存在 $E_1 \subseteq E_2 \subseteq \cdots \subseteq E_n \subseteq E_{n+1} \subseteq \cdots$, 使得 $X = \lim\limits_{n\to\infty} E_n, \mu(E_n) = 0$, 但 $\mu(X) = \infty$.

提示 μ 是可加的是指对于任意互不相交的 $E_1, E_2 \in S$, 都有 $\mu(E_1 \cup E_2) = \mu(E_1) + \mu(E_2)$. μ 是可数可加的是指对于任意互不相交的 $E_n \in S(n \in \mathbb{N})$, 都有 $\mu\left(\bigcup\limits_{n=1}^{\infty} E_n\right) = \sum\limits_{n=1}^{\infty} \mu(E_n)$. ■

习题 2.10 设 S 是集合 X 的子集构成的 σ-环, μ 是 σ-环 S 上的测度, 若 $E_\alpha, E_\beta \in S \ (\alpha \neq \beta)$, 满足 $\mu(E_\alpha \cap E_\beta) = 0$, 则称 E_α 和 E_β 是几乎不相交的. 若 $\{E_n \mid n \in \mathbb{N}\}$ 是 S 的一列几乎互不相交的集合列, 试证明 $\mu\left(\bigcup\limits_{n=1}^{\infty} E_n\right) = \sum\limits_{n=1}^{\infty} \mu(E_n)$.

提示 (1) 若 $\{E_n \mid n \in \mathbb{N}\}$ 是 S 的一列几乎互不相交的集合列, 令 $A_1 = E_1, A_n = E_n \backslash \left(\bigcup\limits_{k=1}^{n-1} E_k\right) \ (n \geqslant 2)$, 则 $\{A_n \mid n \in \mathbb{N}\}$ 是互不相交的, 并且 $\bigcup\limits_{n=1}^{\infty} A_n = \bigcup\limits_{n=1}^{\infty} E_n$, 故

$$\mu\left(\bigcup_{n=1}^{\infty} E_n\right) = \mu\left(\bigcup_{n=1}^{\infty} A_n\right) = \sum_{n=1}^{\infty} \mu(A_n).$$

(2) 明显地, 下面只需证明 $\mu(A_n) = \mu(E_n)$ 对所有的 $n \in \mathbb{N}$ 都成立. 由于 $A_1 = E_1$, 因此, 只需考虑 $n \geqslant 2$, 由

$$A_n = E_n \backslash \left(\bigcup_{k=1}^{n-1} E_k\right) = E_n \backslash \left(E_n \cap \bigcup_{k=1}^{n-1} E_k\right) = E_n \backslash \bigcup_{k=1}^{n-1}(E_n \cap E_k),$$

既然 $\{E_n \mid n \in \mathbb{N}\}$ 是 S 的一列几乎互不相交的集合列, 因此

$$\mu\left(\bigcup_{k=1}^{n-1}(E_n \cap E_k)\right) \leqslant \sum_{k=1}^{n-1} \mu(E_n \cap E_k) = 0.$$

故

$$\mu(A_n) = \mu(E_n) - \mu\left(\bigcup_{k=1}^{n-1}(E_n \cap E_k)\right) = \mu(E_n).$$

所以, $\mu\left(\bigcup\limits_{n=1}^{\infty} E_n\right) = \sum\limits_{n=1}^{\infty} \mu(E_n)$. ■

习题 2.11 设 S 是集合 X 的子集构成的环, μ 是环 S 上的测度, 试证明对于任意 $A, B, C \in S$, 都有

(1) $\mu(A\Delta B) \leqslant \mu(A\Delta C) + \mu(B\Delta C)$.

(2) $\mu(A \cup B) = \mu(A \cap B) + \mu(A\Delta B)$.

提示 (1) 由于 $A\Delta B = (A\backslash B) \cup (B\backslash A)$, 因此, 可以证明 $A\Delta B \subseteq (A\Delta C) \cup (B\Delta C)$, 故

$$\mu(A\Delta B) \leqslant \mu((A\Delta B) \cup (B\Delta C)) \leqslant \mu(A\Delta B) + \mu(B\Delta C).$$

(2) 不难验证 $A \cup B = (A \cap B) \cup (A\Delta B)$, 并且 $A \cap B$ 和 $A\Delta B$ 不相交, 因此, $\mu(A \cup B) = \mu(A \cap B) + \mu(A\Delta B)$. ■

习题 2.12 若 A 是 Lebesgue 测度大于 0 的实数集, 试证明一定存在 $x, y \in A$, 使得 $x \neq y$, 并且 $x - y$ 是无理数.

提示 反证法. 假如任意 $x, y \in A, x - y$ 都是有理数, 则可以证明 A 一定是可数集, 因而, A 的 Lebesgue 测度等于 0, 矛盾. ■

习题 2.13 若 A 是 Lebesgue 测度等于 0 的实数集, E 是 $(-\infty, +\infty)$ 的不可测集, 试证明 $E \cap A^C$ 一定是不可测集.

提示 反证法. 由 $m(A) = 0$ 可知 $m(E \cap A) = 0$, 故 $E \cap A$ 是可测集. 假如 $E \cap A^C$ 是可测集, 则由 $E = (E \cap A) \cup (E \cap A^C)$ 可知 E 是可测集, 矛盾. 所以, 由反证法原理可知, $E \cap A^C$ 是不可测集. ■

习题 2.14 若 A 是 Lebesgue 可测的实数集, 试证明一定存在 G_δ 型集 B, 满足 $A \subseteq B$, 并且 $m^*(A) = m(B)$.

提示 不妨设 $m^*(A) < \infty$, 由外测度的定义, 一定存在开集 G_n 包含 A, 使得 $m(G_n)$ 收敛到 $m^*(A)$. 令 $B = \bigcap\limits_{i=1}^{\infty} G_n$, 则 $B \supseteq A$, 并且

$$m^*(A) \leqslant m^*(B) = m(B) \leqslant \lim_{n \to \infty} m\left(\bigcap_{k=1}^{n} G_n\right) \leqslant \lim_{n \to \infty} m(G_n) = m^*(A).$$

所以, $m^*(A) = m(B)$. ■

习题 2.15 设实数集 E 是 $(-\infty, +\infty)$ 的 Lebesgue 可测集, 并且 $m(E) > 0$, 试证明对于任意 $0 < c < 1$, 存在开区间 (a, b), 使得

$$\frac{m(E \cap (a, b))}{b - a} > c.$$

提示 (1) 由于 $m(E) = \inf\{m(U) \mid U$ 是包含 E 的开集 $\}$, 因此, 对于任意 $0 < c < 1$, $\frac{1}{c}m(E) > m(E)$, 由下确界的定义可知, 存在开集 U, 使得 $m(U) < \frac{1}{c}m(E)$, 故 $cm(U) < m(E)$.

(2) 若 $\{(\alpha_n, \beta_n)\}$ 是 U 的构成区间, 则

$$c \sum_{n=1}^{\infty} (\beta_n - \alpha_n) = cm(U) < m(E) = m(E \cap U) = \sum_{n=1}^{\infty} m(E \cap (\alpha_n, \beta_n)).$$

因此, 一定存在某个 n_0, 使得 $c(\beta_{n_0} - \alpha_{n_0}) < m(E \cap (\alpha_{n_0}, \beta_{n_0}))$.

令 $a = \alpha_{n_0}, b = \beta_{n_0}$, 则结论成立. ■

习题 2.16 设 $A = (a, b)$ 和 $B = (c, d)$ 是实数集 $(-\infty, +\infty)$ 的有限开区间, 试证明 $f(x) = m(A \cap (B + x))$ 是连续函数.

提示   (1) 明显地, 有

$$A \cap (B+x) = \begin{cases} \varnothing, & x \leqslant a-d, \\ (a, d+x), & a-d < x \leqslant a-c, \\ (c+x, d+x), & a-c < x \leqslant b-d, \\ (c+x, b), & b-d < x. \end{cases}$$

(2) 因此

$$m(A \cap (B+x)) = \begin{cases} 0, & x \leqslant a-d, \\ d-a+x, & a-d < x \leqslant a-c, \\ d-c, & a-c < x \leqslant b-d, \\ b-c-x, & b-d < x. \end{cases}$$

所以, $f(x)$ 是连续函数. ∎

习题 2.17   设 E 是实数集 $(-\infty, +\infty)$ 的子集, 并且它的 Lebesgue 外测度大于 0, 对于任意 $x \in [0, +\infty)$, 定义 $f(x) = m^*(E \cap (-x, x))$, 试证明 $f(x)$ 是连续函数.

提示   对于任意 $x_0 \in [0, +\infty), h > 0$, 有

$$\begin{aligned} f(x_0 + h) - f(x_0) &= m^*(E \cap (-x_0 - h, x_0 + h)) - m^*(E \cap (-x_0, x_0)) \\ &\leqslant m^*(E \cap (-x_0 - h, -x_0)) + m^*(E \cap (-x_0, x_0)) \\ &\quad + m^*(E \cap (x_0, x_0 + h)) - m^*(E \cap (-x_0, x_0)) \\ &\leqslant m^*((-x_0 - h, -x_0)) + m^*((x_0, x_0 + h)) \leqslant 2h. \end{aligned}$$

因此, $\lim\limits_{h \to 0^+} f(x_0 + h) = f(x_0)$, 故 $f(x)$ 在 x_0 点右连续. 类似可证, 任意 $x_0 \in (0, +\infty), f(x)$ 在 x_0 点左连续. 所以, $f(x)$ 在 $[0, +\infty)$ 上是连续函数. ∎

习题 2.18   设 E 是实数集 $(-\infty, +\infty)$ 的 Lebesgue 可测集, 并且它的测度 $m(E)$ 大于 0, 试证明 $E - E = \{x - y \mid x, y \in E\}$ 一定包含某个开区间 $(-\delta, \delta)$.

提示   由于 $0 < m(E) < \infty$, 因此, 对于任意 $m(E) > \varepsilon > 0$, 由于 E 的内测度和外测度都等于 $m(E)$, 因此, 由上确界和下确界的定义, 存在有界闭集 K 和开集 U, 使得 $K \subseteq E \subseteq U$, 并且 $m(K) + \varepsilon > m(E) > m(U) - \varepsilon$. 既然 $K \subseteq U$, 对于任意 $x \in K$, 由于 x 是 U 的内点, 因此存在包含 0 点的开区间 V_x, 使得 $x + V_x \subseteq U$. 故 $\{x + V_x \mid x \in K\}$ 是 K 的一个开覆盖, 由于 $(-\infty, +\infty)$ 中的有界闭集 K 一定是紧集, 因此, 存在有限个 $\{x_1 + V_{x_1}, x_2 + V_{x_2}, \cdots, x_n + V_{x_n}\}$ 可以覆盖 K. 令 $V = \bigcap\limits_{i=1}^{n} V_{x_i}$, 则 $K + V \subseteq U$.

对于任意 $x \in V$, 一定有 $(K + x) \cap K$ 不是空集. 否则, 若存在 $x \in V$, 使得 $(K + x) \cap K$ 是空集, 则由 $m(K + x) = m(K)$ 可知

$$2m(K) = m(K + x) + m(K) < m(U).$$

但这与 $2m(K) > m(K) + \varepsilon > m(U) - \varepsilon$ 对任意 ε 都成立矛盾. 因此, 对于任意 $x \in V$, 一定有 $x_1, y_1 \in K \subseteq E$, 使得 $x + y_1 = x_1$, 因而, $x = x_1 - y_1 \in E - E$, 所以, $V \subseteq E - E$, 即 $E - E$ 一定包含开区间 $V = (-\delta, \delta)$. ∎

注 证明中用到关于紧集的概念和性质: 若对于 E 的任意多个开集构成的覆盖, 一定存在有限个开集可以覆盖 E, 则称 E 是紧集. 在 $\mathbb{R}^n$ 中, 子集 E 是紧集当且仅当 E 是有界闭集.

习题 2.19 设实数集 $\{E_n\}$ 是满足 $E_1 \subseteq E_2 \subseteq \cdots \subseteq E_n \subseteq E_{n+1} \subseteq \cdots$ 的 Lebesgue 可测集, 试证明 $m\left(\bigcup_{n=1}^{\infty} E_n\right) = \lim_{n \to \infty} m(E_n)$.

证明 令 $E = \bigcup_{n=1}^{\infty} E_n$, 则 E 是可测的. 若存在某个 k, 使得 $m(E_k) = \infty$, 则对于任意 $n \geqslant k$, 都有 $m(E_n) = \infty$, 因此, 结论成立.

若对于所有的 n, 都有 $m(E_n) < \infty$, 令 $E_0 = \varnothing$, 对于所有的 n, 令 $A_n = E_n \backslash E_{n-1}$, 则 A_n 是互不相交的可测的集, 并且 $E = \bigcup_{n=1}^{\infty} A_n$. 故

$$m(E) = \sum_{n=1}^{\infty} m(A_n) = \lim_{N \to \infty} \sum_{n=1}^{N} m(A_n) = \lim_{N \to \infty} \sum_{n=1}^{N} m(E_n \backslash E_{n-1}).$$

由于 $E_n \backslash E_{n-1}$ 和 E_{n-1} 不相交, 并且 $E_n = (E_n \backslash E_{n-1}) \cup E_{n-1}$, 因此

$$m(E_n) = m(E_n \backslash E_{n-1}) + m(E_{n-1}).$$

故

$$\sum_{n=1}^{N} m(E_n \backslash E_{n-1}) = \sum_{n=1}^{N} [m(E_n) - m(E_{n-1})] = m(E_N) - m(E_0)$$
$$= m(E_N) - m(\varnothing) = m(E_N).$$

所以, $m\left(\bigcup_{n=1}^{\infty} E_n\right) = m(E) = \lim_{N \to \infty} \sum_{n=1}^{N} m(E_n \backslash E_{n-1}) = \lim_{N \to \infty} m(E_N)$. ∎

习题 2.20 设实数集 $\{E_n\}$ 是满足 $E_1 \supseteq E_2 \supseteq \cdots \supseteq E_n \supseteq E_{n+1} \supseteq \cdots$ 的 Lebesgue 可测集, 若 $m(E_1) < \infty$, 试证明 $m\left(\bigcap_{n=1}^{\infty} E_n\right) = \lim_{n \to \infty} m(E_n)$. 若没有条件 $m(E_1) < \infty$, 结论也成立吗?

提示 令 $E = \bigcap_{n=1}^{\infty} E_n$, 则 E 是可测的. 由于

$$E_1 = E \cup \bigcup_{n=1}^{\infty} (E_n \backslash E_{n+1}),$$

并且这些集合是互不相交的, 因此

$$m(E_1) = m(E) + \sum_{n=1}^{\infty} m(E_n \backslash E_{n+1})$$
$$= m(E) + \lim_{N \to \infty} \sum_{n=1}^{N} [m(E_n) - m(E_{n+1})]$$
$$= m(E) + m(E_1) - \lim_{N \to \infty} m(E_{N+1}).$$

因为 $m(E_1) < \infty$, 所以, $m(E) = \lim_{N \to \infty} m(E_{N+1})$, 即 $m\left(\bigcap_{n=1}^{\infty} E_n\right) = \lim_{n \to \infty} m(E_n)$.

没有条件 $m(E_1) < \infty$, 结论不一定成立. 例如, 令 $E_n = (n, +\infty)$, 则 $m\left(\bigcap_{n=1}^{\infty} E_n\right) = m(\varnothing) = 0$, 但 $\lim_{n \to \infty} m(E_n) = +\infty$. ∎

习题 2.21 设 A 是 Lebesgue 可测集, 并且 $m((A\backslash B)\cup (B\backslash A)) = 0$, 试证明 B 是 Lebesgue 可测集, 并且 $m(B) = m(A)$.

提示 由于 $m((A\backslash B)\cup(B\backslash A)) = 0$, 因此, $m(A\backslash B) = 0$, 并且 $m(B\backslash A) = 0$, 故 $A\backslash B$ 和 $B\backslash A$ 都是 Lebesgue 可测集.

由于 $A\cap B = A\backslash(A\backslash B)$, 因此, $A\cap B$ 是 Lebesgue 可测集. 因而 $B = (A\cap B)\cup(B\backslash A)$ 是 Lebesgue 可测集. 由 $A\backslash B$ 和 $B\backslash A$ 不相交, 并且它们的测度都是零可知

$$m(B) = m(A\cap B) + m(B\backslash A) = m(A\cap B) + 0 = m(A\cap B)$$

$$= m(A\cap B) + m(A\backslash B) = m(A). \qquad \blacksquare$$

习题 2.22 设 E 是 $(-\infty, +\infty)$ 的子集, 试证明对于任意 $a\in(-\infty, +\infty)$, 都有下面性质成立.

(1) $m^*(E) = m^*(E+a)$.

(2) E 是 Lebesgue 可测集的充要条件是 $E+a$ 是 Lebesgue 可测集.

提示 (1) 由于对任意开集 $\{U_n\}$, 满足 $E\subseteq \bigcup\limits_{n=1}^{\infty} U_n$ 时, 有 $(E+a)\subseteq \bigcup\limits_{n=1}^{\infty}(U_n+a)$, 并且 U_n+a 都是开集, 故

$$m^*(E) = \inf\left\{\sum_{n=1}^{\infty} m^*(U_n) \;\middle|\; U_n是开集, 并且E\subseteq \bigcup_{n=1}^{\infty} U_n\right\} \geqslant m^*(E+a).$$

另外, 由于 $E = (E+a)+(-a)$, 因此, $m^*(E+a)\geqslant m^*(E)$, 所以, $m^*(E) = m^*(E+a)$.

(2) 若 E 是 Lebesgue 可测集, 则对于任意 T, 都有

$$m^*(T) = m^*(T\cap E) + m^*(T\cap E^C).$$

由于 $(T\cap E)+a = (T+a)\cap(E+a), (T\cap E^C)+a = (T+a)\cap(E+a)^C$, 因此

$$m^*(T+a) = m^*((T+a)\cap(E+a)) + m^*((T+a)\cap(E+a)^C).$$

由 $T+a$ 是任意子集可知, $E+a$ 是 Lebesgue 可测集. $\blacksquare$

习题 2.23 设 E_1 和 E_2 都是 $\mathbb{R}^n$ 的 Lebesgue 可测集, 试用 Carathéodory 条件证明 $E_1\cup E_2$ 是 Lebesgue 可测的.

提示 由于 E_1 是 Lebesgue 可测集, 因此对于任意 T, 有

$$m^*(T) = m^*(T\cap E_1) + m^*(T\cap E_1^C).$$

由于 E_2 是 Lebesgue 可测集, 因此对于任意 $T\cap E_1^C$, 有

$$m^*(T\cap E_1^C) = m^*(T\cap E_1^C\cap E_2) + m^*(T\cap E_1^C\cap E_2^C).$$

将 $m^*(T\cap E_1^C)$ 代入上式, 得

$$m^*(T) = m^*(T\cap E_1) + m^*(T\cap E_1^C\cap E_2) + m^*(T\cap E_1^C\cap E_2^C).$$

既然 $E_1^C \cap E_2^C = (E_1 \cup E_2)^C$, 因此,

$$m^*(T) = m^*(T \cap E_1) + m^*(T \cap E_1^C \cap E_2) + m^*(T \cap (E_1 \cup E_2)^C).$$

另外, 由于 $T \cap (E_1 \cup E_2) = (T \cap E_1) \cup (T \cap (E_1^C \cap E_2)$, 故

$$m^*(T \cap (E_1 \cup E_2)) \leqslant m^*(T \cap E_1) + m^*(T \cap (E_1^C \cap E_2)).$$

代入上式, 得

$$m^*(T) \geqslant m^*(T \cap (E_1 \cup E_2)) + m^*(T \cap (E_1 \cup E_2)^C).$$

故由

$$m^*(T) \leqslant m^*(T \cap (E_1 \cup E_2)) + m^*(T \cap (E_1 \cup E_2)^C)$$

可知

$$m^*(T) = m^*(T \cap (E_1 \cup E_2)) + m^*(T \cap (E_1 \cup E_2)^C).$$

所以, $E_1 \cup E_2$ 是 Lebesgue 可测的. ∎

习题 2.24 设 E 是 Lebesgue 可测集, $m(E) = 1, \{E_n\}$ 是 E 的一列 Lebesgue 可测子集, 并且对于任意 $\varepsilon > 0$, 都存在某个 E_n, 使得 $m(E_n) > 1 - \varepsilon$, 试证明 $m\left(\bigcup\limits_{n=1}^{\infty} E_n\right) = 1$.

提示 (1) 由于 $\bigcup\limits_{n=1}^{\infty} E_n \subseteq E$, 因此, 由测度的单调性可知 $m\left(\bigcup\limits_{n=1}^{\infty} E_n\right) \leqslant m(E)$.

(2) 由于对于任意 $\varepsilon > 0$, 都存在某个 E_n, 使得 $m(E_n) > 1 - \varepsilon$, 因此, $m\left(\bigcup\limits_{n=1}^{\infty} E_n\right) \geqslant m(E_n) > 1 - \varepsilon$, 故由 ε 是任意的可知, $m\left(\bigcup\limits_{n=1}^{\infty} E_n\right) \geqslant 1$, 所以, $m\left(\bigcup\limits_{n=1}^{\infty} E_n\right) = 1$. ∎

习题 2.25 设 A 和 B 都是 $(-\infty, +\infty)$ 的子集, 若 $\overline{A} \cap B$ 是空集, 试证明 $m^*(A \cup B) = m^*(A) + m^*(B)$.

提示 由于 $\overline{A}$ 是闭集, 因此, 它是可测集, 故 $m^*(\overline{A}) = m(\overline{A})$, 并且对于试验集 $T = A \cup B$, Carathéodory 条件成立, 故

$$m^*(T) = m^*(A \cup B) = m^*((A \cup B) \cap \overline{A}) + m^*((A \cup B) \cap \overline{A}^C)$$
$$= m^*(\overline{A}) + m^*(B) = m^*(A) + m^*(B).$$ ∎

习题 2.26 设 A_i $(i = 1, 2, \cdots, n)$ 是 $[0,1]$ 中的可测集, 若 $\sum\limits_{i=1}^{n} m(A_i) > n - 1$, 证明 $m\left(\bigcap\limits_{i=1}^{n} A_i\right) > 0$.

提示 令 $B_i = [0,1] \backslash A_i$, 则

$$\bigcap\limits_{i=1}^{n} A_i = [0,1] \backslash \left(\bigcup\limits_{i=1}^{n} B_i\right),$$

故

$$m\left(\bigcap\limits_{i=1}^{n} A_i\right) = 1 - m\left(\bigcup\limits_{i=1}^{n} B_i\right),$$

由于

$$m\left(\bigcup\limits_{i=1}^{n} B_i\right) \leqslant \sum\limits_{i=1}^{n} m(B_i) = \sum\limits_{i=1}^{n} (1 - m(A_i))$$

$$= n - \sum_{i=1}^{n} m(A_i) < n - (n-1) = 1.$$

所以, $m\left(\bigcap\limits_{i=1}^{n} A_i\right) > 0.$ ∎

习题 2.27　设 $\{q_n\}$ 是 $(-\infty, +\infty)$ 中所有的有理数, $G = \bigcup\limits_{n=1}^{\infty}\left(q_n - \dfrac{1}{n^2}, q_n + \dfrac{1}{n^2}\right)$, 试证明对于 $(-\infty, +\infty)$ 的任意闭集 F, 都有 $m(G\Delta F) > 0.$

提示　由于 $G\Delta F = (G\backslash F) \cup (F\backslash G)$, 因此, 分两种情形来讨论.

(1) 若 $m(G\backslash F) > 0$, 则结论自然成立.

(2) 若 $m(G\backslash F) = 0$, 由于 F 是闭集, 因此, $G\backslash F$ 是开集, 故 $G\backslash F$ 一定是空集, 否则, 它的测度一定大于 0, 矛盾. 因而, $G \subseteq F$. 由于 G 包含所有有理数, 因此, G 在 $(-\infty, +\infty)$ 中稠密, 故 $(-\infty, +\infty) = \overline{G} \subseteq F$, 故 $m(F) = \infty$. 另外, 由 G 的结构可知 $m(G) = 2\sum\limits_{n=1}^{\infty} \dfrac{1}{n^2} < \infty$, 故 $m(F\backslash G) = \infty$, 所以, $m(G\Delta F) > 0.$ ∎

习 题 3

习题 3.1　设 f 在 $[0,1]$ 上的定义如下:

$$f(x) = \begin{cases} 0, & x = 0, \\ \dfrac{1}{x}, & 0 < x < 1, \\ 2, & x = 1. \end{cases}$$

试证明 f 是 Lebesgue 可测函数.

提示　容易计算, 得

$$\{x \in [0,1] \mid f(x) > c\} = \begin{cases} [0,1], & c < 0, \\ (0,1], & 0 \leqslant c < 1, \\ \left(0, \dfrac{1}{c}\right) \cup \{1\}, & 1 \leqslant c < 2, \\ \left(0, \dfrac{1}{c}\right), & 2 \leqslant c. \end{cases}$$

因此, 对于任意 $c, \{x \in [0,1] \mid f(x) > c\}$ 都是 Lebesgue 可测集, 所以, f 是 Lebesgue 可测函数. ∎

习题 3.2　设 $\mathbb{Q}$ 是有理数全体, f 在 $\mathbb{R}$ 上的定义如下:

$$f(x) = \begin{cases} x^2, & x \in \mathbb{Q}, \\ 0, & x \notin \mathbb{Q}. \end{cases}$$

试证明 f 是 Lebesgue 可测函数.

提示　容易计算, 若 $c \leqslant 0$, 则 $\{x \in \mathbb{R} \mid f(x) \geqslant c\} = \mathbb{R}$. 若 $c > 0$, 则 $\{x \in \mathbb{R} \mid f(x) \geqslant c\} \subseteq \mathbb{Q}$, 因此, $\{x \in \mathbb{R} \mid f(x) \geqslant c\}$ 是 Lebesgue 零测集 $\mathbb{Q}$ 的子集, 故它一定是可测集, 所以, f 是 Lebesgue 可测函数. ∎

习题 3.3 设 E 是 $\mathbb{R}$ 的 Lebesgue 可测集, f 是 E 上的有限值可测函数, 对于任意 $n \in \mathbb{N}$, 定义

$$f_n(x) = \begin{cases} f(x), & |f(x)| \leqslant n, \\ n, & |f(x)| > n. \end{cases}$$

试证明 f_n 是 E 上的 Lebesgue 可测函数.

习题 3.4 设 E 是 $\mathbb{R}$ 的 Lebesgue 可测集, 试证明 E 上的任意单调上升函数 f 一定是 Lebesgue 可测函数.

提示 对于任意 c, 令 $a_c = \inf\{x \in \mathbb{R} \mid f(x) > c\}$, 由 f 是 E 上的单调上升函数可知, 若 $a_c \in \{x \in \mathbb{R} \mid f(x) > c\}$, 则 $\{x \in E \mid f(x) > c\} = E \cap [a_c, +\infty)$. 若 $a_c \notin \{x \in \mathbb{R} \mid f(x) > c\}$, 则 $\{x \in E \mid f(x) > c\} = E \cap (a_c, +\infty)$. 因此, 容易知道, 对于任意 c, $\{x \in E \mid f(x) > c\}$ 都是可测集, 所以, f 是 Lebesgue 可测函数. ∎

习题 3.5 设 f 和 g 是 $\mathbb{R}$ 的可测集 E 上的 Lebesgue 可测函数, $k(x,y)$ 是 $\mathbb{R}^2$ 上的连续函数, 试证明函数 $h(x) = k(f(x), g(x))$ 一定是 Lebesgue 可测函数.

提示 (1) 对于任意实数 c, 令 $G_c = \{(u,v) > c\}$, 由 $k(x,y)$ 是连续函数可知, G_c 是 $\mathbb{R}$ 的开集, 故存在可数个开矩形 I_n, 使得 $G_c = \overset{\infty}{\underset{n=1}{\cup}} I_n$, 这里

$$I_n = \{(u,v) \mid a_n < u < b_n, c_n < v < d_n\}.$$

(2) 由于 f 和 g 是 Lebesgue 可测函数, 因此, $\{x \in E \mid a_n < f(x) < b_n\}$ 和 $\{x \in E \mid c_n < g(x) < d_n\}$ 都是可测集. 故

$$\{x \in e \mid (f(x), g(x)) \in I_n\} = \{x \in E \mid a_n < f(x) < b_n\} \cap \{x \in E \mid c_n < g(x) < d_n\}$$

也是可测集. 所以, $h(x) = k(f(x), g(x))$ 是 Lebesgue 可测函数. ∎

习题 3.6 设 f 和 g 是 $\mathbb{R}$ 的可测集 E 上的 Lebesgue 可测函数, 若 $f(x) > 0$, 试证明函数 $h(x) = f(x)^{g(x)}$ 一定是 Lebesgue 可测函数.

提示 (1) 由于 $f(x) > 0$, 因此, 对于任意 $c > 0$, 有 $\{x \mid f(x) > c\} = \{x \mid \ln f(x) > \ln c\}$, 故由 $f(x)$ 可测可知 $\ln f(x)$ 是可测函数.

(2) 由 $g(x)$ 和 $\ln f(x)$ 是可测函数可知 $\ln f(x)^{g(x)} = g(x) \cdot \ln f(x)$ 是可测函数.

(3) 对于任意 $c > 0$, 有 $\{x \mid f(x)^{g(x)} > c\} = \{x \mid \ln f(x)^{g(x)} > \ln c\}$, 故 $\{x \mid f(x)^{g(x)} > c\}$ 是可测集. 对于任意 $c \leqslant 0$, 明显地, $\{x \mid f(x)^{g(x)} > c\}$ 是 $\mathbb{R}$, 因此, 它也是可测集. 所以, $f(x)^{g(x)}$ 一定是 Lebesgue 可测函数. ∎

习题 3.7 设 $f'(x)$ 是 $\mathbb{R}$ 上的连续函数, 并且 $f'(x) > 0$, 试证明若 E 是 Lebesgue 可测集, 则 $f^{-1}(E)$ 一定是 Lebesgue 可测集.

提示 对于任意可测集 E, 有

$$f^{-1}(E) = \overset{\infty}{\underset{n=1}{\cup}}[(-n,n) \cap f^{-1}(E)].$$

因此, 只需证明对于每个 n, 子集 $(-n,n) \cap f^{-1}(E)$ 是可测集.

由于 $f'(x) > 0$, 因此, $f(x)$ 是严格增加的连续函数. 对于固定的 n, $(f(-n), f(n))$ 是区间. 令 $E_n = (f(-n), f(n)) \cap E$, 则 E_n 是可测集, 并且

$$(-n, n) \cap f^{-1}(E) = f^{-1}(E_n).$$

由于存在 G_δ 型集 $G_n, G_n \supseteq E_n, m(G_n \backslash E_n) = 0$. 不妨设 $G_n \subseteq (f(-n), f(n))$. 由 $E_n = G_n \backslash (G_n \backslash E_n)$ 可知

$$f^{-1}(E_n) = f^{-1}(G_n) \setminus f^{-1}(G_n \backslash E_n).$$

下面证明 $f^{-1}(G_n)$ 是 G_δ 型集, $f^{-1}(G_n \backslash E_n)$ 是零测集, 因此, $f^{-1}(E_n)$ 是可测集.

(1) 设 $G_n = \bigcap_{k=1}^{\infty} \bigcup_{i=1}^{\infty} I_{k,i}$, 这里 $I_{k,i}$ $(k, i = 1, 2, \cdots)$ 都是 $(f(-n), f(n))$ 中的区间, 则 $f^{-1}(I_{k,i})$ $(k, i = 1, 2, \cdots)$ 都是 $(-n, n)$ 中的开区间, 因此

$$f^{-1}(G_n) = \bigcap_{k=1}^{\infty} \bigcup_{i=1}^{\infty} f^{-1}(I_{k,i})$$

是 G_δ 型集.

(2) 由于 $m(G_n \backslash E_n) = 0$, 因此, 对于任意 $\varepsilon > 0$, 存在开区间 $\{(a_k, b_k)\}$, 使得 $\bigcup_{k=1}^{\infty}(a_k, b_k) \supseteq G_n \backslash E_n$, 并且 $\sum_{k=1}^{\infty}(b_k - a_k) < \varepsilon$. 不妨设 $(a_k, b_k) \subseteq (f(-n), f(n))$ $(k = 1, 2, \cdots)$, 由微分中值定理, 有

$$b_k - a_k = f'(\xi_k)(f^{-1}(b_k) - f^{-1}(a_k)), \quad \xi_k \in (f^{-1}(a_k), f^{-1}(b_k)).$$

由于 $f'(x)$ 在 $[-n, n]$ 上连续, $f'(x) > 0$, 因此, $\inf_{x \in [-n,n]} |f'(x)| = A > 0$, 故

$$f^{-1}(b_k) - f^{-1}(a_k) \leqslant \frac{1}{A}(b_k - a_k), \quad k = 1, 2, \cdots.$$

由

$$f^{-1}(G_n \backslash E_n) \subseteq f^{-1}\left(\bigcup_{k=1}^{\infty}(a_k, b_k)\right) = \bigcup_{k=1}^{\infty}(f^{-1}(a_k), f^{-1}(b_k))$$

可知

$$m^*(f^{-1}(G_n \backslash E_n)) \leqslant \sum_{k=1}^{\infty}(f^{-1}(b_k) - f^{-1}(a_k))$$

$$\leqslant \frac{1}{A}\sum_{k=1}^{\infty}(b_k - a_k) < \frac{\varepsilon}{A}.$$

由于 ε 是任意的, 因此, $f^{-1}(G_n \backslash E_n)$ 是零测集.

由 $f^{-1}(G_n)$ 是 G_δ 型集, $f^{-1}(G_n \backslash E_n)$ 是零测集以及 $f^{-1}(E_n) = f^{-1}(G_n) \setminus f^{-1}(G_n \backslash E_n)$ 可知 $f^{-1}(E_n)$ 是可测集. 所以, $f^{-1}(E) = \bigcup_{n=1}^{\infty} f^{-1}(E_n)$ 是可测集. ∎

习题 3.8 设 f 在 $(-\infty, +\infty)$ 上可导, 试证明 f 的导函数 f' 是 $(-\infty, +\infty)$ 上的 Lebesgue 可测函数.

提示 (1) 由于 f 在 $(-\infty, +\infty)$ 上可导, 因此, f 在 $(-\infty, +\infty)$ 上连续, 故 f 是 $(-\infty, +\infty)$ 上的 Lebesgue 可测函数.

(2) 对于任意 n, $g_n(x) = n\left[f\left(x + \dfrac{1}{n}\right) - f(x)\right]$ 是连续函数, 因此, $g_n(x)$ 是 Lebesgue 可测函数.

(3) 由于 f 可导, 因此, 对于任意 $x \in (-\infty, +\infty)$, 有

$$f'(x) = \lim_{\Delta x \to 0} \frac{f(x + \Delta x) - f(x)}{\Delta x} = \lim_{n \to \infty} n\left[f\left(x + \frac{1}{n}\right) - f(x)\right] = \lim_{n \to \infty} g_n(x).$$

既然 g_n 都是 Lebesgue 可测函数, 所以, 由 g_n 收敛到 f' 可知 f' 是可测函数. ∎

习题 3.9 设 $\{f_n\}$ 是可测函数列, 试证明它的收敛点全体 A 和发散点全体 B 都是可测集.

提示 由于 $\{f_n\}$ 是可测函数列, 因此, $g = \varlimsup\limits_{n \to \infty} f_n$ 和 $h = \varliminf\limits_{n \to \infty} f_n$ 都是可测函数, 故 $\{x \in E \mid g(x) - h(x) = 0\}$ 和 $\{x \in E \mid g(x) - h(x) > 0\} \cup \{x \in E \mid g(x) - h(x) < 0\}$ 都是可测集, 因此, f 的收敛点全体 $A = \left\{x \in E \;\middle|\; \varlimsup\limits_{n \to \infty} f_n(x) = \varliminf\limits_{n \to \infty} f_n(x)\right\} = \{x \in E \mid g(x) - h(x) = 0\}$ 是可测集. 并且 $B = \left\{x \in E \;\middle|\; \varlimsup\limits_{n \to \infty} f_n(x) \neq \varliminf\limits_{n \to \infty} f_n(x)\right\} = \{x \in E \mid g(x) - h(x) > 0\} \cup \{x \in E \mid g(x) - h(x) < 0\}$ 是可测集. ∎

习题 3.10 对于任意 $n \in \mathbb{N}$, 定义函数列:

$$f_n(x) = \begin{cases} 1 - nx, & x \in \left[0, \dfrac{1}{n}\right], \\ 0, & x > \dfrac{1}{n}. \end{cases}$$

记 $f(x) = \lim\limits_{n \to \infty} f_n(x)$, 试证明 f 是可测函数.

习题 3.11 设 $f_n(x) = (\cos x)^n$, 试证明 $\{f_n\}$ 在 $[0, \pi]$ 上依测度收敛到 0.

提示 容易验证, 除了 $x = 0$ 和 $x = \pi$, 对于任意 $x \in (0, \pi)$, 有 $f_n(x)$ 点点收敛到 0, 故 $f_n(x)$ 几乎处处收敛到 0, 所以, $\{f_n\}$ 在 $[0, \pi]$ 上依测度收敛到 0. ∎

习题 3.12 设 $\{f_n\}$ 是 E 上的可测函数列, 若 $\{f_n\}$ 依测度 μ 收敛到 0, 则

$$\lim_{n \to \infty} \mu(\{x \in E \mid |f_n(x)| > 0)\}) = 0$$

一定成立吗?

提示 不一定. 在闭区间 $[0, 1]$ 上定义 $f_n(x) = \dfrac{1}{n}$, $n \in \mathbb{N}$, 则 $\{f_n\}$ 依 Lebesgue 测度收敛到 0, 但

$$m(\{x \in [0, 1] \mid |f_n(x)| > 0)\}) = m([0, 1]) = 1.$$ ∎

习题 3.13 设 $\{f_n\}$ 是 $\mathbb{R}$ 上的正值函数列, 并且依测度收敛到有限值函数 f, 试证明 $\{f_n^2\}$ 依测度收敛到 f^2.

提示 (1) 对于函数 $\varphi(t) = t^2$, 利用微分中值定理, 有

$$|f^2(x) - f_n^2(x)| \leqslant 2\max\{f(x), f_n(x)\}|f(x) - f_n(x)|.$$

(2) 对于任意 $\varepsilon > 0, \delta > 0$, 有

$$\{x \mid |f^2(x) - f_n^2(x)| \geqslant \varepsilon\} \subseteq \left\{x \mid |f(x) - f_n(x)| \geqslant \frac{\varepsilon}{2\delta}\right\} \cup \{x \mid \max\{f(x), f_n(x)\} \geqslant \delta\},$$

故

$$m(\{x \mid |f^2(x) - f_n^2(x)| \geqslant \varepsilon\}) \leqslant m\left(\left\{x \mid |f(x) - f_n(x)| \geqslant \frac{\varepsilon}{2\delta}\right\}\right)$$
$$+ m(\{x \mid \max\{f(x), f_n(x)\} \geqslant \delta\}).$$

(3) 若 $\max\{f(x), f_n(x)\} > \delta$, 则 $f(x) > \dfrac{\delta}{2}$ 或者 $|f(x) - f_n(x)| > \dfrac{\delta}{2}$. 否则, 必有 $f_n(x) = f(x) + [f_n(x) - f(x)] \leqslant \dfrac{\delta}{2} + \dfrac{\delta}{2} = \delta$, 由 $f(x) \leqslant \dfrac{\delta}{2}$ 可知与 $\max\{f(x), f_n(x)\} > \delta$ 矛盾.

(4) 因此, 有

$$m(\{x \mid |f^2(x) - f_n^2(x)| \geqslant \varepsilon\})$$
$$< m\left(\left\{x \mid |f(x) - f_n(x)| \geqslant \frac{\varepsilon}{2\delta}\right\}\right)$$
$$+ m\left(\left\{x \mid |f(x) - f_n(x)| > \frac{\delta}{2}\right\}\right) + m\left(\left\{x \mid f(x) > \frac{\delta}{2}\right\}\right).$$

故

$$\varlimsup_{n \to \infty} m(\{x \mid |f^2(x) - f_n^2(x)| \geqslant \varepsilon\}) \leqslant m\left(\left\{x \mid f(x) > \frac{\delta}{2}\right\}\right).$$

所以, 由 f 是有限值函数可知 $\displaystyle\lim_{\delta \to \infty} m\left(\left\{x \mid f(x) > \frac{\delta}{2}\right\}\right) = 0$, 故 $\{f_n^2\}$ 依测度收敛到 f^2. ■

习题 3.14 设 E 是 $\mathbb{R}$ 的可测集, $m(E) < \infty$, 若 $\{f_n\}$ 和 $\{g_n\}$ 是 E 上的函数列, 并且分别在 E 上依测度收敛到有限值函数 f 和 g, 试证明 $\{f_n g_n\}$ 在 E 上依测度收敛到 fg.

提示 (1) 由于 $\{f_n\}$ 在 E 上依测度收敛到有限值函数 f, 因此, 存在子列 $\{f_{n_k}\}$ 几乎处处收敛到 f.

(2) 由于 $\{g_{n_k}\}$ 在 E 上依测度收敛到有限值函数 g, 因此, 存在子列 $\{g_{n_{k_l}}\}$ 几乎处处收敛到 g.

(3) 因此, $\{f_{n_{k_l}} g_{n_{k_l}}\}$ 几乎处处收敛到 fg.

(4) 由于 $m(E) < \infty$, 因此, $\{f_n g_n\}$ 在 E 上依测度收敛到 fg. ■

习题 3.15 若 $f(x)$ 是 $\mathbb{R}$ 上的可测函数, 则一定存在 $\mathbb{R}$ 上的连续函数 $g(x)$, 使得 $m(\{x \in \mathbb{R} \mid |f(x) - g(x)| > 0\}) = 0$ 吗?

提示 不一定. 若

$$f(x) = \begin{cases} -1, & x \in [0, 1), \\ 1, & x \in [1, 2], \\ 0, & \text{其他}, \end{cases}$$

则对于 $\mathbb{R}$ 上的连续函数 $g(x)$, 假如 $g(1) = a > 0$, 则由 $g(x)$ 在 1 点连续可知, 存在 $1 > \delta > 0$, 使得 $1 - \delta < x < 1 + \delta$ 时, 有 $g(x) > 0$, 故 $g(x) > 0$ 对任意 $x \in (1 - \delta, 1)$ 都成立. 因此, 由 $f(x)$ 在 $(1 - \delta, 1)$ 等于 -1 可知开区间 $(1 - \delta, 1) \subseteq \{x \in \mathbb{R} \mid |f(x) - g(x)| > 0\}$, 所以,

$m(\{x \in \mathbb{R} \mid |f(x) - g(x)| > 0\}) \geqslant \delta > 0.$ 类似地, 假如 $g(1) = a < 0$ 或 $g(1) = 0$, 同样可以证明 $m(\{x \in \mathbb{R} \mid |f(x) - g(x)| > 0\}) \neq 0.$ ∎

习　题　4

习题 4.1　设 E 为 $\mathbb{R}$ 的子集, $m(E) < \infty$, $f(x)$ 是 E 上的非负可测函数, 若 $f^3(x)$ 在 E 上 Lebesgue 可积, 试证明 $f(x)$ 在 E 上也是可积的.

提示　(1) 由于 $f(x)$ 在 $E_1 = \{x \in E \mid f(x) \leqslant 1\}$ 是有界可测函数, 因此, $f(x)$ 在 E_1 上是 Lebesgue 可积的.

(2) 在 $E_2 = \{x \in E \mid f(x) > 1\}$ 上, 有

$$\int_{E_2} f(x)dx \leqslant \int_{E_2} f(x)^3 dx \leqslant \int_{E} f(x)^3 dx < \infty.$$

因此, $f(x)$ 在 E 上是可积的. ∎

习题 4.2　若 $m(E) < \infty$, f 是在 E 上几乎处处有限的非负函数, 试证明 $\int_E f(x)\mathrm{d}x < \infty$ 的充要条件是 $\sum\limits_{n=1}^{\infty} n \cdot m(\{x \in E \mid n \leqslant f(x) < n+1\}) < \infty.$

提示　(1) 必要性: 令 $E_n = \{x \in E \mid n \leqslant f(x) < n+1\}$, 则 $\overset{\infty}{\underset{n=1}{\cup}} E_n = E$, 故

$$\sum_{n=1}^{\infty} n \cdot m(E_n) \leqslant \sum_{n=1}^{\infty} \int_{E} f(x)\mathcal{X}_{E_n} dx$$
$$= \int_{E} f(x)dx < \infty.$$

(2) 充分性:

$$\int_{E} f(x)dx = \sum_{n=1}^{\infty} \int_{E} f(x)\mathcal{X}_{E_n} dx \leqslant \sum_{n=1}^{\infty} (n+1)m(E_n)$$
$$= \sum_{n=1}^{\infty} n \cdot m(E_n) + m(E) < \infty.$$
∎

习题 4.3　若 $f(x)$ 是 $\mathbb{R}$ 上的非负可积函数, 试证明函数列 $f(2^n x)$ 在 $\mathbb{R}$ 上几乎处处收敛到 0.

提示　令 $S(x) = \sum\limits_{n=1}^{\infty} f(2^n x)$, 则

$$\int_{\mathbb{R}} S(x)dx = \sum_{n=1}^{\infty} \int_{\mathbb{R}} f(2^n x)dx = \sum_{n=1}^{\infty} 2^{-n} \int_{\mathbb{R}} f(x)dx$$
$$= \left(\sum_{n=1}^{\infty} 2^{-n} \right) \int_{\mathbb{R}} f(x)dx < +\infty.$$

因此, $S(x)$ 在 $\mathbb{R}$ 上几乎处处有限, 即级数 $\sum\limits_{n=1}^{\infty} f(2^n x)$ 在 $\mathbb{R}$ 上几乎处处收敛, 所以, 级数的一般项 $f(2^n x)$ 在 $\mathbb{R}$ 上几乎处处收敛到 0. ∎

习题 4.4　设 $f(x)$ 是 $[0,1]$ 上的非负单调递增函数, 试证明对于 $[0,1]$ 中的可测集 $E, m(E) = a$, 有

$$\int_0^a f(x)dx \leqslant \int_E f(x)dx.$$

提示　(1) 令 $E_1 = E \cap [0,a], E_2 = [0,a]\backslash E$, 由于 $E_1 \cap E_2 = \varnothing, E_1 \cup E_2 = [0,a]$, 因此 $m(E_2) = m([0,a]) - m(E_1) = a - m(E_1)$.

令 $E_3 = E \cap [a,1]$, 则 $E_1 \cap E_3 = \varnothing, E_1 \cup E_3 = E$. 因此, $m(E_3) = m(E) - m(E_1) = a - m(E_1)$. 故 $m(E_2) = m(E_3)$.

(2) 由于对于任意 $x \in E_2$, 有 $x \leqslant a$, 因此, 由 $f(x)$ 是 $[0,1]$ 上的非负单调递增函数可知 $f(x) \leqslant f(a)$, 因而

$$\begin{aligned}
\int_0^a f(x)dx &= \int_{E_1} f(x)dx + \int_{E_2} f(x)dx \\
&\leqslant \int_{E_1} f(x)dx + \int_{E_2} f(a)dx \\
&= \int_{E_1} f(x)dx + f(a)m(E_2) \\
&= \int_{E_1} f(x)dx + f(a)m(E_3) \\
&= \int_{E_1} f(x)dx + \int_{E_3} f(a)dx.
\end{aligned}$$

由于对于任意 $x \in E_3$, 有 $x \geqslant a$, 因此, 由 $f(x)$ 是 $[0,1]$ 上的非负单调递增函数可知 $f(x) \geqslant f(a)$, 故

$$\begin{aligned}
\int_0^a f(x)dx &\leqslant \int_{E_1} f(x)dx + \int_{E_3} f(x)dx \\
&= \int_{E_1 \cup E_3} f(x)dx = \int_E f(x)dx. \qquad \blacksquare
\end{aligned}$$

习题 4.5　若 $f(x)$ 是 $[0,+\infty)$ 上的非负可积函数, $f(0) = 0$, 并且 $f(x)$ 在 0 点的导数存在, 试证明 $\dfrac{f(x)}{x}$ 是 $[0,+\infty)$ 上的 Lebesgue 可积函数.

提示　由于 $f(x)$ 在 0 点的导数存在, 因此

$$\lim_{x\to 0^+} \frac{f(x)}{x} = \lim_{x\to 0^+} \frac{f(x) - f(0)}{x - 0} = f'(0).$$

故对于任意 $\varepsilon > 0$, 存在 $\delta > 0$, 使得

$$0 \leqslant \frac{f(x)}{x} < f'(0) + \varepsilon$$

对 $0 < x < \delta$ 都成立. 因此

$$\int_{[0,\delta]} \frac{f(x)}{x}dx \leqslant \int_{[0,\delta]} [f'(0) + \varepsilon]dx = \delta \cdot [f'(0) + \varepsilon] < +\infty.$$

另外, 由于 $x \in [\delta, +\infty)$ 时, 有 $\dfrac{1}{x} \leqslant \dfrac{1}{\delta}$, 因此

$$\int_\delta^{+\infty} \frac{f(x)}{x} dx \leqslant \frac{1}{\delta} \int_\delta^{+\infty} f(x) dx < +\infty,$$

所以, $\displaystyle\int_0^{+\infty} \dfrac{f(x)}{x} dx < \infty$, 即函数 $\dfrac{f(x)}{x}$ 在 $[0, +\infty)$ 上是 Lebesgue 可积的. ∎

习题 4.6 试用 Lebesgue 逐项积分定理证明 Levi 定理.

提示 若 f_n 为非负可测的递增列, 且 $\lim\limits_{n\to\infty} f_n(x) = f(x)$. 令 $g_1(x) = f_1(x)$, 对于 $n \geqslant 2$, 定义 $g_n(x) = f_n(x) - f_{n-1}(x)$, 则 $\{g_n\}$ 是 E 上非负可测函数, 并且 $f(x) = \lim\limits_{n\to\infty} f_n(x) = \sum\limits_{n=1}^{\infty} g_n(x)$.

由 Lebesgue 逐项积分定理可知

$$\int_E f(x) dx = \sum_{k=1}^{\infty} \int_E g_n(x) dx = \lim_{n\to\infty} \int_E \sum_{i=1}^{n} g_i(x) dx = \lim_{n\to\infty} \int_E f_n(x) dx.$$

所以, Levi 定理得证. ∎

习题 4.7 试用 Lebesgue 逐项积分定理证明 Fatou 引理.

提示 令 $g_n(x) = \inf\limits_{j \geqslant n} \{f_j(x)\}$, 则 $\{g_n\}$ 是递增的非负可测函数列.

取 $h_1(x) = g_1(x)$, 对于 $k \geqslant 2$, 定义 $h_n(x) = g_n(x) - g_{n-1}(x)$, 则 $\{h_n\}$ 是非负可测函数列, 并且

$$\sum_{n=1}^{\infty} h_n(x) = \lim_{n\to\infty} g_n(x) = \varliminf_{n\to\infty} f_n(x).$$

由 Lebesgue 逐项积分定理可知

$$\int_E \varliminf_{n\to\infty} f_n(x) dx = \sum_{n=1}^{\infty} \int_E h_n(x) dx = \lim_{n\to\infty} \int_E \sum_{i=1}^{n} h_i(x) dx = \lim_{n\to\infty} \int_E g_n(x) dx$$

$$= \lim_{n\to\infty} \int_E g_n(x) dx \leqslant \varliminf_{n\to\infty} \int_E f_n(x) dx.$$

所以, Fatou 引理得证. ∎

习题 4.8 试用 Fatou 引理证明 Levi 定理.

提示 若 $\{f_n\}$ 是 E 上非负可测函数的递增列, 由 Fatou 引理可知

$$\int_E f(x) dx = \int_E \varliminf_{n\to\infty} f_n(x) dx \leqslant \varliminf_{n\to\infty} \int_E f_n(x) dx = \lim_{n\to\infty} \int_E f_n(x) dx.$$

由于 $f(x) \geqslant f_n(x)$, 故

$$\int_E f(x) dx \geqslant \int_E f_n(x) dx,$$

因此

$$\int_E f(x) dx \geqslant \lim_{n\to\infty} \int_E f_n(x) dx.$$

综上所述, $\displaystyle\int_E f(x)dx = \lim_{k\to\infty}\int_E f_k(x)dx$, 所以, Levi 定理得证. ■

习题 4.9 若 $f(x)$ 是 $\mathbb{R}^n$ 的子集 E 上几乎处处大于零的可测函数, 并且 $\displaystyle\int_E f(x)dx = 0$, 试证明 E 的 Lebesgue 测度是零.

提示 反证法. 假设 $m(E) > 0$, 由于 $f(x)$ 在 E 上几乎处处大于零, 因此, 存在 $E_0 \subseteq E, m(E_0) = 0$, 使得对于任意 $x \in E \setminus E_0$, 都有 $f(x) > 0$. 令 $E_n = \left\{ x \in E \;\middle|\; f(x) \geqslant \dfrac{1}{n} \right\}$, 则 $E = \bigcup\limits_{n=0}^{\infty} E_n$. 假如对于任意 $n = 0,1,2,\cdots$, 都有 $m(E_n) = 0$, 则一定有 $m(E) \leqslant \sum\limits_{n=0}^{\infty} m(E_n) = 0$, 但这与 $m(E) > 0$ 矛盾. 故存在 $E_{n_0} = \left\{ x \in E \;\middle|\; f(x) \geqslant \dfrac{1}{n_0} \right\}$, 某个 $\delta > 0$ 和自然数 $n_0 \in \mathbb{N}$, 使得 $m(E_{n_0}) > \delta$, 并且对于任意 $x \in E_{n_0}$, 都有 $f(x) \geqslant \dfrac{1}{n_0}$, 故

$$\int_E f(x)dx \geqslant \int_{E_{n_0}} f(x)dx \geqslant \frac{1}{n_0}\cdot m(E_{n_0}) > \frac{\delta}{n_0} > 0.$$

但这与 $\displaystyle\int_E f(x)dx = 0$ 矛盾, 所以, E 的 Lebesgue 测度是零. ■

习题 4.10 试证明对于任意 $1 < a < \infty$, 有 $\lim\limits_{n\to\infty} n(a^{\frac{1}{n}} - 1) = \ln a$.

提示 构造函数列 $f_n(x)$, 寻找控制函数 $F(x)$.

令 $f_n(x) = x^{\frac{1}{n}-1}$ $(1 < x < a)$, 则对于任意 $n \in \mathbb{N}$, 有 $f_{n+1}(x) \leqslant f_n(x), f_n(x) \geqslant 0$, 并且存在 $F(x) = 1$, 使得 $f_n(x) \leqslant F(x)$ 对所有 $1 < x < a$ 和 n 都成立. 故由控制收敛定理, 有

$$\lim_{n\to\infty}\int_1^a f_n(x)dx = \int_1^a \lim_{n\to\infty} f_n(x)dx$$
$$= \int_1^a \frac{1}{x}dx = \ln a.$$

另外, 容易知道

$$\int_1^a f_n(x)dx = n(a^{\frac{1}{n}} - 1),$$

所以, $\lim\limits_{n\to\infty} n(a^{\frac{1}{n}} - 1) = \ln a$. ■

习题 4.11 试求 $\lim\limits_{n\to\infty}\int_0^\infty e^{-x^n}dx$.

提示 令 $f_n(x) = e^{-x^n}$, 当 $x \in (0,1)$ 时, 有 $|f_n(x)| = e^{-x^n} \leqslant 1$. 当 $x \geqslant 1$ 时, 有 $|f_n(x)| \leqslant e^{-x}$. 因此, 令

$$F(x) = \begin{cases} 1, & 0 < x < 1, \\ e^{-x}, & x \geqslant 1. \end{cases}$$

则 $F(x)$ 为 $(0, +\infty)$ 上的可积函数, 并且 $|f_n(x)| \leqslant F(x)$.

由于 $x \in (0,1)$ 时, 有 $\lim\limits_{n\to\infty} f_n(x) = 1$. 并且 $x \in (1, +\infty)$ 时, 有 $\lim\limits_{n\to\infty} f_n(x) = 0$. 因此

$$\lim_{n\to\infty}\int_0^\infty f_n(x)dx = \lim_{n\to\infty}\left(\int_0^1 f_n(x)dx + \int_1^\infty f_n(x)dx\right)$$

$$= \int_0^1 \lim_{n\to\infty} f_n(x)dx + \int_1^\infty \lim_{n\to\infty} f_n(x)dx$$

$$= \int_0^1 1dx + \int_1^\infty 0\, dx = 1.$$ ∎

习题 4.12 试证明 $\displaystyle\int_0^1 \frac{x\ln x}{x-1}dx = \sum_{n=1}^\infty \frac{1}{(n+1)^2}$.

提示 由于在 $(0,1)$ 中, 有 $\dfrac{x\ln x}{x-1} = \sum\limits_{n=0}^\infty (-x^{n+1}\ln x)$, 因此

$$\int_0^1 \frac{x\ln x}{x-1}dx = \sum_{n=0}^\infty \int_0^1 (-x^{n+1}\ln x)\, dx$$

$$= \sum_{n=0}^\infty \frac{1}{(n+2)^2} = \sum_{n=1}^\infty \frac{1}{(n+1)^2}.$$ ∎

习题 4.13 试证明 $\lim_{n\to\infty} \displaystyle\int_0^n \left(1-\frac{x}{n}\right)^n dx = 1$.

提示 设 $f_n(x) = \left(1-\dfrac{x}{n}\right)^n \chi_{[0,\,n]}(x)$, 则 $\lim\limits_{n\to\infty} f_n(x) = e^{-x}$.

对于任意 $x \in [0,n]$, 令 $g(x) = e^x f_n(x)$, 则对于任意 $x \in (0,1)$, 有

$$\frac{d}{dx}\ln g(x) = 1 + n \cdot \frac{1}{\left(1-\frac{x}{n}\right)} \cdot \left(-\frac{1}{n}\right) = 1 - \frac{1}{\left(1-\frac{x}{n}\right)} \leqslant 0.$$

故 $\ln g(x)$ 在 $[0,n]$ 上是单调下降的函数, 因此, $g(x)$ 也在 $[0,n]$ 上单调下降. 因而 $g(x) \leqslant g(0) = 1$, 即 $0 \leqslant f_n(x) \leqslant e^{-x}$.

由于 $\displaystyle\int_0^\infty e^{-x}dx = \lim_{M\to\infty}\int_0^M e^{-x}dx = \lim_{M\to\infty}(1-e^{-M}) = 1 < \infty$, 因此, e^{-x} 在 $[0,\infty)$ 上是可积的.

由控制收敛定理, 有

$$\lim_{n\to\infty}\int_0^n \left(1-\frac{x}{n}\right)^n dx = \lim_{n\to\infty}\int_0^\infty f_n(x)dx$$

$$= \int_0^\infty \lim_{n\to\infty} f_n(x)dx = \int_0^\infty e^{-x}dx = 1.$$ ∎

习题 4.14 设 $m(E) < \infty, \{f_n\}$ 是集 E 上的可测函数列, 试证当 $n \to \infty$ 时, f_n 依测度收敛于 0 的充分必要条件是

$$\lim_{n\to\infty}\int_E \frac{|f_n(x)|}{1+|f_n(x)|}dx = 0.$$

提示 (1) 若 $m(E) = 0$, 则结论显然成立.

(2) 若 $0 < m(E) < \infty$, 则

(a) 若 f_n 依测度收敛于 0, 则对任意 $0 < \varepsilon < 2m(E)$, 存在 N, 使得当 $n \geqslant N$ 时, 有

$$m\left(\left\{x \in E \,\Big|\, \frac{|f_n(x)|}{1+|f_n(x)|} > \frac{\varepsilon}{2m(E)}\right\}\right)$$

$$= m\left(\left\{x \in E \ \Big|\ |f_n(x)| > \frac{\varepsilon/(2m(E))}{1 - \varepsilon/(2m(E))}\right\}\right) < \frac{\varepsilon}{2}.$$

由于 $\dfrac{|f_n(x)|}{1 + |f_n(x)|} \leqslant 1$, 因此

$$\int_E \frac{|f_n(x)|}{1 + |f_n(x)|} dx = \int_{\left\{x \in E \ \big|\ \frac{|f_n(x)|}{1+|f_n(x)|} > \frac{\varepsilon}{2m(E)}\right\}} \frac{|f_n(x)|}{1 + |f_n(x)|} dx$$

$$+ \int_{\left\{x \in E \ \big|\ \frac{|f_n(x)|}{1+|f_n(x)|} \leqslant \frac{\varepsilon}{2m(E)}\right\}} \frac{|f_n(x)|}{1 + |f_n(x)|} dx$$

$$< 1 \cdot \frac{\varepsilon}{2} + m(E) \cdot \frac{\varepsilon}{2m(E)} = \varepsilon.$$

所以

$$\lim_{n \to \infty} \int_E \frac{|f_n(x)|}{1 + |f_n(x)|} dx = 0.$$

(b) 反证法. 若 f_n 不依测度收敛于 0, 则存在 $\varepsilon_0 > 0, \delta_0 > 0$ 及子列 $\{f_{n_i}\}$, 使得 $\lim\limits_{i \to \infty} m(\{x \in E \mid |f_{n_i}(x)| \geqslant \varepsilon_0\}) \geqslant \delta_0$. 由于函数 $g(x) = \dfrac{x}{1+x}$ 是 $[0, \infty)$ 上的严格单调增函数, 故

$$\int_E \frac{|f_{n_i}(x)|}{1 + |f_{n_i}(x)|} dx \geqslant \frac{\varepsilon_0 \delta_0}{1 + \varepsilon_0}$$

对 $i = 1, 2, \cdots$ 都成立. 矛盾, 所以, f_n 依测度收敛于 0. ■

实际上, 设 $m(E) < \infty$, 若 f, g 为 E 上的可测函数, 定义

$$d(f, g) = \int_E \frac{|f(x) - g(x)|}{1 + |f(x) - g(x)|} dx,$$

则 d 是 E 上所有可测函数构成的线性空间 $\mathcal{M}$ 上的一个度量, 并且 E 上的可测函数列 $\{f_n\}$ 依 Lebesgue 测度收敛到 f 当且仅当 $\{f_n\}$ 依度量 d 收敛到 f.

习题 4.15 试求 Lebesgue 积分 $\int_0^\pi f(x)dx$, 这里 $f(x)$ 的定义如下:

$$f(x) = \begin{cases} \sin x, & x \text{ 是有理数}, \\ \cos x, & x \text{ 是无理数}. \end{cases}$$

提示 由于有理数是可数集, 因此, $\mathbb{Q} \cap [0, \pi]$ 的 Lebesgue 测度是 0, 故 $f(x)$ 与 $\cos x$ 在 $[0, \pi]$ 上几乎处处相等, 所以

$$\int_0^\pi f(x)dx = \int_0^\pi \cos x \, dx = \sin \pi - \sin 0 = 0. \quad \blacksquare$$

习题 4.16 设 $f(x, y)$ 是定义在 $E = [0, 1] \times [0, 1]$ 上的二元函数:

$$f(x, y) = \begin{cases} -1, & xy \text{ 是有理数}, \\ 1, & xy \text{ 是无理数}. \end{cases}$$

试求 Lebesgue 积分 $\displaystyle\int_E f(x,y)dxdy$.

提示　由于有理数是可数集, 因此, 平面上的曲线 $x \cdot y = q_n, q_n \in Q \cap (0,1]$ 只可能有可数条, 因而, 它们构成 $\mathbb{R}^2$ 的零测集, 故 $f(x,y)$ 与 $g(x,y) \equiv 1$ 在 E 上几乎处处相等, 所以

$$\int_E f(x,y)dxdy = \int_E 1 \, dxdy = m(E) = 1. \qquad \blacksquare$$

习题 4.17　试求 $\displaystyle\int_0^\infty e^{-[x]}dx$, 这里 $[x]$ 是实数 x 的整数部分.

提示　$\displaystyle\int_0^\infty e^{-[x]}dx = \sum_{n=0}^\infty \int_n^{n+1} e^{-[x]}dx = \sum_{n=0}^\infty e^{-n} = \frac{e}{e-1}.$ $\qquad \blacksquare$

习题 4.18　设 $f(x)$ 是 $[0,1]$ 上的 Lebesgue 可积函数, 对 $x \in [0,1]$, 定义 $F(x) = \displaystyle\int_x^1 \frac{f(t)}{t}dt$, 试证明 $\displaystyle\int_0^1 F(x)dx < \infty$.

提示　由 Tonelli 定理可知

$$\int_0^1 \left(\int_x^1 \frac{|f(t)|}{t}dt\right) dx = \int_0^1 \left(\int_0^t \frac{|f(t)|}{t}dx\right) dt$$
$$= \int_0^1 \frac{|f(t)|}{t}(t-0)dt = \int_{[0,1]} |f(t)|dt,$$

故 $\displaystyle\int_0^1 |F(x)|dx = \int_0^1 \int_x^1 \frac{|f(t)|}{t}dtdx < \infty$, 所以, $\displaystyle\int_0^1 F(x)dx < \infty$. $\qquad \blacksquare$

习题 4.19　试确定 α, 使得 $f(x) = \dfrac{1}{x^\alpha}\sin\dfrac{1}{x}$ 在 $(0,1]$ 上 Lebesgue 可积.

提示　情形一. 当 $\alpha \geqslant 1$ 时, 有 $x^\alpha \leqslant x$, 故

$$\int_0^1 |f(x)|dx \geqslant \int_0^1 \frac{1}{x}\left|\sin\frac{1}{x}\right| dx$$
$$\geqslant \int_0^{\frac{1}{\pi}} \frac{1}{x}\left|\sin\frac{1}{x}\right| dx = \int_\pi^\infty \left|\frac{\sin y}{y}\right| dy$$
$$\geqslant \int_\pi^\infty \frac{\sin^2 y}{y} dy = \int_\pi^\infty \frac{1-\cos 2y}{2y} dy.$$

由于 $\displaystyle\int_\pi^\infty \frac{\cos 2y}{2y}dy < \infty$, 但 $\displaystyle\int_\pi^\infty \frac{1}{2y}dy = +\infty$, 因此, 当 $\alpha \geqslant 1$ 时, $f(x)$ 在 $(0,1]$ 上不是 Lebesgue 可积的.

情形二. 当 $\alpha < 1$ 时, $\displaystyle\int_0^1 \frac{1}{x^\alpha}dx = \frac{1}{1-\alpha} < \infty$. 由于

$$\left|\frac{1}{x^\alpha}\sin\frac{1}{x}\right| \leqslant \frac{1}{x^\alpha},$$

因此, $\displaystyle\int_0^1 f(x)dx < \infty$, 即 $f(x)$ 在 $(0,1]$ 上是 Lebesgue 可积的. $\qquad \blacksquare$

习题 4.20　试证明 $f(x)$ 在 $[a,b]$ 上是常数函数的充要条件为 $\displaystyle\bigvee_a^b(f) = 0$.

提示 若 $f(x) \equiv C$, 则容易知道 $\bigvee\limits_a^b (f) = 0$.

反过来, 若 $\bigvee\limits_a^b (f) = 0$, 则对于任意 $x \in [a,b]$, 有

$$|f(x) - f(a)| \leqslant \bigvee_a^b (f) = 0.$$

因此, $f(x) = f(a)$ 对任意 $x \in [a,b]$ 都成立, 所以, $f(x)$ 在 $[a,b]$ 上是常数函数. ∎

习题 4.21 试证明 $f(x) = \sum\limits_{k=1}^{\infty} \dfrac{x^k}{k^2}$ 在 $[0,1]$ 上是有界变差函数.

提示 对于 $[0,1]$ 的任意划分 $\Delta : 0 = x_0 < x_1 < \cdots < x_n = 1$, 有

$$\begin{aligned}
\sum_{i=1}^{n} |f(x_i) - f(x_{i-1})| &= \sum_{i=1}^{n} \left| \sum_{k=1}^{\infty} \frac{1}{k^2} (x_i^k - x_{i-1}^k) \right| \\
&= \sum_{i=1}^{n} \sum_{k=1}^{\infty} \frac{1}{k^2} (x_i^k - x_{i-1}^k) = \sum_{k=1}^{\infty} \frac{1}{k^2} \left[\sum_{i=1}^{n} (x_i^k - x_{i-1}^k) \right] \\
&= \sum_{k=1}^{\infty} \frac{1}{k^2} (x_n^k - x_0^k) = \sum_{k=1}^{\infty} \frac{1}{k^2}.
\end{aligned}$$

所以, $f(x)$ 在 $[0,1]$ 上是有界变差函数. ∎

习题 4.22 *两个绝对连续函数的复合一定是绝对连续函数吗?*

不一定. 不难验证 $f(y) = y^{\frac{1}{3}}$ 在 $[-1,1]$ 上绝对连续, 并且

$$g(x) = \begin{cases} x^3 \cos^3 \dfrac{\pi}{x}, & x \in (0,1], \\ 0, & x = 0 \end{cases}$$

在 $[0,1]$ 上绝对连续. 但 f 和 g 的复合函数

$$F(x) = f(g(x)) = \begin{cases} x \cos \dfrac{\pi}{x}, & x \in (0,1], \\ 0, & x = 0 \end{cases}$$

不是 $[0,1]$ 上的有界变差函数, 所以, $F(x)$ 不是 $[0,1]$ 上的绝对连续函数. ∎

习题 4.23 设 $f(x)$ 在 $[a,b]$ 上绝对连续, 并且 $|f'(x)| \leqslant M$ 对 $x \in [a,b]$ 几乎处处成立, 试证明 $|f(y) - f(x)| \leqslant M|x - y|$.

提示 对于 $x, y \in [a,b]$, 由牛顿 - 莱布尼茨公式可得

$$|f(y) - f(x)| = \left| \int_x^y f'(t) dt \right| \leqslant \left| \int_x^y |f'(t)| dt \right| \leqslant M|y - x|.$$ ∎

习题 4.24 设 $f(x)$ 在有限闭区间 $[a,b]$ 上绝对连续, 并且 E 是 $[a,b]$ 中的零测集, 试证明 $f(E)$ 一定是零测集.

提示 由于 $f(x)$ 在 $[a,b]$ 上绝对连续, 因此对于任意的 $\varepsilon > 0$, 存在 $\delta > 0$, 使得当 $[a,b]$ 中任意有限个互不相交的开区间 (x_i, y_i) $(i = 1, 2, \cdots, n)$ 满足

$$\sum_{i=1}^{n} |y_i - x_i| < \delta$$

时, 有

$$\sum_{i=1}^{n} |f(y_i) - f(x_i)| < \varepsilon.$$

由 E 是 $[a,b]$ 中的零测集可知, 存在有限个互不相交的开区间 $I_i = (x_i, y_i)$ $(i = 1, 2, \cdots, n)$ 满足 $E \subseteq \bigcup_{i=1}^{n} (x_i, y_i)$, 并且 $\sum_{i=1}^{n} (y_i - x_i) < \delta$. 令 a_i 和 b_i 满足 $f(a_i) = \inf f(I_i), f(b_i) = \sup f(I_i)$, 则

$$\sum_{i=1}^{n} |a_i - b_i| \leqslant \sum_{i=1}^{n} |y_i - x_i| < \delta,$$

故

$$\sum_{i=1}^{n} |f(b_i) - f(a_i)| < \varepsilon.$$

因此

$$\sum_{i=1}^{n} m^*((f(a_i), f(b_i))) < \varepsilon.$$

由 $E \subseteq \bigcup_{i=1}^{n} I_i$ 可知 $f(E) \subseteq \bigcup_{i=1}^{n} f(I_i) \subseteq \bigcup_{i=1}^{n} (f(a_i), f(b_i))$ 则 $f(E)$ 的外测度 $m^*(f(E)) \leqslant \varepsilon$. 所以, 由 ε 的任意性可知 $m^*(f(E)) = 0$, 故 $f(E)$ 的测度为零. ∎

习题 4.25 设 $f(x)$ 和 $g(x)$ 在有限闭区间 $[a,b]$ 上绝对连续, 试证明 $f(x)g(x)$ 在 $[a,b]$ 上绝对连续.

提示 (1) 由于 $f(x)$ 和 $g(x)$ 在有限闭区间 $[a,b]$ 上绝对连续, 因此, 它们都在有限闭区间 $[a,b]$ 上连续, 故存在常数 $M > 0$, 使得 $|f(x)| \leqslant M, |g(x)| \leqslant M$.

(2) 由于 $f(x)$ 和 $g(x)$ 都在 $[a,b]$ 上绝对连续, 因此对于任意的 $\varepsilon > 0$, 存在 $\delta > 0$, 使得当 $[a,b]$ 中任意有限个互不相交的开区间 (x_i, y_i) $(i = 1, 2, \cdots, n)$ 满足

$$\sum_{i=1}^{n} |y_i - x_i| < \delta$$

时, 有

$$\sum_{i=1}^{n} |f(y_i) - f(x_i)| < \frac{\varepsilon}{2M}.$$

并且

$$\sum_{i=1}^{n} |g(y_i) - g(x_i)| < \frac{\varepsilon}{2M}.$$

故

$$\sum_{i=1}^{n} |f(y_i)g(y_i) - f(x_i)g(x_i)| = \sum_{i=1}^{n} |f(y_i)g(y_i) - f(y_i)g(x_i) + f(y_i)g(x_i) - f(x_i)g(x_i)|$$

$$\leqslant \sum_{i=1}^{n}|f(y_i)|\cdot|g(y_i)-g(x_i)| + \sum_{i=1}^{n}|g(x_i)|\cdot|f(y_i)-f(x_i)|$$

$$\leqslant M\cdot\frac{\varepsilon}{2M}+M\cdot\frac{\varepsilon}{2M}=\varepsilon.$$

所以, $f(x)g(x)$ 在 $[a,b]$ 上绝对连续. ∎

习 题 5

习题 5.1 设 $f,g\in L^2$, 若 $\int_E f(x)g(x)dx=0$, 试证明 $\|f+g\|_2^2=\|f\|_2^2+\|g\|_2^2$.

习题 5.2 设 $f,g\in L^2$, 试证明 $\|f+g\|_2^2+\|f-g\|_2^2=2\|f\|_2^2+2\|g\|_2^2$.

提示 只需注意到 $\|f+g\|_2^2=(f+g,f+g)$. ∎

习题 5.3 设 $f\in L^2[0,1]$, 若 $\|f\|_2\neq 0, F(x)=\int_0^x f(t)dt$, 试证明 $\|F\|_2<\|f\|_2$.

提示 利用 Schwarz 不等式, 由于

$$\left|\int_0^x f(t)dt\right|^2 \leqslant \left(\int_0^x 1^2dt\right)\cdot\left(\int_0^x|f(t)|^2dt\right),$$

因此

$$\|F\|_2^2=\int_0^1\left|\int_0^x f(t)dt\right|^2 dx \leqslant \int_0^1\left(\int_0^x 1^2dt\right)\cdot\left(\int_0^x|f(t)|^2dt\right)dx$$

$$\leqslant \int_0^1 x\|f\|_2^2 dx=\frac{1}{2}\|f\|_2^2<\|f\|_2^2.$$

所以, $\|F\|_2<\|f\|_2$. ∎

习题 5.4 试用 Schwarz 不等式证明 $4\sin^2 1-\sin 2\leqslant 2$.

提示 由于 $\left(\int_0^1\cos x\,dx\right)^2\leqslant\left(\int_0^1 dx\right)\cdot\left(\int_0^1\cos^2 x\,dx\right)$, 因此, $\sin^2 1\leqslant\frac{1}{2}+\frac{\sin 2}{4}$.

所以, $4\sin^2 1-\sin 2\leqslant 2$. ∎

习题 5.5 设 $f\in L^2(E),E_0$ 是 E 的可测子集, 证明

$$\left(\int_E|f(x)|^2dx\right)^{\frac{1}{2}}\leqslant\left(\int_{E_0}|f(x)|^2dx\right)^{\frac{1}{2}}+\left(\int_{E\setminus E_0}|f(x)|^2dx\right)^{\frac{1}{2}}.$$

提示 构造函数

$$g(x)=\begin{cases}f(x), & x\in E_0,\\ 0, & x\in E\setminus E_0,\end{cases}$$

$$h(x)=\begin{cases}0, & x\in E_0,\\ f(x), & x\in E\setminus E_0,\end{cases}$$

则 $f(x)=g(x)+h(x)$. 因此, 由 Cauchy 不等式可知

$$\left(\int_E|f(x)|^2dx\right)^{\frac{1}{2}}=\left(\int_E|g(x)+h(x)|^2dx\right)^{\frac{1}{2}}$$

$$\leqslant \left(\int_E |g(x)|^2 dx\right)^{\frac{1}{2}} + \left(\int_E |h(x)|^2 dx\right)^{\frac{1}{2}}$$

$$= \left(\int_{E_0} |f(x)|^2 dx\right)^{\frac{1}{2}} + \left(\int_{E\setminus E_0} |f(x)|^2 dx\right)^{\frac{1}{2}}. \qquad \blacksquare$$

习题 5.6 设 $f \in L^2[0,\pi]$, 若 $\int_0^\pi [f(x) - \sin x]^2 dx \leqslant \frac{1}{4}$, 试用 Cauchy 不等式证明 $\int_0^\pi [f(x) + \cos x]^2 dx > \frac{1}{4}$.

提示 由于

$$\int_0^\pi (\cos x + \sin x)^2 dx = \int_0^\pi (1 + \sin 2x) dx = \pi,$$

因此

$$\pi^{\frac{1}{2}} = \left[\int_0^\pi (\cos x + \sin x)^2 dx\right]^{\frac{1}{2}}$$

$$= \left(\int_0^\pi |-f(x) + \sin x + f(x) + \cos x|^2 dx\right)^{\frac{1}{2}}$$

$$\leqslant \left(\int_0^\pi |-f(x) + \sin x|^2 dx\right)^{\frac{1}{2}} + \left(\int_0^\pi |f(x) + \cos x|^2 dx\right)^{\frac{1}{2}}.$$

假如 $\int_0^\pi [f(x) + \cos x]^2 dx \leqslant \frac{1}{4}$, 则 $\pi^{\frac{1}{2}} \leqslant \frac{1}{2} + \frac{1}{2} = 1$. 矛盾. 所以, $\int_0^\pi [f(x) + \cos x]^2 dx > \frac{1}{4}$. $\blacksquare$

习题 5.7 设 $f \in L^2(E)$, 若对于任意 $g \in L^2(E)$, 都有 $\|f \cdot g\|_2 \leqslant M\|g\|_2$, 试证明 $|f(x)| \leqslant M$ 在 E 上几乎处处成立.

提示 反证法. 假设 $E_M = \{x \in E \mid |f(x)| > M\}$ 的测度大于零, 则对于 E_M 的特征函数 $g(x) = \chi_{E_M}(x)$, 有 $\|g\|_2^2 = \int_E |g(x)|^2 dx = m^2(E_M)$, 因此

$$\|f \cdot g\|_2 = \left(\int_E |f(x)g(x)|^2 dx\right)^{\frac{1}{2}}$$

$$= \left(\int_{E_M} |f(x)|^2 dx\right)^{\frac{1}{2}} \geqslant \left(\int_{E_M} M^2 dx\right)^{\frac{1}{2}}$$

$$= \left[M^2 \cdot m(E_M)\right]^{\frac{1}{2}} = M\|g\|_2,$$

矛盾. 所以, 由反证法原理可知 $|f(x)| \leqslant M$ 在 E 上几乎处处成立. $\blacksquare$

习题 5.8 设 $\{f_n\}$ 是 $L^2(E)$ 的范数有界序列, 即存在常数 $M > 0$, 使得 $\|f_n\|_2 \leqslant M$ 对所有的 n 都成立, 试证明 $\frac{1}{n} f_n(x)$ 在 E 上几乎处处收敛到 0.

提示 由于 $\int_E |f_n(x)|^2 dx = \|f_n\|_2^2 \leqslant M^2$, 因此

$$\sum_{n=1}^\infty \int_E \left[\frac{1}{n} f_n(x)\right]^2 dx \leqslant M^2 \sum_{n=1}^\infty \frac{1}{n^2} < \infty.$$

由 Levi 定理的级数形式推论可知, 级数 $\sum\limits_{n=1}^{\infty}\left[\dfrac{1}{n}f_n(x)\right]^2$ 收敛到 E 上的可积函数, 所以, 该级数的一般项 $\dfrac{1}{n}f_n(x)$ 在 E 上几乎处处收敛到 0. ∎

习题 5.9　若 $f \in L^2(E)$, 试证明 $\|f\|_2 = \sup\limits_{\|g\|_2=1}\int_E f(x)g(x)dx$.

提示　明显地, 若 f 在 E 上几乎处处为 0, 则结论成立. 因此, 不妨设 $\|f\|_2 \neq 0$. 对于任意 $\|g\|_2 = 1$, 由 Schwarz 不等式, 有

$$\sup_{\|g\|_2=1}\int_E f(x)g(x)dx \leqslant \|f\|_2 \cdot \|g\|_2 = \|f\|_2.$$

反过来, 令 $h(x) = \dfrac{1}{\|f\|_2}f(x)$, 则 $\|h\|_2 = 1$, 并且

$$\sup_{\|g\|_2=1}\int_E f(x)g(x)dx \geqslant \int_E f(x)h(x)dx = \frac{1}{\|f\|_2}\int_E f(x)^2 dx = \|f\|_2.$$

所以, $\|f\|_2 = \sup\limits_{\|g\|_2=1}\int_E f(x)g(x)dx$. ∎

习题 5.10　设 $f_n(x)$ 是 E 上的可测函数, $F \in L^p(E)$ $(p \geqslant 1)$, 若 $|f_n(x)| \leqslant F(x)$, $\lim\limits_{n\to\infty}f_n(x) = f(x)$ 在 E 上几乎处处成立, 试证明 $\|f_n - f\|_p \to 0$ $(n \to \infty)$.

提示　由于 $|f_n(x)| \leqslant F(x)$, $\lim\limits_{n\to\infty}f_n(x) = f(x)$, 因此, $|f(x)| \leqslant F(x)$, 故 $|f_n(x) - f(x)|^p \leqslant (|f_n(x)| + |f(x)|)^p \leqslant 2^p|F(x)|^p$, 因而, $g_n(x) = |f_n(x) - f(x)|^p \to 0$ 在 E 上几乎处处成立, 并且 $2^p|F(x)|^p$ 是 $g_n(x)$ 的控制函数, 所以, 由控制收敛定理可知 $\int_E g_n(x)dx \to 0$, 故 $\|f_n - f\|_p \to 0$. ∎

习题 5.11　设 E 的测度大于 0, 若存在 $M > 0$, 使得对任意 $p > 1$, 都有 $\|f\|_p \leqslant M$, 试证明一定存在 N, 使得 $|f(x)| \leqslant N$ 在 E 上几乎处处有界.

提示　记 $E_n = \{x \in E \mid |f(x)| \geqslant n\}$. 用反证法, 假设对于所有的 $n \in \mathbb{N}$, 都有 $m(E_n) > 0$, 则

$$n \cdot [m(E_n)]^{\frac{1}{p}} \leqslant \left(\int_{E_n}|f(x)|^p dx\right)^{\frac{1}{p}} \leqslant M.$$

对于每个固定的 n, 令 p 趋于无穷, 则 $[m(E_n)]^{\frac{1}{p}}$ 趋于 1, 因此, $n \leqslant M$ 对每个 $n \in \mathbb{N}$ 都成立, 这是不可能的, 矛盾. 所以, 一定存在某个 n_0, 使得 $m(E_{n_0}) = 0$, 故 $|f(x)| \leqslant n_0$ 在 E 上几乎处处成立. ∎

习题 5.12　设 $p \geqslant 1$, 若 $f_n, g_n, f, g \in L^{2p}(E)$, $\|f_n - f\|_{2p} \to 0$, $\|g_n - g\|_{2p} \to 0$, 试证明 $\|f_ng_n - fg\|_p \to 0$.

提示　(1) 不等式 $(a+b)^p \leqslant 2^{p-1}(a^p + b^p)$ 对任意 $a > 0, b > 0$ 和 $1 \leqslant p < +\infty$ 都成立. 实际上, 由于对于任意 $1 \leqslant p < +\infty$, $g(t) = t^p$ 是凸函数, 因此

$$g\left(\frac{1}{2}(a+b)\right) \leqslant \frac{1}{2}g(a) + \frac{1}{2}g(b),$$

故
$$\left(\frac{1}{2}a + \frac{1}{2}b\right)^p \leqslant \frac{1}{2}a^p + \frac{1}{2}b^p,$$
所以
$$(a + b)^p \leqslant p^{p-1}(a^p + b^p).$$

(2) 由 $\|f_n - f\|_{2p} \to 0, \|g_n - g\|_{2p} \to 0$ 可知 $\|f_n\|_{2p} \to \|f\|_{2p}, \|g_n\|_{2p} \to \|g\|_{2p}$. 由于

$$\int_E |f_n(x)g_n(x) - f(x)g(x)|^p dx$$
$$= \int_E |\, f_n(x)[g_n(x) - g(x)] + g(x)[f_n(x) - f(x)]\, |^p dx$$
$$\leqslant 2^{p-1} \left\{ \int_E |f_n(x)[g_n(x) - g(x)]|^p dx + \int_E |g(x)[f_n(x) - f(x)]|^p dx \right\}$$
$$\leqslant 2^{p-1} \left\{ \left(\int_E [\, |f_n(x)|^p\,]^2 dx \right)^{\frac{1}{2}} \cdot \left(\int_E [\, |g_n(x) - g(x)|^p\,]^2 dx \right)^{\frac{1}{2}} \right.$$
$$\left. + \left(\int_E [\, |g(x)|^p\,]^2 dx \right)^{\frac{1}{2}} \cdot \left(\int_E [\, |f_n(x) - f(x)|^p\,]^2 dx \right)^{\frac{1}{2}} \right\}$$
$$\leqslant 2^{p-1} \left(\|f_n\|_{2p}^p \cdot \|g_n - g\|_{2p}^p + \|g_n\|_{2p}^p \cdot \|f_n - f\|_{2p}^p \right),$$

因此, 令 n 趋于无穷, 则
$$\lim_{n \to \infty} \int_E |f_n(x)g_n(x) - f(x)g(x)|^p dx = 0.$$
所以, $\|f_n g_n - fg\|_p \to 0$. ■

习题 5.13 设 $f \in L(E)$, 并且 $f \in L^2(E)$, 试证明 $f \in L^p(E)$ 对任意 $1 \leqslant p \leqslant 2$ 都成立.

提示 由于 $f \in L(E) \cap L^2(E)$, 因此, 不妨设 $f(x)$ 在 E 上是处处有限的. 令 $E_1 = \{x \in E \mid |f(x)| \geqslant 1\}$, 定义
$$g(x) = \begin{cases} |f(x)|^2, & x \in E_1, \\ |f(x)|, & x \notin E_1, \end{cases}$$
则 $\int_E g(x)dx = \int_{E_1} |f(x)|^2 dx + \int_{E \setminus E_1} |f(x)|dx < \infty$, 故 $g \in L(E)$.

对于任意 $1 \leqslant p \leqslant 2$, 有
$$|f(x)|^p \leqslant \begin{cases} |f(x)|^2, & x \in E_1, \\ |f(x)|, & x \notin E_1, \end{cases}$$
即 $|f(x)|^p \leqslant g(x)$. 所以, 由 $g \in L(E)$ 可知 $\int_E |f(x)|^p dx < \infty$, 即 $f \in L^p(E)$. ■

习题 5.14 设 $f_n \in L^2([0,1])$, 并且存在 $M > 0$, 使得 $|f_n(x)| \leqslant M$ 对任意 n 都成立, 若 $f_n(x)$ 在 $[0,1]$ 上依测度收敛到 0, 试证明 $\int_0^1 |f_n(x)|dx \to 0$.

提示　(1) 由于 $f_n(x)$ 在 $[0,1]$ 上依测度收敛到 0, 因此, 对于任意 $\varepsilon > 0$, 都存在 N, 使得当 $n > N$ 时, 有

$$m(E_n) < \left(\frac{\varepsilon}{M}\right)^2,$$

这里 $E_n = \left\{x \in [0,1] \;\middle|\; |f_n(x)| \geqslant \dfrac{\varepsilon}{2}\right\}$.

(2) 当 $n > N$ 时, 有

$$
\begin{aligned}
\int_0^1 |f_n(x)|dx &= \int_{E_n} |f_n(x)|dx + \int_{[0,1]\setminus E_n} |f_n(x)|dx \\
&< \int_{E_n} 1 \cdot |f_n(x)|dx + \int_{[0,1]\setminus E_n} \frac{\varepsilon}{2}\, dx \\
&\leqslant \left(\int_{E_n} 1^2 dx\right)^{\frac{1}{2}} \cdot \left(\int_{E_n} |f_n(x)|^2 dx\right)^{\frac{1}{2}} + \frac{\varepsilon}{2} \cdot m([0,1]\setminus E_n) \\
&\leqslant \left(\int_{E_n} M^2 dx\right)^{\frac{1}{2}} + \frac{\varepsilon}{2} \\
&= [m(E_n) \cdot M^2]^{\frac{1}{2}} + \frac{\varepsilon}{2} = \varepsilon.
\end{aligned}
$$

所以, $\displaystyle\int_0^1 |f_n(x)|dx \to 0$.　∎

索　引